Ruth Häckh

Eine für alle

Ruth Häckh

Eine für alle

Mein Leben als Schäferin

LUDWiG

In einigen Kapiteln wurden Namen beteiligter Personen
aus Gründen des Persönlichkeitsschutzes anonymisiert.

Sollte diese Publikation Links auf Webseiten Dritter enthalten,
so übernehmen wir für deren Inhalte keine Haftung,
da wir uns diese nicht zu eigen machen, sondern lediglich
auf deren Stand zum Zeitpunkt der Erstveröffentlichung verweisen.

Klimaneutral
Druckprodukt
ClimatePartner.com/12537-1707-1001

MIX
Papier aus verantwortungsvollen Quellen
FSC
www.fsc.org
FSC® C014889

Verlagsgruppe Random House FSC® N001967

Copyright © 2018
by Ludwig Verlag, München,
in der Verlagsgruppe Random House GmbH,
Neumarkter Straße 28, 81673 München
http://www.ludwig-verlag.de
Konzept und Realisierung: Leo Linder, Düsseldorf
Redaktion: Anja Freckmann, Bernried
Umschlaggestaltung: Eisele Grafik-Design, München
Umschlagsfotos: Verena Müller, Rottenburg am Neckar
Vor- und Nachsatz: Leo Linder, Düsseldorf
Satz: Leingärtner, Nabburg
Druck und Bindung: Pustet, Regensburg
Printed in Germany
ISBN 978-3-453-28103-5

Für meine beiden wunderbaren Kinder,
David und Felix

Inhalt

Teil 4 – Es geht ums Überleben

Anhang

Teil 1
Unter Wanderschäfern

Liebeserklärung

Allein sein, draußen in der Natur mit den Tieren – was gibt es Schöneres! Ich war schon immer gern für mich allein, von Anfang an, aber einsam habe ich mich dabei nie gefühlt. Ich fühle mich auch ohne andere Menschen wohl.

Schon im Kindergarten … In der Bauecke war immer etwas los, da tummelten sich viele, da war ein Gewühl und Geschrei, mir war das zu laut und zu viel. Lieber hockte ich ungestört in sicherer Entfernung stundenlang still für mich, völlig zufrieden damit, Bilder von Kleidungsstücken und Spielsachen aus dem Otto-Katalog auszuschneiden, um dann Leim aus Mehl und Wasser anzurühren und meine Kunstwerke irgendwo anders wieder aufzukleben. Auch eine Freundin hatte ich nicht. Ich hätte gar nicht gewusst, wofür eine Freundin gut sein sollte. Ich vermisste ja nichts.

Es hat mich deshalb auch nie gestört, dass sich mein Vater so selten zu Hause blicken ließ. Er war ja Schäfer, er war bei seinen Tieren, mal in der Nähe, mal weit weg am Bodensee, jedenfalls in seiner eigenen Welt, und immer nur kurz daheim bei Frau und Kindern. Dass er auch am Wochenende mal was mit seinen Kindern unternehmen könnte, das wäre ihm nicht in den Sinn gekommen, das kannte ich nicht.

Und heute, wenn ich gefragt werde, wie ich die Einsamkeit aushalte, die langen Stunden draußen auf der Weide, das unmerkliche Verstreichen der Tageszeit, ohne Ablenkung, ohne Musik auf den Ohren, ohne jemanden zum Reden zu haben und ganz ohne Klamauk, dann sage ich: Ich liebe die Einsamkeit, und ich liebe sie umso mehr, wenn ich sie mit den Schafen teile.

Denn in Wirklichkeit bin ich dort draußen nie allein. Ich habe meine Hunde, ich habe meine Herde, ich bin in bester Gesellschaft. Meine Herde, lauter schöne, stattliche Schafe, erfüllen mich mit Stolz. Das Herz geht mir auf, wenn sich meine Lämmer nicht zu lassen wissen vor Lebenslust, wenn sie aus lauter Lebensfreude Wettrennen veranstalten, ihre Bocksprünge machen, mit allen vieren senkrecht in die Luft schießen und selbst ihre Mütter zu Bocksprüngen animieren. Und ich sehe zufrieden, wie meine Hunde mit unbändiger Freude ihre Arbeit machen, auf den kleinsten Wink reagieren und nach jedem Einsatz zu erkennen geben: Schon gut – wir wissen, was wir können. Kurz mal gestreichelt werden wollen wir trotzdem.

Ich liebe auch das Leben draußen und die Langsamkeit, mit der die Zeit vergeht. Wie sich das Licht allmählich verändert und die Landschaft nach und nach die Färbung wechselt, von den klaren Blau- und Grüntönen des Nachmittags zu immer wärmeren Tönen, bis Bäume, Wiesen und Felder um mich herum im abendlichen Braun und Grau verschwimmen. Natürlich gilt meine Aufmerksamkeit den Hunden und den Schafen, aber ein Schäfer hat auch einen Blick für die Schönheit der Natur, die ihm ja näher und vertrauter ist als den meisten Menschen. Und die liebste Tageszeit ist mir der Abend, wenn im abnehmenden Licht nur noch das unermüdliche, genüssliche Rupfen meiner Schafe zu hören ist und sich tatsächlich so etwas wie Frieden über die Welt senkt; dann weiß ich: Es schmeckt ihnen, bald werden sie satt sein, bald werde ich sie für die Nacht in den Pferch sperren können und am Ende eines langen Tages selbst heimfahren dürfen.

Eine Arbeit in geschlossenen Räumen käme für mich niemals in Frage. Ich möchte den Wechsel der Jahreszeiten hautnah erleben und dabei sein, wenn im Frühling die frischgeschorenen Schafe, weiß wie die Blüten der Obstbäume, das erste junge Gras rupfen, wenn sie an einem warmen Sommertag im Schatten großer Bäume eine ausgiebige Mittagspause einlegen, wenn im Herbststurm das bunte Laub fällt und sich die Schafe auf eine frische Wiese freuen und wenn sie an einem sonnigen Wintertag unter der glitzernden Schneedecke nach Gras scharren, zufrieden, auch jetzt noch genug Futter zu finden.

Jeder Tag ist anders, jeder Tag ist einzigartig.

Naturverbundenheit und die Liebe zu den Tieren gibt immer den Ausschlag für die Wahl des Schäferberufs, und wer sie nicht besitzt, der vergreift sich und wird der Schäferei bald überdrüssig sein. Wobei ich von einer unerschütterlichen, extrem strapazierfähigen Naturverbundenheit spreche, einer, die jahrein, jahraus hundertmal auf die Probe gestellt wird. Bei schönem Wetter naturverbunden zu sein fällt den wenigsten schwer. Doch wie weit die Naturverbundenheit reicht, das zeigt sich erst, wenn es in Strömen regnet, wenn es den ganzen Tag durch Matsch und Pfützen geht, wenn einem der Wind um die Ohren pfeift und der Regen ins Gesicht peitscht, wenn das Thermometer unter null fällt und die Nase rot anläuft und die Zehen abzufrieren drohen. Ja, das Schäferleben hat seine schönen, durchaus auch seine romantischen Seiten, aber es ist nicht umsonst zu haben. Es hat seinen Preis. Es erfordert ein besonderes Durchhaltevermögen, es ist mit enormem Einsatz und körperlicher Anstrengung verbunden, es setzt unendlich viel Wissen und Erfahrung voraus, denn Schäfer haben es mit lebendigen Wesen zu tun, und zwar einer ganzen Menge davon. Der schönste Beruf der Welt ist auch ein mühsamer, kräftezehrender und bisweilen nervenaufreibender.

Verstehen Sie dieses Buch also ruhig als Liebeserklärung an die Schäferei. Aber wie jede Liebeserklärung wäre auch diese nicht ernst zu nehmen, wenn sie die Wirklichkeit verklären und verkennen würde. Auch mir wäre es gar nicht unangenehm, wenn meine Welt im Wesentlichen aus Sonnenuntergängen und hüpfenden Lämmern bestände, aber so ist es nicht. Es ist eine ganz eigene, eine weitgehend unbekannte Welt, in die ich Sie jetzt mitnehmen möchte. Einen Vorgeschmack darauf kann Ihnen dieses alte Lied geben. Es heißt *Der alte Schäfer* und ist mir von allen Schäferliedern das liebste:

Steht überm Dorf der erste Stern
und wird es langsam Nacht,
dann hält der alte Schäfer noch
bei seiner Herde Wacht.
Geht dann der runde Vollmond auf,
wird's still nun weit und breit,
da singt der Alte leis sein Lied
aus seiner Jungendzeit:
Der alte Schäfer auf einsamem Feld
kennt seine Herde und auch die Welt,
er lächelt leise,
weil er es versteht,
das Glück der Erde,
es kommt und geht.

Eine Schäferin?

»Das ist ja eine Frau!« Der Ausruf dringt mir von Weitem ans Ohr. Als die Spaziergänger näher kommen, finden sie ihre Vermutung bestätigt: Vor ihnen steht eine leibhaftige Schäferin – Verblüffung und Freude sind in ihren Gesichtern zu lesen. Was hatten sie erwartet? Einen alten Mann mit struppigem Vollbart, Schlapphut und langem Mantel, der, auf seinen Stab gestützt, seelenruhig seine Blicke schweifen lässt und dabei Pfeife raucht? Vermutlich. Die Zeiten haben sich geändert, aber die Macht der alten Bilder ist ungebrochen. Ich kenne das natürlich. Ob Zeitung, Radio oder Fernsehen, wenn es um Interviews geht, bin ich als Frau wesentlich begehrter als meine männlichen Kollegen.

Dabei war es für mich nie etwas Besonderes, ich bin ja mit den Schafen aufgewachsen. Die Schäferei wurde mir sozusagen in die Wiege gelegt – nein andersherum, die Wiege stand im Stall, und sobald ich mich auf den Beinen halten konnte, fand ich mich im Lämmerschlupf wieder. Schon früh durfte ich kleine Gruppen von Schafen mit ihren Lämmern auf eine andere Weide treiben, als Arbeitsgerät drückte mir mein Vater einen Stock in die Hand. Und kaum erreichten meine Füße das Gaspedal, brachte er mir das Traktorfahren bei – meine eigenen Kinder würden das als Kinderarbeit bezeichnen.

Ich muss zugeben: dass aus Schäfertöchtern Schäferinnen werden, dass junge Frauen diesen Beruf ergreifen, auch ohne einer Schäferfamilie zu entstammen, ist tatsächlich neu. Während meiner Lehrzeit waren Frauen noch in der Minderheit. Mittlerweile hat sich das Verhältnis allerdings umgekehrt; ich kenne sogar einen Ausbilder, der lieber Mädchen nimmt, weil sie, wie er meint, ein besseres Gefühl für Schafe haben, sich besser in die Tiere hineinversetzen können – während Jungs wiederum der Umgang mit Maschinen leichter fällt. Und ein Betriebsleiter mit vielen Angestellten erzählte mir: »Wenn ich eine Frau bei meinen Schafen habe, weiß ich, dass die Tiere in Ordnung sind, bei einem Mann kontrolliere ich lieber nochmal nach.«

Doch nach wie vor löse ich als Schäferin freudiges Erstaunen aus. Traut man dem schwachen Geschlecht die schwere körperliche Arbeit vielleicht nicht zu? Es ist ja wahr: Schafe sind keine Leichtgewichte, meine Merinos jedenfalls nicht. Da kann ein Mutterschaf locker neunzig Kilo wiegen, und ein Bock bringt schnell seine 150 kg auf die Waage – wenn ein solches Kraftpaket nicht so will wie ich, habe ich als Frau schon zu kämpfen.

Was mich angeht, habe ich nach meiner Scheidung den Schäfereibetrieb allein geführt. Ein Zuckerschlecken war das nicht.

Eine Frau, die Schafe hütet und obendrein den ganzen Betrieb leitet? Bisweilen sorgte das zunächst einmal für Verwirrung. Vor allem mit meinen türkischen Kunden gab es amüsante Szenen, wenn sie zu mir kamen und den Chef sprechen wollten und dann kaum davon zu überzeugen waren, dass sie bereits mit dem Chef sprachen. Genauso gab es anfangs großes Getuschel unter meinen männlichen Schäferkollegen, wenn ich einen neu erworbenen Bock aus der Auktionshalle zum meinem Hänger führte – dass eine Frau auf dem Bockmarkt einen Schafbock ersteigert, war damals noch eine mittlere Sensation.

Meine persönliche Sternstunde aber schlug 1987 in der Schäferhochburg Heidenheim. Vielleicht habe ich der Emanzipation in Schäferkreisen in jenem Jahr sogar zum Durchbruch verholfen, denn nie zuvor hatte eine Frau an einem Leistungshüten teilgenommen, ich machte den Anfang. Bis zu jenem Tag nämlich waren die Männer der Überzeugung, dass Frauen gegen die männliche Konkurrenz grundsätzlich chancenlos wären …

Mein erstes Leistungshüten

Man kann sich das heute gar nicht mehr vorstellen … Einige Jahre zuvor hatte sich eine Nachbarschäferin für ein Leistungshüten beworben und war abgewiesen worden mit der Begründung, Frauen fehle das Talent zum Schäfer. Dabei hütete sie täglich ihre Schafe, hatte auch gute Hunde – warum sollte sie nicht das Zeug für einen solchen Wettbewerb haben?

Mir konnte man mit diesem Argument schlecht kommen. Ich hatte bereits am Lehrlingshüten teilgenommen und meine männlichen Kollegen in den Schatten gestellt. Nie werde ich das Gesicht unseres größten Machos vergessen, das plötzlich sehr lang wurde, als er sich geschlagen geben musste, besiegt von einer kleinen, zierlichen, unscheinbaren Frau. Auch ich war überrascht – nicht, weil ich so gut abgeschnitten hatte, sondern weil die anderen schlechter gewesen waren als ich. Für mich jedenfalls war das, was beim Lehrlingshüten verlangt wurde, mein Alltag und keine besondere Herausforderung gewesen.

Schon als Kind musste ich, wie gesagt, Grüppchen von Schafen mit Lämmern von einer Weide zur anderen treiben. An guten Tagen konnte ich sie dazu bringen, mir zu folgen, das gelang aber längst nicht immer, und oft musste ich mich damit begnügen, sie vor mir herzutreiben. Später wurden die Gruppen größer und die Strecken länger, und zusätzlich zu meinem Stock erhielt ich einen Hund. Nie jedoch eine Anweisung, wie man mit einem Hund arbeitet! Es kam zu unschönen Szenen, wie man sie erlebt, wenn Hund und Herde eigene Wege gehen, aber ich hatte schlichtweg keine Ahnung, wie man einen Hütehund dirigiert. Mein Vater wusste es natürlich, half mir aber nicht auf die

Sprünge. Eine leichte Kopfbewegung genüge, sagte er. Oder: Schon ein kleiner Wink mit den Augen reiche meistens aus. Anschließend war ich so schlau wie zuvor, aber mehr war aus ihm nicht herauszuholen. Mit Erklärungen war mein Vater immer eher zurückhaltend, und vielleicht konnte er es einfach nicht, da für ihn alles so selbstverständlich war.

Im Laufe der Jahre verstand ich mich mit meinen Hunden besser und lernte, sie zu lenken. Im Sommer hütete ich mittags nach der Schule, auch während der Sommerferien war ich für eine kleine Herde zuständig, aber so etwas wie eine richtige Schafweide kannte ich nicht. Ich hütete Wegränder, Böschungen und Brachflächen, die von den Landwirten nicht genutzt werden konnten – schwierige Bedingungen, von denen ich später ungemein profitiert habe, denn durch das Hüten kleiner Flächen wurde das exakte Arbeiten mit den Hunden zu meinem täglichen Brot. Als Lehrling später hatte ich mit Lux dann einen ganz hervorragenden Hund an meiner Seite, einen Altdeutschen Hütehund aus einer Linie bewährter Arbeitshunde vom Schlag der Gelbbacken.

Somit war ich eigentlich gewappnet. Aber ein Leistungshüten vor Preisrichtern und fachkundigem Publikum? Ein unangenehmer Gedanke. Ich war jung, ich war schüchtern, und das Leistungshüten wohl doch eine Nummer zu groß für mich. Doch mein Ausbildungsleiter ließ nichts davon gelten, redete auf mich ein, ermutigte mich, und schließlich traute ich's mir zu.

Also auf nach Heidenheim und es den Männern gezeigt. Leistungshüten … Schon das Wort flößt Respekt ein. Preishüten, so hatte man es früher genannt, das klang etwas entspannter. Aber ernst genommen wurde es schon immer, denn Schäfer haben nicht nur ihre Traditionen, ihren Stolz, sie verfügen auch über ein enormes Wissen, gepaart mit Intuition: Wie dirigiere ich eine Herde, wie bringe ich sie in eine Formation, die den Geländegegebenheiten angepasst ist, wie erwerbe ich das Vertrauen der fremden Schafe, und wie stimme ich mich mit meinen Hunden ab, wann schicke ich sie, wie exakt führen sie meine – oft unausgesprochenen – Befehle aus?

Schon 1901 war ein erstes Preishüten in Brenz ausgetragen worden, gewissermaßen vor meiner Haustür, denn Brenz ist heute ein Ortsteil von Sontheim, wo ich zur Welt kam und seither lebe. Ursprünglich ging es beim Preishüten hauptsächlich um die Leistung des Hundes, weshalb sich auch die Hundezüchter auf diesen Schäfertreffen ein Stelldichein gaben. Mit der Zeit entwickelte sich daraus die moderne Form des Leistungshütens, bei der die Leistungen von Hund und Hüter nach einer festgelegten Hüteordnung beurteilt werden. Wer daran teilnimmt, macht es nicht zum Spaß, und was mich anging: Ich habe auch meinen Ehrgeiz.

Ich bin aufgeregt. Da es von Sontheim nicht weit bis Heidenheim ist, fahre ich einen Tag vorher schon hin, um mir das Hütegelände anzuschauen. Ich muss wissen, was mich erwartet.

Da also steht der Pferch. Ein traditioneller Holzpferch, aus Hurden zusammengesetzt, Querlatten mit Verstrebungen und Stützen. Auf welcher Seite werde ich die Hurde öffnen? Der rechten? Nach rechts steigt das Gelände leicht an, und Schafe laufen gern bergauf, das könnte das Auspferchen erleichtern. Aber – schaffe ich es überhaupt, den Pferch zu öffnen? Bei diesen schweren Holzhurden sind die Männer wahrlich im Vorteil.

Dann kommt der Engweg, eine schmale Passage, da soll es zügig durchgehen, ohne Abschweifungen, ohne Umwege. Wo soll ich meinen Lux hinstellen – rechts? Aber links ist eine Böschung, da werden mir die Schafe hochlaufen wollen … Und dann – auf einer Seite steht Getreide und auf der anderen hohes Gras. Ins hohe Gras werden sie mir wohl nicht gehen, aber ich sollte den Hund sicherheitshalber auf beiden Seiten einmal auf der ganzen Länge durchschicken, erst am Getreide, dann am hohen Gras, und wenn nötig nochmals am Getreide.

Die Brücke erscheint mir relativ einfach; kein Schaf wird freiwillig durch den Graben laufen. Der Hund soll seitlich vor der Brücke stehen bleiben, bis die ganze Herde durch ist, und dann selbst drüberlaufen. Dahinter liegen zwei Weiden; eine, wo beengte Verhältnisse herrschen und die Schafe dicht beieinander bleiben müssen, und eine andere, wo sie Platz haben und ausschwärmen können – wir nennen es das enge und das weite Gehüt. Dort verläuft auch ein geteerter Weg zur Simulation einer Straßensituation mit Autoverkehr – nun ja, da wird man sehen, das werde ich spontan entscheiden. So, jetzt weiß ich, was auf mich zukommt. Finde in der folgenden Nacht aber trotzdem kaum Schlaf.

Sieben Uhr morgens. Der große Tag, es geht los. Standesgemäß erscheine ich in süddeutscher Tracht, neues schwarzes Schäferhemd, Hut, geputzte Schaftstiefel und genagelte Schäferschippe, wie man sie nur bei festlichen Anlässen benutzt; an meiner Seite Lux, gebürstet und gestriegelt. Heutzutage werden auch Auftreten und Erscheinungsbild des Hüters bewertet; früher wäre keiner darauf gekommen, da war ordentliches, standesgemäßes Auftreten selbstverständlich.

Ich habe vier Konkurrenten, männliche natürlich, gestandene Schäfer. Die Reihenfolge wird durchs Los bestimmt. Ein spannender Augenblick, denn die Startfolge hat oft Einfluss auf den Ausgang des Wettbewerbs. Der Erste hat meist mit den größten Widrigkeiten zu kämpfen, denn die frühe Morgenstunde ist für die Schafe eine ungewohnte Zeit, das feuchte Gras nicht grade nach ihrem Geschmack und die ganz Herde wegen der fremden Hunde nervös – da ist es schwer, ein ordentliches Gehüt zu zeigen. Der Letzte hat aber ebenfalls Pech, weil die Tiere jetzt satt und müde sind, lustlos fressen und lustlos laufen und sich in der Mittagszeit ohnehin lieber hinlegen würden. Ich ziehe die Nummer 3, das ist ideal; wahnsinnig aufgeregt bin ich trotzdem.

Als der zweite Kandidat den Parcours zur Hälfte durchlaufen hat, steigt meine Nervosität ins Unermessliche. Nein, interviewen lasse ich mich jetzt nicht, ganz bestimmt nicht, da kann die Zeitungsreporterin noch so betteln. Und jetzt bin ich an der Reihe. Ich trete vor, begrüße die beiden Preisrichter, sage meinen Namen, erteile die wichtigsten Auskünfte über meinen Hund, und nun wird's ernst.

Ich wende mich dem Pferch zu, schaue mir die Schafe an und rede mit ihnen, damit sie meine Stimme kennenlernen, die aber haben nur Augen für meinen Hund – schon wieder ein neuer! Ist der gefährlich? Oder ist das einer von den Harmlosen, mit denen wir unsere Spielchen machen können? Was Schafen eben so durch den Kopf geht … Ich betrete den Pferch, um mich mit der Herde vertraut zu machen und zu sehen, wie sie reagieren; Lux wartet derweil geduldig außerhalb des Pferchs neben der Schippe. Jetzt nehmen mich die Schafe doch zur Kenntnis, also kann ich darangehen, sie rauszulassen.

Jeder Schritt, jeder Handgriff geschieht unter tausend Augen, also nichts überstürzen. Überflüssige Ermahnung! Schon das Öffnen des Pferchs, das Versetzen einer vier Meter langen Hurde, geht beinahe über meine Kräfte. Um zu verhindern, dass sie umkippt, muss als Nächstes ein Eisenstab am freien Ende in den Boden geschlagen werden, aber der hölzerne Pferchschlegel ist mir zu groß und vor allem zu schwer. Irgendwie wuchte ich ihn hoch, müsste jetzt aber noch Schwung holen – und wie hält man unterdessen den Pfahl fest, wenn man keine drei Hände hat? Mir bricht der Schweiß aus.

»Der Zimmermann hat den Griff länger gemacht. Du kannst ihn ruhig am hinteren Ende anfassen!« Werner Wiedenmann hat gut lachen. Er ist der Stadtschäfer von Heidenheim, er hat Schafe und Pferch zur Verfügung gestellt, er kann den Pferchschlegel mit links hochheben, er boxt aber auch in einer anderen Gewichtsklasse als ich, er wiegt dreimal so viel.

»Homm, homm, homm.« Ich locke die Schafe. Vergebens, nichts rührt sich.

»Homm, homm, homm!«

»Deine Stimme ist zu hoch. Du musst sie mit tieferer Stimme locken.«

Soll ich meine Stimme verstellen, weil seine Schafe keine Frauenstimme kennen? Das geht zu weit! Nun kommt Lux zum Einsatz. Er zeigt einen perfekten Hürdensprung, steht jetzt im Pferch; behutsam dirigiere ich ihn auf die Schafe zu, lasse ihn wieder haltmachen, damit sie mir nicht aus dem Pferch ausbrechen, das gäbe kein schönes Bild. Ein heikler Augenblick. Agiert der Hund zu heftig, kann es geschehen, dass die ganze Herde gleichzeitig raus will, mich überholt und ich sozusagen von Anfang an das Nachsehen habe, von den umgerissenen Hurden gar nicht zu reden – der Schlamassel wäre perfekt.

Aber nein, alles geht gut. Die Leitschafe setzen sich an die Spitze, die anderen folgen, das Auspferchen ist geschafft. Jetzt der Engweg. Beim ersten Hüter sind sie links die Böschung hoch gelaufen, wie ich es befürchtet hatte, und dann kann es dauern, bis sämtliche Tiere wieder in Formation sind. Also lasse ich Lux lange auf der linken Seite laufen und hole ihn erst rüber, als ich sicher bin, dass alle mir folgen. Der Engweg klappt sehr gut, auch weil Lux den Trödlern und Naschern ihre Denkzettel vorschriftsmäßig verpasst – mit einem Kniff in die Rippen, nicht zu derb, aber auch nicht zu zaghaft.

An der Brücke setzt er sich hin, statt stehen zu bleiben; das gibt Punktabzug.

Beim Einziehen ins enge Gehüt stelle ich Lux an die Ecke, die Schafe laufen brav um ihn herum. Im Idealfall geht der Schäfer beim engen Gehüt im letzten Drittel der Herde, ein Hund bewacht die rechte, der andere die linke Flanke. Hütet man mit nur einem Hund, übernimmt der Schäfer die Aufgabe des zweiten Hundes. Macht der Hund jedoch zu viel Druck, laufen sie trotzdem über die Grenze, und der Hund muss auf die andere Seite wechseln. Dabei soll er die Herde im großem Bogen umgehen, also ohne die Schafe zu stören. Wiederholt sich diese Situation mehrmals, tritt Unruhe auf, die Schafe kommen nicht zum Fressen, und das Hüten wirkt unharmonisch. Mit zwei Hunden funktioniert es grundsätzlich besser; es kann aber genauso geschehen, dass der zweite Hund durch seinen Übereifer das Hüten stört und Punkte abgezogen werden.

Es folgt die Straße. Ich beschleunige meine Schritte, um die Herde in die Länge zu ziehen und das Auto vorbeizulassen. Es nähert sich zunächst von vorn, also schicke ich Lux nach hinten, um die Tiere auf Abstand zu halten, das geht sehr gut. Anschließend wendet das Auto und kommt von hinten, das ist schwieriger. Wieder schicke ich Lux, er soll mindestens einmal zwischen Auto und Schafen durchlaufen und Abweichler zurückdrängen. Ganz wichtig: dass der Hund sich am Ende seines Kontrollgangs zu den Schafen hinwendet. Dreht er sich von den Schafen weg, besteht die Gefahr, dass er zu weit auf die Fahrbahn gerät und vom Auto erfasst wird. Eine typische Alltagssituation, die ich mit Lux hundertmal geübt habe.

Normalerweise ist das weite Gehüt das einfachste. Für mich aber ist es das schwerste, weil ich zu Hause so gut wie keine großflächigen Weiden habe. Die Herde soll sich möglichst locker über die ganze Fläche verteilen und ruhig und ungestört fressen, der Hund soll nur die Grenzen bewachen. Oft ist das leichter gesagt als getan, so auch jetzt – denn plötzlich ist Lux verschwunden.

Was tun? Aller Augen sehen auf mich, jede meiner Bewegungen wird kommentiert. Soll ich laut nach dem Hund rufen? Dann merkt auch der Letzte, dass mein Hund nicht mehr da ist. Wäre es klüger, die peinliche Situation zu überspielen? Vielleicht fällt es ja gar nicht weiter auf, dass Lux kurz untergetaucht ist. Und wenn er länger wegbleibt? Mir kommt es jedenfalls unendlich lange vor. Die Zeit scheint stillzustehen. Wie viele Punkte werden mir die Preisrichter abziehen?

Immer habe ich es gehasst, vor Publikum nach dem Hund zu schreien, das sieht nach Ungehorsam aus. Aber Lux ist ein Guter, er nutzt die Gutmütigkeit, die ich mir auferlege, nicht aus. Andere Hunde hatten später sehr schnell heraus, dass ich beim Leistungshüten weniger streng bin als zu Hause, und die Sache auf die leichte Schulter genommen. Schon wenn ich sie morgens am Veranstaltungsort aus dem Auto ließ, wussten sie Bescheid: Aha, ungewöhnliche Uhrzeit … fremde Umgebung … fremde Hunde … viele fremde Menschen – also Leistungshüten: easy going. Ich hätte sie umbringen können. Doch nie konnte ich mich vor größerem Publikum zu lautstarken Rügen durchringen, auch wenn sie noch so angebracht gewesen wären. Ein Schäfer blamiert seinen Hund doch nicht.

Gut, zurück zum weiten Gehüt. Lux ist zwar wieder da, aber die Schafe fressen inzwischen nicht mehr richtig, jetzt stehen sie nur noch herum, jetzt laufen sie sogar im Kreis, und das gibt sich auch nicht mehr; am liebsten würde ich mich unsichtbar machen.

Ich bin froh, dass das Ende naht. Ich darf das weite Gehüt verlassen, die Herde läuft zügig in den Pferch, und mit einem letzten Kraftakt hebe ich die schwere Hurde an und schließe den Pferch. Natürlich bekomme ich auch diesmal den Eisenpfahl nicht ordentlich in den Boden gerammt, lehne die Hurde aber so geschickt an die andere, dass sie wenigstens nicht gleich wieder umfällt. Zum Schluss kontrolliere ich den Pferch, zumindest tue ich so.

Das war's.

Den Rest des Programms muss Lux allein absolvieren. Noch steht nämlich der Wesenstest aus, in dem ein Hund seine Charakterfestigkeit unter Beweis stellen soll. Zu diesem Zweck simuliert der Preisrichter einen Angriff mit einem Stock oder Ast auf den Hüter, und der Hund soll seinen Herrn verteidigen – was Lux früher in einen Gewissenskonflikt gebracht hätte. Nicht, dass er ängstlich wäre. Aber er ist ein extrem gutmütiger Hund, er würde einem Menschen nie etwas zu Leide tun, also mussten wir diese Situation wieder und wieder üben, und tatsächlich – wie von ihm erwartet, verbellt er den angreifenden Preisrichter und hat bestanden. Bei späteren Wettbewerben übrigens hat er den Preisrichter immer gleich wiedererkannt und wollte ihn schon vor dem Hüten verbellen.

Ich verabschiede mich von der Jury. Nun bin ich bereit für das Interview. Vorher versorge ich meinen treuen Lux, nachdem er ausgiebig gelobt und gestreichelt worden ist. Und als das Ergebnis verkündet wird, da entfallen auf mich 91 von hundert möglichen Punkten, das ist Platz drei, und Lux bekommt für Fleiß, Gehorsam und Selbstständigkeit sogar die volle Punktzahl.

So fing es an. Es gab viel Anerkennung, viel Beifall für mich. Man gratulierte mir zu meinem Mut. Und ich war glücklich. Das war mein erstes Leistungshüten, es folgten viele weitere, zwanzig Jahre lang, doch es sollte mein bestes bleiben. Später fand sogar ein Frauenleistungshüten auf dem Heuberg statt, der liegt auf der Schwäbischen Alb, und selbst ich war erstaunt, wie viele Schäferinnen sich dem Wettkampf stellten und wie gut sie waren.

Damit gehörten wir Frauen endlich dazu. Werden ernst genommen seither in dieser Welt der Schäfer mit ihrer langen Geschichte, mit ihrer stolzen Tradition, denn Württemberg, ganz besonders aber die Schwäbische Alb, ist klassisches Schäferland. Und jetzt ist es an der Zeit, weiter auszuholen: Meinen Vater hinzuzuziehen, der Schäfer war und mit seinen 83 Jahren im Herzen auch heute noch Schäfer ist, auch seine Kollegen hinzuzuziehen, die wie mein Vater auf den Schafwanderrouten unterwegs waren, als Erstes aber dieses Land und seine Menschen vorzustellen.

Heimat

Hier im Süden Deutschlands, zwischen Donauried und Schwäbischer Alb, werden die Tage und auch die Nächte durch Glockenschläge in volle Stunden, halbe Stunden und Viertelstunden geteilt. In Sontheim wird diese Arbeit von evangelischen Glocken erledigt, in Bächingen, das gleich um die Ecke liegt, von katholischen. Die Ortschaften reichen sich beinahe die Hände, so dicht sind sie gesät; in wenigen Minuten ist man von Sontheim mit dem Auto im bayerischen Gundelfingen, fast genauso schnell in Giengen, wo Margarete Steiff im letzten Jahrhundert der Eingebung folgte, Stofftiere aus Filz zu machen. Was es an älteren Häusern gibt – es sind nicht wenige –, ist von massiver Bauart, weitgehend schmucklos, Zeugnisse eines nüchternen, soliden Geistes, und ihre Dächer sind rot, hoch und steil – so machen sie doch etwas her, die Bauernhöfe, Gasthöfe und Stadthäuser der Gegend. Scheunen und Ställe sind keine Seltenheit; Traktoren sind davor abgestellt, darunter betagte Modelle, Veteranen der Feldarbeit, aber auch riesige Monster, größer als LKWs, voll elektronisch.

Doch solche Prunkstücke einer industrialisierten, intensiven Landwirtschaft können nicht darüber hinwegtäuschen, dass es in unserer Gegend noch Refugien gibt, in denen die moderne Zeit es nicht besonders eilig hat. Die Wirtshäuser heißen wie eh und je »Zum Lamm«, »Zur Sonne«, »Zum Hirschen« und »Zum Ochsen«, und in den Gaststuben geht es mit einer sympathischen Behäbigkeit zu – man ist hier schwer aus der Ruhe zu bringen, man lässt einander ausreden, auch längere Denkpausen werden eingelegt, und geräuschvoll wird diese Kundschaft selten, es sei denn … Ja, sie singen hier gern. Mittwochabends in Sontheim im »Ochsen« zum Beispiel, zum Akkordeon; alles ältere Herrschaften, wohl wahr, aber sie gehen mit Inbrunst zu Werk. Zur gleichen Zeit treffen sich die Frauen zum Tanz.

Man muss nicht weit fahren, um die ersten Ausläufer der Schwäbischen Alb zu erreichen. Die Landschaft der Alb ist abwechslungsreich, es gibt kahle Anhöhen und liebliche Täler und gelegentlich auch schroffe Hänge, aus denen der nackte Fels tritt – sie waren bei meinen Ziegen beliebt, als ich meine Weiden noch auf der Alb hatte; es braucht ja nicht viel Überredungskunst, um Ziegen zu halsbrecherischen Kletterabenteuern zu verleiten. Schafen hat die Alb aber nicht weniger zu bieten. Überall dort, wo Mähmaschine und Pflug nicht hingelangen, wo die landwirtschaftliche Nutzung immer schon zu mühselig gewesen wäre, erstrecken sich nämlich Wacholderheiden, offene Graslandschaften, die mit Wacholderbüschen locker durchsetzt sind – das Wahrzeichen der Schwäbischen Alb.

Die Wacholderheiden sind das Reich der Schafe, sie sind aber auch das Werk der Schafe. Diese Hügel und Hänge wurden im Mittelalter gerodet, und seither haben Tausende von hungrigen Schafen verhindert, dass der Wald zurückkehrt. Normalerweise würde es nicht länger als eine Generation dauern, bis diese offenen Graslandschaften wieder zugewuchert sind, Schafe aber fressen so ziemlich alles, nur den stacheligen Wacholder rühren sie nicht an, und so ist die einzigartige Landschaft der Wacholderheide auf der Schwäbischen Alb entstanden. Ohne Schafherden lässt sich eine Wacholderheide kaum vorstellen, ohne Schafe gäbe es sie auch gar nicht.

Es sind karge Weiden; die Humusschicht über dem felsigen Grund ist oft nur wenige Zentimeter dick. Es sind aber auch artenreiche Weiden, wo ganz verschiedene Gräser, Kräuter und Blumen wachsen, daher auch die Mengen von Insekten und Vögeln, wie sie auf einer normalen landwirtschaftlichen Fläche heute undenkbar sind. Die Wacholderheide wird eben nicht gedüngt, sie wurde es nie, und da sie obendrein dem Sonnenlicht und allen Witterungseinflüssen ausgesetzt ist, hat sie jene mattgrüne oder bräunliche Färbung angenommen, an der man sie schon aus der Ferne erkennt. Im Abendlicht aber schimmert sie wie mit Gold überzogen, vereinzelte Wacholderbüsche werfen lange Schatten, und die Schwäbische Alb zeigt sich von ihrer schönsten Seite.

Es lässt sich ohne Übertreibung sagen: Die landschaftliche Vielfalt der Alb, aber auch ihren Artenreichtum verdankt sie den Schafen. Den Schafen und den schwäbischen Wanderschäfern, deren Heimatweiden seit Jahrhunderten auf der Alb liegen. Ich allerdings habe mich vor etlichen Jahren aus der Alb zurückgezogen, aus Gründen, auf die ich noch zu sprechen kommen werde; seither habe ich meine Weiden in Sontheim und im Donaumoos, und zwar auf beiden Seiten der Grenze, in Schwaben wie in Bayern. Und in der weiten, offenen Ebene des Donautals haben wir einen ganz anderen Boden – keinen felsigen Untergrund, keine Wacholderheiden, sondern Moorboden und feuchte Wiesen, nur hier und da wachsen vereinzelt Sträucher und Kopfweiden. Die einzige Wacholderheide auf Sontheimer Grund ist eine Besonderheit: Früher hat man bei uns mit dem Müll keine großen Umstände gemacht und die Abfälle einfach in den nächsten Wald gefahren, wo sie sich mit der Zeit auftürmten. Als die Epoche der Müllverbrennungsanlagen anbrach, wurde diese Halde geschlossen und mit Erde bedeckt; daraufhin nahmen die Schafe den Hügel in Besitz, und Sontheim kam zu seiner Wacholderweide.

Klimatisch aber ist der Unterschied nicht groß. Auf der Alb würde man vielleicht einen Kittel mehr brauchen als im Donautal, doch von der Sonne verwöhnt sind die Menschen hier ebenso wenig wie dort. Was man aber nur im Donaumoos kennt, ist der Nebel. Direkt bei uns durchs Dorf fließt die Brenz, etwas weiter drüben die Donau, dazu kommen die vielen Baggerseen im Ried, und im November, Dezember steigt dann Nebel auf, so dass man die Sonne tage- oder wochenlang nicht zu Gesicht bekommt. Oben auf der Alb stehen sie im strahlenden Sonnenschein, wir hier unten tasten uns durch eine Nebelsuppe, und die Braun- und Grüntöne des Rieds weichen einem hartnäckigen Grau.

Eins aber haben die Weideflächen in diesem Teil Deutschlands gemeinsam: Sie sind alle klein. Sie sind sogar winzig, wenn man sie mit den Weideflächen im Norden und Osten Deutschlands, in Frankreich und Spanien vergleicht. Und sie sind mikroskopisch klein, wenn man an die Weideflächen Australiens oder Neuseelands denkt. Auf meiner Weltreise vor beinahe dreißig Jahren habe ich Schafhalter in Australien wie auch in Neuseeland besucht, habe sogar einige Zeit bei ihnen gearbeitet, und die dortigen Dimensionen haben mir schier den Atem verschlagen: offenes Schafland, so weit das Auge reichte, bisweilen nur durch eine ferne Bergkette begrenzt. Natürlich sieht die Arbeit des Schafhalters dort, wie auch in Spanien oder England, ganz anders aus; Hüten erübrigt sich, die Schafe werden auf riesigen eingezäunten Flächen gehalten, in Neuseeland werden sie sogar nur einige Male im Jahr zusammengetrieben und sind ansonsten sich selbst überlassen. Unter den Bedingungen von Alb und Moos dagegen hat sich das Hüten zu einer Kunst entwickelt, oder einem Präzisionshandwerk, das Schäfern wie Hunden größtes Können abverlangt. Es ist eine besondere, vielleicht einzigartige Form der Schäferei.

So sieht sie aus, die Welt der schwäbischen Wanderschäfer. Und einer von ihnen war mein Vater Fritz Häckh, der 1950 als Sechszehnzehnjähriger mit einer Herde zu seiner ersten Wanderung auf die Winterweide am Bodensee aufbrach.

Bauer oder Schäfer?

Damals, in der Nachkriegszeit, war die Frage der Berufswahl ziemlich schnell geklärt. Jedenfalls in Sontheim. Der Großvater meines Vaters war Schäfer gewesen, sein eigener Vater war Bauer, und viel größer war die Auswahl damals auch nicht. Wenn mein Vater sich für die Schäferei entschied, war das aufgrund seiner Liebe zu den Tieren, aber auch seine Freiheitsliebe hat dabei bestimmt eine große Rolle gespielt.

So hat man ihn nie dazu bringen können, wie andere Kinder in den Kindergarten zu gehen. »Das hat mir nicht gefallen«, sagt er. »Da musste ich immer gehorchen.« Brav sitzen und tun, was man ihm sagt, das ging ihm von Anfang an gegen den Strich. Lieber trieb er sich draußen herum, und als sein Vater bei Kriegsende mit einem Pferd ankam, hat er gejubelt. »Das war ein richtiger Reitgaul von den Soldaten, kein Ackergaul. Der war verwundet, den konnten die Soldaten nicht mehr brauchen. Wir haben ihn gesund gepflegt, mein Vater hatte einen Sattel, und dann sind wir jeden Tage geritten« – er und seine ähnlich unternehmungslustigen Spielkameraden. Eines Tages aber war das Pferd verschwunden. Sein Vater hatte es kurzerhand verkauft, ohne ihm etwas davon zu sagen. Darüber ist er all die Jahre, sein ganzes Leben lang, nicht hinweggekommen. Übrig blieben die beiden Gäule für die Feldarbeit – ein Luxus in diesen Zeiten, damit gehörte man zu den wohlhabenden Bauern, die meisten Familien mussten mit ihren Kühen ackern. Aber zum Reiten waren die beiden Gäule nicht gedacht.

Was mein Opa aber auch besaß, waren Schafe. Nicht viele, etwa dreißig Tiere, immerhin eine kleine Herde, und zu denen fühlte sich der junge Fritz Häckh hingezogen. Jeden Tag nach der Schule lief er als Erstes in den Stall, die Schafe füttern; das hat er sehr gerne getan. Schon als kleiner Junge hatte er am liebsten mit seinen kleinen Holzschafen gespielt, und als er mit 15 die Schule verließ und sich die Frage der Berufswahl stellte …

Eigentlich war es gar keine Frage mehr. Damals war es nicht unüblich, Schäfer zu werden. Sie zogen mit ihren Herden im Spätherbst nach Süden, wenn im Moos und auf der Alb alles abgehütet war, die Nebel kamen und der Schnee einsetzte. Sie verbrachten den ganzen Winter in einem milderen Klima, bis im nächsten April auch hier im Norden das Gras zu sprießen anfing und alle sich auf den Rückweg in ihre Heimatdörfer machten. Drei Schäfer gab es allein in Sontheim, zwei im benachbarten Niederstotzingen, vier sogar im angrenzenden Gundelfingen, wo auch regelmäßig Schafmärkte abgehalten wurden, und der Verkauf eines Hammels war ein einträgliches Geschäft, denn von dem Geld konnte man einen Handwerker eine ganze Woche lang beschäftigen, nicht bloß für ein paar Stunden wie heute.

Also – Bauer oder Schäfer? Für meinen Vater war es wohl keine Frage.

Aber Berufswahl ist in diesem Fall vielleicht überhaupt ein irreführendes Wort. Schäfer zu sein, das war und ist weit mehr als eine berufliche Tätigkeit, es ist eine Berufung, eine besondere Lebensweise, es prägt das Denken und das Fühlen eines Menschen zutiefst, es bringt ausgefallene Charaktere und originelle Köpfe hervor. Nicht allein, dass Schäfer gewohnt sind, frei zu entscheiden und selbständig zu handeln, nicht nur, dass sie äußerst scharfe Sinne haben, zumindest bessere Augen und bessere Ohren als die meisten ihrer Zeitgenossen. Es ist vor allem ein besonderer Schlag Mensch. Wenn ich an meinen Vater denke …

Heute erkenne ich ihn kaum wieder. Seit er in Rente und die Sorge um seine Schafe los ist, bringt er Interesse für die Familie auf und freut sich an seinen Enkelkindern, spielt sogar mit ihnen. Das hätten wir Geschwister uns gewünscht! Erlebt haben wir es nie. Ich will nicht so weit gehen zu behaupten, dass seine Schafe ihm die Familie ersetzten, aber die Schafe gingen unbedingt vor. Sie waren sein Leben, und wenn sie nicht fraßen, wenn sie krank waren, dann aß auch er nichts, dann brachte er keinen Bissen herunter, dann ging's auch ihm schlecht. Ich kann es nicht anders sagen: Solange er Schafe hatte, war er mit seinem Kopf und wohl auch mit seinem Herzen bei der Herde. Meiner Mutter fiel das Regiment daheim zu, auch in die Erziehung seiner Kinder griff er nicht ein, für diesen ganzen häuslichen Bereich fühlte er sich schlichtweg nicht zuständig. Nein, die Frau im Haus, er selbst aber draußen bei den Schafen – so war für ihn die Welt in Ordnung.

Kein Wunder. Ich weiß es ja aus eigener Erfahrung: In der Beziehung eines Schäfers zu seiner Herde gibt es Gefühle wie Hingabe, mütterliche Fürsorge und sogar Aufopferungsbereitschaft. Es mag etwas ungewöhnlich klingen, aber ein Schäfer fragt, kurz gesagt, nach dem Glück und dem Wohlergehen seiner Tiere. Und das ist schon etwas Außergewöhnliches – wer fragt nach dem Glück von Schweinen, Hühnern und Kühen? Doch ein Schäfer fragt tatsächlich nach dem Glück seiner Schafe, und wenn in mittelalterlichen Chroniken zu lesen ist, dass die Hirten der reichen Klöster ihren Schafen jeden Wunsch von den Augen ablasen, dann ist das keine Übertreibung.

Natürlich ist jedes Tier schon deshalb kostbar, weil es Fleisch, Wolle und auch Milch liefert. Aber dem Schäfer kommt darüber hinaus eine besondere Aufgabe zu – er garantiert dem Schaf sein freies und artgerechtes Leben, bietet ihm Pflege, Schutz und Nahrung und sucht ihm täglich einen geschützten Platz für die Nacht. Aus dieser Verantwortung entsteht zwischen Mensch und Tier ein Gefühl der Verbundenheit, das über jedes Nützlichkeitsdenken hinausgeht, mit anderen Worten: Schäfer ist man mit Leib und Seele und 24 Stunden am Tag. So wie mein Vater, der im Augenblick allerdings noch am Anfang seines Schäferlebens steht und sich gerade nach einem Lehrherrn umschaut. Zurück zu seiner Geschichte.

Das Landratsamt wollte ihn zur Ausbildung nach Heidenheim schicken. Da hätte er sicher was gelernt, nur dass sein dortiger Lehrherr, wie sich herausstellte, im Ruf stand, seine Lehrlinge bei sehr schmaler Kost zu halten. Wer sich bei diesem Mann verdinge, hieß es, der habe viel Arbeit und wenig zu essen. Fritz radelte daraufhin mit seinem Vater nach Heidenheim, sie fanden das böse Gerücht bestätigt, und so wurde stattdessen ein Vertrag mit dem Sontheimer Schäfer Casper abgeschlossen. Und im folgenden Jahr, nachdem die Feld- und Wegränder und Brachflächen abgegrast waren und auch die abgeernteten Äcker nichts mehr hergaben, brach Fritz mit Casper junior, dem Sohn seines Lehrherrn, zu seiner ersten Wanderung auf.

Es war der November 1950. Fritz war 16, der junge Casper nur vier Jahre älter, und vor ihnen lagen 200 Kilometer oder vier Wochen Reise. Zu Fuß.

Die Wanderung

Warum taten die Schäfer sich und ihren Schafen die Strapazen einer solchen Reise überhaupt an?

Die Wanderbewegungen unserer Schäfer wurden durch den Jahresrhythmus bestimmt. Im Spätherbst war in unserer Gegend ja alles abgehütet, man bekam die Schafe einfach nicht mehr satt – die Alb war sozusagen abgegrast, und die Schäfer sahen sich jetzt gezwungen, in andere Gebiete ausweichen. Was lag da näher, als sich in ein milderes Klima aufzumachen?

Dieses Klima bot der Bodensee. Schon die große Wasserfläche des Sees wirkt ja wie ein Wärmespeicher, außerdem setzen die milden Südwestwinde des Frühjahrs in der Bodenseeregion früher ein. Auch hier war man vor bösen Überraschungen nicht gefeit, und bei Ostwind fror man am Bodensee genauso wie am Rand der Alb, aber grundsätzlich war es dort eher auszuhalten, die Schafe fanden gute Weiden vor, und die Vegetation belebte sich im Frühling schneller.

Im Übrigen sind unsere Merinolandschafe zähe, ausdauernde Marschierer. Sie schaffen weit mehr als die fünf bis zehn Kilometer, die man gewöhnlich an einem Reisetag mit der Herde zurücklegt. Wenn es einmal nötig war, bin ich mit ihnen auch 15 oder 20 Kilometer am Tag gelaufen, doch schon um meinetwillen durfte so etwas nicht allzu häufig vorkommen – ein Tagespensum von zwanzig Kilometern haben die Schafe stets in besserer Verfassung überstanden als ich.

Doch unsere Merinos schaffen noch deutlich mehr, wie mein Vater einmal unfreiwillig herausfand.

Er war auf der Rückreise vom Bodensee, als etwas eintrat, mit dem man in früheren Zeiten jederzeit rechnen musste: In dem Bezirk, den er gerade durchwanderte, war die Maul- und Klauenseuche ausgebrochen. In solchen Fällen griffen die strengsten Regelungen. Hatte die Seuche einen Bauernhof heimgesucht, durften nicht einmal die Bewohner diesen Hof verlassen, geschweige denn die Tiere, genauso wenig aber durfte sich ein Wanderschäfer noch vom Fleck bewegen, wenn ein ganzer Bezirk betroffen war – alle Bewegungen von Mensch und Tier wurden dann sozusagen eingefroren, um eine Ausbreitung der Seuche zu verhindern.

Nun war mein Vater glücklich bis Delmensingen vor Ulm gekommen, hatte die Donau bereits erreicht und rechnete damit, in drei Tagen wieder zu Hause zu sein, da hörte er jenseits des Flusses den Dorfbüttel schreien. Ja, wir befinden uns noch in der handylosen Zeit, da war es der Büttel, der mit seiner Glocke durchs Dorf lief und die Nachrichten ausrief, und wie mein Vater mit seiner Herde dort auf dem Feld steht, hört er, wie jenseits der Donau der Büttel die Seuche ausschreit – der Fluss ist an dieser Stelle nicht besonders breit. Eigentlich und streng genommen heißt das: Er darf sich mit seiner Herde nicht mehr bewegen, er muss auf diesem Feld wie angenagelt ausharren – und wer weiß, für wie lange? Was soll er tun? Die Bauern werden in den nächsten Tagen pflügen und sähen, es wird kein Durchkommen mehr geben, und was würde der Bauer sagen, auf dessen Wiese er sich gerade befindet? Vertreiben würde er ihn. Außerdem wird er daheim gebraucht, und da gibt es für ihn nur eins: mit seinen Schafen loslaufen. Raus aus dem Sperrbezirk und sich auf dem schnellsten Weg nach Sontheim durchschlagen.

Und er läuft und läuft. Den Nachmittag und die ganze Nacht läuft er, lässt am Morgen die Schafe kurz ausruhen, am Waldrand, wo sie keiner sieht, läuft dann weiter und kommt zur Mittagszeit tatsächlich in Sontheim an – Schäfer und Herde haben sage und schreibe 40 Kilometer zurückgelegt. Das war schon eine ziemliche Meisterleistung von ihm, wie er sich hinterher bei aller Zufriedenheit über sein Bravourstück selbst eingestehen musste – er hätte nicht gedacht, dass seine Schafe diese Tortur durchstehen würden, sagte er. Aber keins seiner Tiere hatte aufgegeben, und vielleicht hat mein Vater an diesem Tag ganz nebenbei einen schwäbischen Rekord aufgestellt.

Und wo wir bei den außerordentlichen Qualitäten unserer Merinos sind – die Gefahr, dass ein Tier unterwegs verloren geht, ist gering, denn Schafe haben einen fantastischen Orientierungssinn. Es kann passieren, dass welche den Anschluss an die Herde verpassen, und so geschah es mir, als ich bei Hörvelsingen auf der Alb hütete – ein Schaf war plötzlich weg. Natürlich sind mein Mann Francesco und ich ausgeschwärmt, haben es mit wachsender Unruhe gesucht, es erreichten uns auch Anrufe, unser Schaf sei da und dort gesichtet worden, aber wenn wir hinkamen, hatte es sich jedes Mal aufgelöst wie ein Phantom. Wiedergefunden haben wir es dennoch, und zwar daheim vor unserem Stall – es war die ganzen 25 Kilometer von Hörvelsingen bis Sontheim über Straßen und Bahngleise durchgelaufen und hatte heil zurückgefunden; eine tolle Leistung. Manchmal kennen die Schafe den Weg besser als der Schäfer denkt.

Was nun den jungen Fritz und den nur unwesentlich älteren Casper angeht, waren sie sich ihres Wegs zum Bodensee auf dieser ersten Reise durchaus nicht sicher. Fritz war völlig unkundig, und Casper hatte die Strecke bisher nur ein einziges Mal zurückgelegt, nämlich im Vorjahr mit seinem Vater, und immerhin galt es jetzt, vor Einbruch der Dunkelheit jeweils eine bestimmte Ortschaft und dort wiederum einen Bauernhof zu erreichen, wo sie für die Nacht eine Unterkunft zu finden hofften.

Wenigstens hielt sich die Zahl ihrer Schafe in Grenzen. Fritz hatte lediglich 30 Tiere dabei, nämlich jene kleine Herde, die seinem Vater gehörte; sie war ein Geschenk, sein Startkapital gewissermaßen und der Grundstock seiner späteren Herde. Dazu kamen die 400 Schafe von Casper, darunter zwanzig Mutterschafe mit ihren Lämmern.

Dafür, dass sich der Casper nur vage an den Weg erinnerte, ging es gut voran. Einmal kamen sie aber doch in die Bredouille. Es war vor Markdorf, als sie in dichten Nebel gerieten, die Orientierung verloren, im Kreis liefen, wie sie zu ihrem Schrecken irgendwann feststellen mussten, und erst nach stundenlanger Suche gegen Mitternacht bei ihrem Quartier anlangten. Was blieb ihnen anderes übrig, als den Bauern mit kräftigen Schlägen gegen die Haustür aus dem Schlaf zu reißen? Sie brauchten ja eine Kammer, ein Abendbrot, einen trockenen Platz für ihre zwei Hunde, und die Schafe mussten auch für die Nacht eingesperrt werden. Der Bauer ließ sie zwar ein, war aber so verärgert, dass mein Vater diesen Vorfall nie vergaß.

Im äußersten Notfall hätten sie draußen auf freiem Feld schlafen müssen. Meinem Vater ist das in all den Jahren nie passiert. Es kommt aber immer wieder mal vor, dass man aus irgendeinem Grund keine Unterkunft findet, und ich weiß von einem alten Schäfer, der sich, wenn es ihn im Winter erwischte, einen Baum suchte und sich daran festband, um im Schlaf nicht umzufallen. Solange das Wetter einigermaßen mitspielt, kann man sich natürlich überall hinlegen, aber im Winter nicht, im Schnee schon gar nicht, und so hat dieser Mann im Stehen geschlafen, an einen Baum gebunden. Von einem anderen Schäfer weiß ich, dass er sich lieber in einen Stacheldrahtzaun legte, als mit dem eisigen Boden in Berührung zu kommen.

Von jener peinlichen Verspätung abgesehen machte der 16-jährige Fritz eine erstaunliche Entdeckung: Als Schäfer waren sie den Bauern überall willkommen!

Man tat ihnen gern auf, man richtete ihnen oben die Kammer her, man stellte ihnen eine Schüssel mit Waschwasser hin, man lud sie unten an den Abendbrottisch – und alles, ohne einen Pfennig dafür zu verlangen. Weshalb so freundlich? Weil die

Schafe unterdessen draußen in ihrer Umzäunung die Obstbaumwiese düngten? Gewiss, das war der Hauptgrund – aber auch, weil der Schäfer was zu erzählen hatte. Der Bauer saß ja auf seinem Hof und bekam wenig von der Welt mit, nennenswerte Städte fielen als Tauschbörse für Informationen ebenfalls aus, weil es im weiten Umkreis gar keine gab – der Schäfer aber war mobil, der kam herum und schnappte überall Neuigkeiten auf, der war auf jeden Fall besser unterrichtet als der Bauer auf seinem Hof.

Nun hatten die beiden jungen Männer, der Fritz und der Casper, viel von der Welt ja auch noch nicht gesehen. Aber in den vergangenen Tagen und Wochen war doch einiges an Erlebnissen zusammengekommen, sie hatten schon an etlichen Abendbrottischen gesessen und wussten nun zumindest, was die anderen Bauern wussten, die es vielleicht aus der Zeitung oder dem Radio hatten. Deshalb entließ der Bauer seine Gäste nach dem Abendbrot auch nicht, blieb vielmehr mit ihnen am Tisch in der Küche hocken, goss fleißig Most oder Wein nach und redete und lauschte bis in die Nacht., Kurzum: Der Schäfer, das war die große, weite Welt …

In späteren Jahren machte Fritz dann die Erfahrung, die er auch an mich weitergegeben hat: Wenn ein Schäfer sich gut benommen hatte, wenn er vor dem Eintreten den Staub, Kot und Schlamm eines langen Wandertages gründlich von seinen Stiefeln abgebürstet und sich von seiner leutseligen Seite gezeigt hatte, durfte er jederzeit wiederkommen und wurde dann wie ein alter Bekannter behandelt. Natürlich gab es auch Schäfer, die sich das Wohlwollen der Bauern verscherzten. Die sich nicht an die Spielregeln hielten, die mal eine Wiese ungefragt abweideten, mal einen Flurschaden anrichteten, und dann kannte der Bauer kein Pardon, dann konnte es auch geschehen, dass der nächste Schäfer das Pech hatte, im Stall bei den Kühen auf dem Stroh schlafen zu müssen – auch das sollte der Fritz noch erleben.

Grundsätzlich heikel war nur der Heilige Abend. In den folgenden Jahren kam es einige Male vor, dass Fritz sich verspätete und noch zu Weihnachten unterwegs war, und so gern der Schäfer sonst gesehen war – nicht jede Bauernfamilie wollte Heiligabend einen Fremden bei sich in der guten Stube dulden. Als großes Glück wiederum durfte man es bezeichnen, wenn sich im Lauf eines beliebigen Abends ein weiterer Schäfer einfand. Fritz war ja nicht der einzige auf dieser Route, es waren bis zu 15 Schäfer aus unserer Gegend mit ihren Herden gleichzeitig unterwegs, und wenn noch ein Schäfer am Abendbrottisch mit dabeisaß, wurde es richtig lustig – und am nächsten Morgen wohl etwas später.

Knapp vier Wochen nach ihrem Aufbruch in Sontheim trafen Fritz und Casper in Radolfzell am Untersee ein, dem kleineren Zwillingsbruder des Bodensees. Am folgenden Abend würden sie ihre Winterweiden auf der Halbinsel Höri erreicht haben, die jetzt, vom Radolfzeller Ufer aus gesehen, als bucklige, grüne Landzunge weit in den See hinausragte und die blasse Silhouette der Kloster- und Gemüseinsel Reichenau dahinter fast berührte. Dort erwartete sie eine andere Welt. Mein Vater hat die Höri geliebt, sie wurde seine zweite Heimat.

Auf der Höri

Der Empfang war eisig. Am Ziel angekommen, hatten sich die Wege der beiden Reisegefährten getrennt; mein Vater hatte sich mit seinen 30 eigenen Schafen sowie 220 Jährlingen von Casper nach Bankholzen gewandt, das eher im Landesinneren liegt, während Casper mit den Mutterschafen und Lämmern seiner Herde bis Gaienhofen weitergelaufen war, einer Ortschaft in Ufernähe. Nun regnete es ununterbrochen. Die ganze erste Woche lang herrschte Sauwetter. Die Lederstiefel meines Vaters trockneten nicht mehr, Stiefel zum Wechseln hatte er keine, raus musste er aber trotzdem. Als dann der Schnee kam und zwei Wochen liegen blieb, musste er natürlich wieder raus, jetzt in steifgefrorenen Stiefeln, und als der erste Monat auf der Höri vorüber war, waren ihm beide kleine Zehen erfroren.

Das war sozusagen der Eintrittspreis in diese andere, neue Welt. Denn das Sauwetter hält am Bodensee nie lange an, und von nun an wuchs die Höri dem Fritz immer mehr ans Herz. Mir ging es ja nicht anders. Gut 30 Jahre später stieß ich selbst dazu, machte die Tour von da an jedes Jahr mit ihm gemeinsam und war von der Höri genauso entzückt wie der junge Bursche, der mein Vater einst gewesen war.

Die Landschaft war atemberaubend! Als Schäfer erkundet man ein Gelände anders als ein Spaziergänger oder Wanderer, man sondiert es mit geübtem Blick, sucht es sorgfältig nach gutem Futter für seine Schafe ab, geht die einsamsten Wege und macht dabei Entdeckungen, die sonst kaum jemand macht. So kam ich eines Tages, als ich die Gaienhofener Weiden hütete, zum Weiler Balisheim, drei Höfe auf einer Anhöhe über dem See am Waldrand gelegen. Und eine halbe Stunde Fußmarsch weiter lag Hohnisheim vor mir, zwei Höfe umgeben von Wiesen und Wäldern, so abgelegen, dass viele Einheimische es nicht kannten, so lieblich und schön, dass es nicht in Worte zu fassen ist. Und wenn ich mit meinen Schafen dort oben stand, ließ ich meinen Blick über den Untersee wandern, von Radolfzell auf der Linken bis zur Insel Reichenau auf der Rechten – ein Bild, das mir heute noch vor Augen steht.

Wenn ich mit der Herde weiterzog, tauchte Konstanz am Horizont auf, dahinter erstreckten sich der weiße Zackenkamm der Alpen, und unter mir lag Hemmenhofen, der Zufluchtsort des Malers Otto Dix. Er war nicht der einzige verfolgte Künstler, der die Höri während der Zeit des Nationalsozialismus zu seiner Wahlheimat erkoren hatte; auch der Schriftsteller Hermann Hesse, der Maler Erich Heckel und viele weitere, nicht ganz so berühmte, hatten sich hier niedergelassen, wo die rettende Schweiz in greifbarer Nähe war, wo es sich aber eben auch herrlich leben ließ. Abgesehen vom ungewöhnlichen Liebreiz dieser Gegend zählte für mich allerdings genauso, dass sich meine Schafe hier schon Anfang März an handlangem jungem Gras gütlich tun konnten.

Und dann die Menschen der Höri! Liegt es an dieser Landschaft? Oder liegt es daran, dass die Menschen hier von der Sonne verwöhnt sind? Mir jedenfalls fällt die Vorstellung nicht schwer, die Natur könnte sich Menschen nach ihrem Bilde erschaffen haben, das wäre eine schöne Erklärung für so viel Warmherzigkeit und Aufgeschlossenheit. Ich zumindest habe den Unterschied zu den in sich gekehrten Älblern daheim jedes Mal aufs Neue deutlich gespürt, wenn ich im Winter an den Bodensee zurückkam. Auch bei uns gibt es natürlich herzliche Menschen, aber es dauert etwas länger, bis man den Schlüssel zu ihren Herzen findet; auf der Winterweide ging es wesentlich schneller, und mehr als dreißig Jahre zuvor machte mein Vater dieselben angenehmen Erfahrungen wie ich.

Wenn mein Vater heute eher zurückhaltend meint, die langen Monate der Abwesenheit von zu Hause hätten ihm wenig ausgemacht, untertreibt er ein wenig. Selbstverständlich hat er sich am Bodensee amüsiert und seine Freiheit genossen. Man stelle sich vor: In Sommer und Herbst gab es in Sontheim jede Menge zu tun, da wurde Heu gemacht, da wartete Feldarbeit auf ihn, alles zusätzlich zum Schafehüten. Kaum aber war er am See eingetroffen, waren diese Sorgen verschwunden, und er brauchte nur noch zuzusehen, dass seine Schafe ebenfalls auf ihre Kosten kamen – was je nach Wetterlage allerdings auf der Höri auch nicht einfacher war als daheim.

Untergebracht und verköstigt wird Fritz bei einem der Bauern, von denen es auf der Höri in jedem Dorf zwanzig gibt. Nicht wenige von ihnen haben einen Pferch, in dem er seine Schafe für die folgenden Tage des Nachts unterstellen kann. Er steht also morgens um sieben auf und schaut als Erstes nach seiner Herde. Sind alle wohlauf, ist alles in Ordnung? Dann kann er jetzt beruhigt frühstücken, und mit dem Frühstück hat es keine Eile, das will ausgekostet werden, denn was der Bauer alles auffährt … Da läuft einem Sontheimer das Wasser im Mund zusammen. Die Bauern der Gegend sind vergleichsweise reich, sie können sich sogar leisten, in der sündhaft teuren Schweiz einzukaufen, und jetzt gibt es zum Frühstück nicht nur Butter aufs Brot, es gibt eingemachtes Obst, es gibt Marmelade, auch Salz schmeckt auf einem Butterbrot vorzüglich, und schon ist man wieder mit den anderen am Tisch im Gespräch. Es hat eine Weile gedauert, bis Fritz den badischen Dialekt der Höri-Bauern einigermaßen verständlich fand, umgekehrt hatten die Leute hier anfangs Schwierigkeiten, den Fritz zu verstehen, wenn er den Mund auftat, aber mittlerweile klappt die Verständigung.

Natürlich ist der Tag dann mit Hüten ausgefüllt. Er verläuft aber nicht selten kurzweiliger als daheim – das weiß ich, weil er's mir selbst erzählt hat –, denn seine Ankunft hat sich inzwischen herumgesprochen, und nun schwingen sich die Mädchen auf ihre Fahrräder, heute dieses, morgen jenes, um das Gerücht vom Eintreffen des neuen Schäfers zu überprüfen. Tatsächlich, da steht er, und er ist jung, er ist gutaussehend, da bietet sich ein Schwätzchen an, und wenn der Schäfer auch noch ein guter Erzähler ist … Ja, ein Schäfer war schon etwas Besonderes. Er kam von weit her, er hatte Erfahrungen gemacht, er brachte auf jeden Fall Abwechslung in den Alltag der weiblichen Dorfjugend, und einige Schäfer hatten vielleicht … nun, das darf sich jeder selbst ausdenken.

Im Winter geht die Sonne früh unter. Ab sieben Uhr abends steht die Herde wieder im Pferch, und der Schäfer sitzt mit der ganzen Familie beim Bauern in der Stube oder in der Wirtschaft am Stammtisch und gehört dazu, redet mit allen, erfährt alles, weiß so nach und nach von jedem alles und muss auch selbst die nie erlahmende Neugier der Leute befriedigen. Nur verplappern darf er sich nicht. Die Bauern sind sich untereinander natürlich längst nicht alle grün, und deshalb lautet die oberste Schäferregel hier: Nie schlecht über jemanden reden, nie schimpfen, nie aus dem Nähkästchen plaudern, sich im rechten Moment auf die Zunge beißen. Und gerade der Fritz weiß viel, so bekannt und beliebt, wie er nach einigen Jahren auf der ganzen Höri ist, doch behält er das alles schön für sich; er will ja mit jedem gut auskommen, und niemand ist mehr auf das Wohlwollen der Leute angewiesen als der Schäfer.

Bauer und Schäfer, das ist ja eine nicht immer einfache Kombination. Der Bauer ist der Hausherr, der Schäfer ist Gast, also muss Letzterer alles daransetzen, gern gesehen zu sein. Wegen des Pferches, also dem Dung seiner Schafe, ist der Schäfer Gold wert, ebenso als Überbringer von Neuigkeiten und als guter

Unterhalter. Aber ein Plappermaul, das am Ende Zwietracht sät, würde kein Bauer im Haus dulden. Dabei ist ein kluger Schäfer an langen Winterabenden auch der angenehmste Gesellschafter, so einem erzählt man gern und viel.

Bei einem Wanderschäfer darf man also in der Regel davon ausgehen, dass er die hohe Kunst der Diplomatie einigermaßen beherrscht. Und jetzt stelle man sich die Wiedersehensfreude im nächsten Dezember vor, wenn Schäfer und Einheimische nach endlos langen Sommermonaten wieder da anknüpfen können, wo sie durch die Ankunft des Frühlings unterbrochen wurden! Ganz davon zu schweigen, dass es auf der Höri sowieso munterer zugeht als in Sontheim oder auf der Alb. Die Leute am Bodensee sind nämlich katholisch und feiern gern, fast jeder Bauer brennt seinen eigenen Schnaps, und im März bricht die Fasnacht aus.

An dieser Stelle ist allerdings von einer bösen Überraschung zu berichten. Als er noch frisch auf der Höri ist, wird Fritz von dem Bauern, bei dem er untergekommen ist, nach seinem Glauben gefragt. Arglos antwortet er mit »evangelisch«. Da schlägt die Stimmung um, und Fritz bekommt beim Abendessen vorübergehend das Fleisch gestrichen, auch sonst wurde die Ration knapper. »Früher war man als Evangelischer am Bodensee nicht so gut angesehen«, kommentiert er den Vorfall heute. »Ich bin dann mehrmals am Sonntag in die katholische Kirche gegangen, um ja nicht so aufzufallen« Und damit ist wieder alles gut; in Zukunft werden die Leute über seinen unpassenden Glauben großzügig hinwegsehen. So viel zum Thema Wanderschäferdiplomatie.

Im März ist sowieso alles vergessen, da wird Fasnacht gefeiert. Fritz, der sonst beim Trinken maßvoll ist, hat seinen ersten und letzten Rausch, läuft am gumpigen Dunschtig (Weiberfasnacht) im Hemdglonker (Nachthemdenumzug) mit, tanzt bis Aschermittwoch zur Musik der Dorfkapelle im Wirtshaus und macht einmal sogar die ganze Nacht durch. »Ich habe mich erst gar nicht mehr hingelegt, ich bin von der Wirtschaft gleich zu den Schafen. Das war ein herber Tag. Meine Schafe haben unter der Fastnacht nicht gelitten, aber ich.«

Und in einer solchen Fasnachtswoche hat Fritz das Glück, die Bekanntschaft der Familie Bohner zu machen.

Die zweite Heimat

Es ist sein drittes Jahr auf der Höri, als Fritz zur Fasnacht von Gaienhofen, wo er inzwischen Quartier genommen hatte, nach Weiler radelte, einem Örtchen unweit von Bankholzen. Für die Tanzveranstaltung im Gasthof von Weiler nimmt er die beschwerliche Anfahrt in Kauf, obwohl es geschneit hat und die Straßen nicht geräumt sind; vor der Rückfahrt aber graust ihm, und so lehnt er am ersten Haus von Weiler sein Fahrrad an den Gartenzaun, schellt und bittet die Dame, die ihm öffnet, um ein Nachtlager – nur für diesmal, ausnahmsweise. Und hat Glück. Eine Schlafkammer im Haus ist frei, die kann er haben, und aus dieser einen Nacht werden fast 60 Jahre. Fritz gefallen diese Leute nämlich, die alte Frau Bohner mit ihrer Tochter Lydia, nur wenige Jahre älter als er selbst, und deren Mann Heiner, wohingegen der Schäferkollege, mit dem Fritz sich in Gaienhofen ein Zimmer teilt, dem Trunk zugetan ist – was in früheren Zeiten schon mal vorkam –, sich des Nachts öfters erbricht und ihm deswegen längst widerwärtig geworden ist. Also fragt er anderntags, ob er nicht überhaupt bei ihnen bleiben könne, und siehe da, es ist allen dreien sehr recht.

Aus unterschiedlichen Gründen. Die alte Frau Bohner fürchtet sich vor den Zigeunern, die etwa ein paar hundert Meter weiter ihr Lager aufgeschlagen haben, und wünscht sich schon deshalb einen Mann mehr im Haus. Der junge Heiner Bohner freut ich auf einen treuen Begleiter, mit dem er abends auch einmal einen trinken gehen kann. Und seine Frau Lydia glaubt, in dem vernünftigen und obendrein evangelischen Schwaben Fritz einen Aufpasser für ihren Heiner gefunden zu haben. Bohners nehmen ihn mit offen Armen bei sich auf – das sollte für die nächsten sechs Jahrzehnte so bleiben.

Lydia Bohner macht ihm das Bett und das Frühstück, sie putzt ihm sogar die Schuhe. Und Heiner Bohner zahlt ihm abends im Weiler Gasthof »Zur Sonne« auch mal ein Bier – weil er noch nicht heimwill und weil er weiß: Solange der Fritz mit mir in der Wirtschaft hockt und wir am Ende gemeinsam aufbrechen, lässt Lydia mir den Kneipenbesuch durchgehen. Geht der Fritz aber vor mir und ich komme später in der Nacht allein zurück, bekomme ich am nächsten Morgen Ärger … Kurzum: Alle kommen bestens miteinander klar, und Fritz hat auf der Höri buchstäblich sein zweites Zuhause gefunden und bei den Bohners seine zweite Familie.

Es war fast schon ein Doppelleben, das die schwäbischen Wanderschäfer führten. Aber Fritz übertrieb es nicht, bei ihm hatte dieses Wort keinen anrüchigen Beigeschmack. Andere nutzten ihre Freiheit weidlich aus, zum Beispiel sein Freund und Kollege Hubertus.

Etliche Jahre lang waren Fritz und Hubertus gemeinsam mit Schafen und Hunden am Bodensee unterwegs und hatten sich auf die Weiden verteilt, die sie ganz offiziell gepachtet hatten. Ein Schäfer kann sich mit seiner Herde ja nicht beliebig frei bewegen, alles muss geregelt und abgesprochen und jede Weidefläche von der Gemeinde gepachtet sein. Jahrelang lief auch alles glatt, Fritz und Hubertus kamen sich nicht ins Gehege, und beide hatte ihre Pachtverträge mit dem jeweiligen Grundherren. Da kam es zum Bruch.

Hubertus war mittlerweile verheiratet, hielt es aber geheim. Wohlweißlich ließ er sich die Briefe seiner Frau nur postlagernd schicken – was wäre aus seinen kleinen Liebschaften geworden, wenn sich auf der Höri herumgesprochen hätte, dass er nicht ledig ist? In jenem Jahr aber machte er den Fehler, mit Gundula anzubandeln. Was er nicht wusste oder was ihn vielleicht nicht störte: Gundula war dem Sohn des Bürgermeisters so gut wie versprochen, und dieser Bürgermeister war nicht irgendeiner. Es war der Schultes einer Ortschaft, in der Hubertus seine Weiden hatte, und als der Mann Wind von der Sache bekam, sorgte er umgehend dafür, dass Hubertus die Weiden gekündigt wurden. Und nicht nur, dass die Weideflächen jetzt auf Fritz übertragen wurden. Um Hubertus ganz aus Gundulas Nähe zu verbannen, begab sich der aufgebrachte Bürgermeister obendrein ins benachbarte Dorf und überredete den dortigen Schultes, Hubertus' Gemeindeweiden ebenfalls Fritz zu überschreiben.

Das war ein empfindlicher Schlag, denn so leicht war an eine Weide nicht zu kommen, wenn jeden Winter an die 20 Wanderschäfer auf der Alb um diese Flächen konkurrierten. Prompt setzte sich Hubertus' Vater in den Zug, fuhr an den Bodensee und wurde beim Bürgermeister vorstellig. Der aber ließ ihn abblitzen – es sei nun einmal so geschrieben, da könne man nichts mehr machen. Von Stund an waren Hubertus und Fritz geschiedene Leute. Die beiden haben nie mehr ein Wort miteinander gewechselt. Aber mein Vater war fein raus.

Als ich ihn 1985 zum ersten Mal mit den Schafen an den Bodensee begleitete, war er dort so etwas wie eine Legende. Bei den Bauern und in den Wirtschaften kannte jeder seinen Namen. Mich nannten sie nicht anders als »die Döchter vum Fritz« – die Tochter vom Fritz –, und die Kunde meiner Ankunft ging wie ein Echo durch die Höri; überall wussten sie schon von mir und nahmen mich mit offenen Armen auf. Das war ein Glück, denn seltsamerweise spielte mir das Wetter in meinem ersten Jahr auf der Winterweide genauso übel mit wie meinem Vater 35 Jahre zuvor.

Im März jenes Jahres hatten meine Eltern eine Reise nach Israel gebucht, es sollte ihr erster Urlaub nach langer Zeit werden.

Bedenken hatten sie keine – was kann im März schon passieren, da geht es in den Frühling hinein, da sprießt das erste Gras, da würde ich mit den Schafen schon allein zurechtkommen. Am 8. März bestiegen meine Eltern in München das Flugzeug, und zur selben Stunde fing es an zu schneien, schneite und schneite in immer dickeren Flocken in ganz Süddeutschland. Die Reaktion meines Vaters war typisch, typisch für einen Schäfer, typisch für ihn: Er wollte weder mich noch seine Schafe allein im Schnee zurücklassen, und meine Mutter hatte größte Mühe, ihn davon abzuhalten, wieder auszusteigen. Es schneite den ganzen Tag, es schneite die ganze Nacht, und anderntags lag der Schnee kniehoch. Für einen Moment war ich verzweifelt, dazu bestand aber nicht der geringste Grund: Ganz selbstverständlich versorgten mich die Bauern mit Heu, ich war ja die Döchter vum Fritz, und zehn Tage später, bei freundlicherem Wetter, fanden meine Schafe wieder Futter genug. Es kam noch mancher Winter, aber solche Schneemassen habe ich nie wieder erlebt.

Wenn ich an die Höri denke, greife ich in ein Fass voller Geschichten. Nicht wenige sind mit höchst eigenwilligen Gestalten verknüpft, und eine davon war Ingeborg, die, solange ich sie kenne, gebückt ging. Den Oberkörper fast waagerecht, stützte sie sich mit einer Hand immerzu an einem Möbelstück ab, um dann für einen Moment innezuhalten, sich mit einem Ruck aufzurichten und die rote Haarsträhne wieder zurück unters Kopftuch zu streichen.

Ingeborg hatte sich krumm gearbeitet. Sie wohnte in Weiler, ihr Mann besaß im Schwarzwald einen eigenen Hof, und so blieb die meiste Arbeit an ihr hängen, das Kindergroßziehen, das Kühemelken, das Säuefüttern, der Gemüseanbau und der Gang zum Markt, wo sie zweimal die Woche ihr Gemüse verkaufte. Die Obstkisten vom Markt verbrannte sie in ihrem Ofen, schob nachher das selbstgemachte Brot in die Glut, und so unvergleichlich dieses Brot schmeckte – achten musste man auf die Metallklammern, die vorher die Obstkisten zusammengehalten hatten und jetzt in der Brotkruste steckten.

Ingeborg hatte einen Pferch, und Schäfer waren ihr jederzeit willkommen. Ein Freund meines Vaters, mit dem er sich zwei Jahrzehnte lang die Winterweide teilte, nahm jedenfalls stets den weitesten Weg in Kauf, um bei ihr zu pferchen; man erzählte sich auch, er habe ihr bis Mitternacht und noch länger beim Salatputzen geholfen, natürlich für den Markt am nächsten Tag. Ich meinerseits bringe mit ihr die leckersten Wurstbrote in Verbindung.

Oder der gute Karl-Heinz, auch eine Seele von Mensch. Er war die Gutmütigkeit in Person, aber essen, was seine Frau gekocht hatte? Niemals! Jeden Mittag ging er ein Stockwerk höher zu seiner Mutter, da schmeckte es ihm besser – kein Wunder, dass ihm die Frau davongelaufen war. Seither war die Wohnung im Erdgeschoss verwaist – auch wir aßen oben bei den Eltern, sooft wir zu Gast waren –, und unten saß der Schimmel in den Ecken, da türmten sich leere Margarinebecher und unzählige Eierschachteln neben dem Herd, und die Katzen, vornehmlich langhaarige rote, hatten Tisch und Herd in Beschlag genommen.

Gewiss, hier wurde eisern gespart; von den drei Ochsen im Stall gleich neben der Küche, den paar Hektar Ackerland und den Obstbaumwiesen wurde man nicht reich, und jede Plastiktüte, in der mir mein Vesperbrot überreicht wurde, war schon zigfach durchs Spülwasser gezogen und wiederverwendet worden. Aber auch abzüglich der landesüblichen Vorbehalte gegen einen verschwenderischen Lebensstil war Karl-Heinz' Küche ein sonderbares Reich. Einmal saß ich dort allein, er war noch im Stall. Plötzlich hörte ich in der Stille ein Geräusch, ein Rascheln, da saß ein Mäuslein auf dem Küchenschrank und untersuchte die Essensvorräte. Ich saß ganz ruhig, ich wagte kaum zu atmen – wann kann man diese kleinen Nager schon mal so ungestört beobachten? Nach einer Weile kam ein zweites Mäuslein zum Vorschein, dann ein drittes, dann wurden es immer mehr, ein reges Wuseln entstand, es ging hin und her und sogar die Wände hinauf. Welches Leben in dieser Küche, in der ich mich allein geglaubt hatte! Den Karl-Heinz haben wir jedenfalls bis zum endgültigen Abschied von der Höri oft besucht, und sein Obstler hatte es in sich.

Eine der merkwürdigsten Erinnerungen an die Winterweide aber ruft bei mir der Name Waldemar wach.

Es ist vielleicht zehn Jahre her, da stand Waldemar an einem eisigen Februartag in Sontheim vor meiner Tür – groß und kräftig, mit breiten Schultern, schwarzen Haaren und einer dicken, schwarzen Brille. Er wolle alles über Schafe erfahren, sagte er, sein Opa habe ihm nämlich eine kleine Schafherde vermacht, und jetzt beabsichtige er, Schäfer zu werden, sein Traumberuf seit jeher. Geld spiele keine Rolle; er würde auch ohne Bezahlung wacker mit anpacken, ich würde schon sehen … Das hörte sich gut an.

Nach drei Tagen war seine Probezeit bereits zu Ende. Er hatte sich weit überschätzt, und wir trennten uns. Aber auf seine Art war Waldemar ein unerschrockener Typ, und als er erfuhr, dass der Großteil meiner Herde den Winter am Bodensee verbringe, war er schon wieder ganz begeistert – er müsse mich dort unbedingt besuchen, sein Opa wohne doch gleich um die Ecke in Radolfzell. Nun gut, nächste Woche wäre ich da, er solle mich anrufen. Genauso schnell, wie die Leute etwas versprechen, vergessen sie es ja manchmal auch, dachte ich.

Aber nichts da. Kaum war ich unten am See, klingelte mein Handy. Es war Waldemar – er wolle mich heute Mittag aufsuchen … Recht war's mir nicht. Sollte ich ihm absagen? Der Tag war so schön, und ich genoss die Stille. Vom Weiler Balisheim war ich am Morgen mit meinen Schafen durch den Wald weiter hügelan gelaufen; es gab dort oben noch einige besonders schöne Wiesen, von denen sich eine fantastische Aussicht bot –

links die Dächer und Türme von Radolfzell, rechts die Silhouette von Konstanz, fast zum Greifen nah die Schweizer Alpen. Ich liebte es, mir dieses Panorama von einem Hochsitz aus zu Gemüte zu führen und zwischendurch in Ruhe das nächste Kapitel in meinem Buch zu lesen. Wie erklärten sich die Einheimischen den eigentümlichen Namen ihrer Halbinsel? Als Gott die Welt erschuf und bei der Höri angekommen war, sagte er: »Jetzt *hör i* auf, was Schöneres wird mir nie und nimmer gelingen.«

Nun gut, ich fügte mich meinem Schicksal. Ein paar Telefonate später hatte ich ihn herbeigelotst und beobachtete, wie unten auf der Straße sein Auto anhielt. Waldemar stieg aus, und nun öffnete sich zögernd die Beifahrertür, und langsam, sehr langsam, kam eine zweite Person hervor, ein alter Mann. Auf seinen Stock gestützt, mühte er sich an Waldemars Seite den Hangweg herauf. Ich lief den beiden entgegen. Aha, es war sein Opa, von dem meine Susi, ein Altdeutscher Hütehund, jetzt sogar ein paar Streicheleinheiten ergatterte – natürlich! Der Mann, der Waldemar seine Schafe vererbt hatte! Warum sie nicht mit dem Auto bis zur Herde hochführen, wo sich der Opa mit dem Laufen doch so schwertut? Aber davon wollte keiner von beiden was wissen, es sei schon gut so.

Langsam gingen wir durch den Hohlweg die kleine Anhöhe hinauf, Waldemar und ich vorweg, sein Opa hinterdrein. Da hörte ich hinter mir ein Geräusch wie ein Sturz. Ich drehte mich erschrocken um – ja, wirklich, der Opa war hingefallen, wohl ausgerutscht. Mit ein paar Schritten war ich bei ihm, beugte mich über ihn, wollte ihm aufhelfen, doch in meinen Armen hielt ich einen leblosen Körper. Entsetzen überkam mich – eben noch hatte ich dem unbekannten Alten zur Begrüßung die Hand geschüttelt, jetzt berührte ich einen Toten! Angst, Verzweiflung, Panik, eine Mischung aus allem stieg in mir auf. »Wir müssen doch was tun!« Und Waldemar? Er fühlte dem Toten nur stumm den Puls und sagte. »Das war's.«

Plötzlich ein langer Atemzug, der Körper des Alten bäumte sich auf – er lebt!, dachte ich, wir haben uns getäuscht … doch schon lag er wieder leblos da. Sollten wir es mit Mund-zu-Mund-Beatmung versuchen? Waldemar ging ans Werk, bewirkte aber nichts. »Das war's«, wiederholte er. »So wollte er's.« Und ich verstand die Welt nicht mehr. Bis Waldemar mit der ganzen Geschichte herausrückte. »Die Ärzte hatten ihn aufgegeben«, sagte er. »Mein Opa lag im Krankenhaus, und es hieß, er würde sein Bett nicht mehr lebend verlassen. Aber er wollte so nicht sterben, nicht unter diesen Umständen, nicht in einer Klinik! Da hat er in einem unbeobachteten Augenblick seinen Stock genommen und sich davon gemacht.«

Wir riefen den Notarzt. Nach über einer halben Stunde hielten zwei Krankenwagen mit Blaulicht, Männer und Frauen schleppten riesige Koffer den Hohlweg herauf. Wollten sie ihn tatsächlich wiederbeleben, einen Menschen, der seinen Wunschtod gestorben war? Ich wandte mich kopfschüttelnd ab, ich konnte nicht mehr hinsehen – bloß zurück zu meinen Schafen.

Stunden vergingen; der Tote lag immer noch dort, wo er zusammengebrochen war. Ich stand bei meiner Herde und fragte mich, ob ich mit allen Tieren den Hohlweg hinab an ihm vorbeiziehen sollte – vermutlich hatte er die Schafe vor seinem Tod nicht mehr zu sehen bekommen, wie es sein letzter Wunsch gewesen war. Aber womöglich würden meine Lämmer den Leichnam als Trampolin benutzen, deshalb nahm ich dann doch einen anderen Weg.

Wochen später stand Waldemar noch einmal vor meiner Tür in Sontheim. Es sei fürchterlich gewesen, erzählte er – bis der Arzt gekommen sei, um den Tod seines Opas festzustellen, seien Stunden vergangen. Erst habe der Mann sich geweigert, in seinen Tanzschuhen den Schotterweg hochzugehen, und dann habe er, unter den gegebenen Umständen, eine natürliche Todesursache nicht bestätigen wollen. Der Opa habe zur Obduktion gemusst, und ihn habe die Kriminalpolizei verhört. »Das Theater danach war eine einzige Katastrophe«, sagte er. »Mein einziger Trost ist, dass mein Opa so gestorben ist, wie er es sich gewünscht hat – draußen in der Natur, bei den Schafen.«

Ich habe nie wieder von Waldemar gehört.

Kleine Schäferkunde

Halt. Fast könnte man ja meinen, das Schäferleben bestehe aus gemütlichen Abenden in wechselnden, aber immer wohlig warmen Bauernstuben, Männerglück in der Wirtschaft bei Most und Bier und allenfalls aus lästigen Wettereskapaden. Sie ahnen, dass etwas fehlt. Es fehlen die Schafe. Es fehlen die Sorgen, die Strapazen und all das, was sich zwischen Schäfer und Herde von morgens bis abends abspielt, es fehlen Alltag und Arbeit. Das ist die andere Seite der Medaille: Schäfergeschichten neigen dazu, romantisch zu klingen, schon weil man sich das Bild der friedlich grasenden Herde dazu denkt. Der Schäfer selbst hat jedoch selten das Gefühl, dass sein Leben romantisch ist, von sorglos ganz zu schweigen.

Wie viel hat ein Schäfer zu tun und zu bedenken, wie viel auch zu wissen und zu verstehen. Wer als Außenstehender die Welt des Schäfers begreifen will, muss sich allmählich an sie herantasten, sonst bleibt es bei dem Bild des selbstzufriedenen Müßiggängers. Und ein guter Einstieg in diese Welt wäre die Triebgenehmigung, so bürokratisch sich die Sache anhört.

Es ist ja so: Die Behörde möchte den Schäfer im Auge behalten. Er kann sich deshalb nicht nach Lust und Laune frei bewegen, auch wenn es für den Laien so aussieht. Jede Bewegung der Herde über einen Radius von zehn Kilometern hinaus muss gemeldet werden. Immer also, wenn ich eine größere Wanderung unternehmen will, wenn es zum Beispiel auf die Winterweide geht, beantrage ich beim Landratsamt eine Triebgenehmigung. Damit ist der Behörde mein Triebweg bekannt, denn in der Triebgenehmigung wird meine Reiseroute verbindlich festgelegt –

nicht bis ins letzte Detail, eher als Aufeinanderfolge der größeren Ortschaften, durch die ich kommen werde. Wobei der genaue Verlauf der Strecke mir überlassen bleibt, den schreibt mir niemand vor, und begreiflicherweise werde ich mich als Schäfer für eine möglichst menschenleere und autofreie Strecke entscheiden. Und natürlich müssen meine Schafe gesund sein. Also kommt der Veterinär des Landratsamts vorher bei mir vorbei und nimmt die Herde gründlich in Augenschein – eine Prozedur, die sich auf längeren Strecken alle zehn Tage wiederholt, selbstverständlich mit dem Veterinär eines anderen Amts, so dass ich bei einer vierwöchigen Wanderung auf drei Kontrollen komme. So ist die Regel, so war sie schon immer, und wenn ich mich daran halte, sollte alles gut gehen.

Sofern die Schafe mitmachen. Wieso machen sie überhaupt mit? Der Herdentrieb, gut und schön, aber eine Herde aus 400 Schafen hat 800 Augen, die die Welt auf eine sehr eigene Art wahrnehmen, und 1600 Beine, die man erst einmal dazu bringen muss, in ein und dieselbe Richtung zu laufen. Man führt die Herde ja nicht an der Leine, sie hat tatsächlich ein Eigenleben, und zeitweilig sind wir mit 800 oder gar 1000 Schafen zwischen Sommer- und Winterweide unterwegs gewesen – eine solche Menge von Tieren muss man in Gang bringen, zusammenhalten und lenken. Wie schafft man das?

Nun, zum Beispiel mit ein wenig Unterstützung durch die Tiere selbst. Sie erinnern sich an den Leithammel? Den gab es tatsächlich, er ist aber ausgestorben, einfach deshalb, weil man heute keine Hammel mehr hat. Leitschafe hingegen gibt es. Die hat niemand dazu ernannt – ich jedenfalls nicht –, die laufen von sich aus vorneweg, und es sind stets dieselben. Bei mir drängen auch oft die Ziegen nach vorn, aus Temperament und Neugier, ich besitze aber auch ein altes Schaf, das sich gewöhnlich gleich zu Beginn an die Spitze setzt und mich am liebsten überholen würde. Eigentlich ist dieses Schaf unrentabel, es bringt pro Jahr nur noch ein Lamm zur Welt, aber ich lasse es bei der Herde, weil es sich als Anführerin bewährt hat.

Es hängt eben vom Charakter ab. Ich erinnere mich an einen meiner Ziegenböcke, der war den anderen immer um eine Nasenlänge voraus – offenkundig war er der Meinung, dass alles auf sein Kommando zu hören habe. Solche Kompanieführer gibt es. Letztendlich ist es also fast wie in der Menschenwelt – die einen fühlen sich nur an der Spitze der Herde wohl, andere trödeln grundsätzlich hinterher, und der große Rest sind Mitläufer.

Die Leittiere machen es mir einfacher. Selbstverständlich, ohne Hunde wäre das unmöglich. Mit Hilfe der Hunde beherrsche ich die Herde. Davon abgesehen folgt die Dynamik einer Herde aber auch einem tagein, tagaus geübtem und erprobtem Ritual, das dem Hirten wie der Herde zur Gewohnheit geworden ist. Nur dass hier keine stumpfsinnige Routine am Werk ist. Vielmehr folgen die Schafe mir deshalb bereitwillig, weil sie gute Erfahrungen mit mir gemacht haben und mir vertrauen. Sie wissen, dass ich das Beste für sie will und dass auf mich hundertprozentig Verlass ist – diese Erfahrung ist die Grundlage ihres Vertrauens, und deshalb folgen sie mir.

Es kommt selten vor, aber hin und wieder tritt tatsächlich eine Situation ein, in der man nicht mit den Hunden arbeiten kann – in derartigen Fällen ist man als Schäfer ganz auf dieses Vertrauen angewiesen. Oder, um es einmal etwas pathetisch auszudrücken: Wenn's hart auf hart kommt, bringt man seine Schafe nur hinter sich, wenn sie an ihren Schäfer glauben. Ich will nicht zu viel behaupten; ich bin nicht bibelfest, aber so viel kann ich bestätigen – alles, was in den Evangelien über die Beziehung zwischen Schäfer und Schafen gesagt wird, ist aus einer uralten, reichen Schäfererfahrung geschöpft – es ist tatsächlich eine Beziehung auf Gedeih und Verderb, die auf Verantwortung und Vertrauen beruht. Im Alltag äußert sie sich meist ganz unspektakulär, nämlich schlicht und einfach darin, dass meine Schafe kommen, wenn ich sie rufe, es sei denn, sie hätten soeben eine frische Wiese erreicht – dann allerdings können sie sich taub stellen. Kurzum: Meine Schafe erwarten etwas von mir, und ich bin dazu da, ihre Erwartungen zu erfüllen; so gesehen sind sie wirklich verwöhnt. Sollten sie aber wirklich einmal nicht hören wollen, kommt der Hund und schafft Abhilfe. Dafür habe ich ja meine Hunde – jedes Schaf, das aus der Reihe tanzt, bringen sie zur Herde zurück.

Es stimmt natürlich, Schafe besitzen einen Herdentrieb. Sie bleiben gern auf Tuchfühlung, und ohne dieses instinktive Zusammengehörigkeitsgefühl wären Hund und Schäfer machtlos. Wären sie Einzelgänger, Individualisten wie die Ziegen, könnte man sie nicht zusammenhalten. Nein, Schafe fühlen sich in der Herde schon am wohlsten – nichtsdestoweniger würden sich auch Schafe zerstreuen, wenn das Gelände es erlauben würde, und damit kommen wir zum großen Unterschied zwischen unserer Gegend und anderen Schafregionen dieser Erde: Wie wir bereits gesehen haben, herrschen bei uns arg beengte Verhältnisse. Wenn ich an die Weiten Neuseelands oder Australiens denke, wo man gar nicht zu hüten braucht, dann arbeiten wir Schäfer in Deutschland unter Extrembedingungen, die uns zwingen, unsere Herden mit größter Präzision zu lenken, durch Engpässe, an Straßen und Feldern entlang, durch Wohn- und Gewerbegebiete hindurch, an Blumengärten und Gemüsebeeten vorbei. Nicht zuletzt darin besteht die Kunst des Schäfers: Wie ein Kapitän hält er seine Herde auf Kurs, manövriert sie an Gefahrenstellen und verbotenen Feldfrüchten vorbei und gibt dem Vorwärtsdrang der hungrigen Schafe Form und Richtung.

Und abends? Wenn alle satt sind und der Tag zur Neige geht, wenn es für die Schafe nichts mehr zu tun gibt, weil der Verdauungstrakt den Rest ganz von allein erledigt? Wenn Schäfer wie Schafe müde sind?

Die Nacht macht dem Schäfer nicht weniger Sorgen als der Tag. Schafe sind wehrlos, verletzlich, angreifbar, sie brauchen Schutz, gerade in der Dunkelheit, draußen im Freien, fernab der Geborgenheit eines Stalls. Sicherheit nachts bietet der Pferch. Das leuchtet ein, davon hat man schon mal gehört, nur – wo kommt der Pferch her? Und wie kommt er dahin, wo er gerade gebraucht wird?

Wenn wir von der Gegenwart ausgehen, ist die Frage schnell beantwortet: Seit den 70er-Jahren besteht ein Pferch aus Elektronetzen, 90 Zentimeter hoch und 50 Meter lang, gehalten von 14 Plastikstäben, die mit einer doppelten Eisenspitze im Boden verankert werden. In das Netz eingearbeitet sind Metalldrähte, die unter Strom gesetzt werden können. Dieser Pferch kann zusammengerollt bequem im Auto mitgeführt werden, ist relativ schnell aufgebaut und einigermaßen stabil – da kann man einigermaßen sicher sein, dass ungebetene Gäste draußen und alle Schafe drinnen bleiben.

Früher sah die Sache ganz anders aus. Da war der Pferch ein zentnerschweres Monstrum aus Holzhurden. Mein Vater kannte ihn noch so, auch ich habe ihn noch so erlebt, er hatte mich bekanntlich beim Leistungshüten in Heidenheim in arge Verlegenheit gebracht. Dieser Holzpferch wurde nach einem Baukastensystem aus Einzelteilen zusammengesetzt. Jedes Einzelteil, Hurde genannt, bestand aus mehreren vier bis fünf Meter langen Holzlatten. Jede Hurde hatte drei Metallringe, einen in der Mitte, zwei an den Außenkanten. Durch jeden Metallring wurde ein Pfahl gesteckt und in den Boden gerammt, und um die Hurde vollends zu stabilisieren, wurden außen zusätzlich schräge Stützstreben angebracht, alle paar Meter eine. Jetzt stand die Hurde, jetzt hielt sie, und sie musste halten, wenn etwa erschrockene Schafe in einer kopflosen Reaktion von innen dagegen drückten. Aber was für eine Knochenarbeit, sechzehn solcher Hurden zu einem Pferch zusammenzusetzen!

Solange die Pfähle aus Holz waren, wurden sie mit einem hölzernen Schlegel eingeschlagen, und schon der war von ordentlicher Größe und eindrucksvollem Gewicht – Schäfer konnten sich folglich das Fitness-Center sparen. Als dann aber die Eisenpfähle aufkamen, brauchte man einen regelrechten Hammer mit langem Stiel, mehrere Kilo schwer. Den musste man anheben, den musste man schwingen und runtersausen lassen, und wie oft musst du zuschlagen, wenn bei einem kompletten Pferch über den Daumen gepeilt dreißig Pfähle auf dich warten? Für mich war das kein Spaß. Ein muskulöser Schäfer war eine gute Stunde mit Pferchschlagen beschäftigt – ich habe länger gebraucht.

Womit die Frage, wie der Pferch überhaupt auf den Acker kommt, noch gar nicht beantwortet ist. Hinter sich herziehen konnte der Schäfer diesen Berg aus Hurden, Pfählen und Stützen jedenfalls nicht. Das war aber auch nicht nötig, denn der Pferch war schon da, den stellte der Bauer zur Verfügung. Bevor der Schäfer eintraf, spannte der Bauer zwei Kühe oder Pferde vor seinen Leiterwagen, später war's der Traktor, lud die Hurden samt Pfählen, Stützen und Schlegel auf und fuhr den Pferch zusammen mit dem Pferchkarren zum Schäfer auf den Acker hinaus. Nicht aus purer Nächstenliebe allerdings. Warum also dann?

Das Schäferstündchen

Bücher, Filme und alte Geschichten wollen uns weismachen, dass Bauern und Schäfer wie Katz und Hund gewesen wären. Zwei miteinander unverträgliche Lebensweisen, und das von Anfang an – kaum ist die Welt erschaffen, gerät der Bauer Kain mit dem Schäfer Abel in Streit, und am Ende liegt der Schäfer erschlagen in seinem Blut. Ein Urdrama, wie es die Bibel von den Söhnen des ersten Menschenpaars Adam und Eva erzählt.

Richtig daran ist: Es gibt einen gewissen Interessenkonflikt. Der eine ist sesshaft, der andere zieht auf der Suche nach Futter für seine Tiere ständig umher. Aber Bauern und Schäfer sind nicht dumm. Auch sie wissen, wie man voneinander profitiert, sie treffen lieber ein Abkommen und machen sich das Leben durch gegenseitige Gefälligkeiten leichter. Ein solches Abkommen ist der Pferch.

Es gab nämlich eine Zeit ohne Kunstdünger. Es gab eine Zeit ohne Gülleschwemme und überdüngte Äcker und Wiesen, und in dieser Zeit griff der Bauer liebend gern auf den Schäfer zurück, denn der hatte ihm Wertvolles zu bieten: Die Köttel seiner Schafe als Dung für Äcker und Wiesen. Natürlich hatten die Bauern ihren eigenen Mist. Aber nicht unbedingt genug für sämtliche Felder, und dann … Es gibt immer hofnahe Felder und solche, zu denen man lange fahren muss, und den Schäfer konnte man überall dorthin schicken, wo der Bauer selbst nur mit Mühe hingelangt wäre. Außerdem kam der Schäfer mit seinen Schafen auf den Feldern in alle Winkel. Man kann sagen kann: Der Pferch lohnte sich für den Bauern, weil die Herde des Schäfers ein Segen für die Fruchtbarkeit seiner Felder war. Und der Transport der Pferchgeräte vom Hof zur Herde war kein uneigennütziger Freundschaftsdienst, es war eine eingespielte Form der Zusammenarbeit.

Bis in die 80er-Jahre hinein war es bei uns in Sontheim üblich, das Pferchrecht zu versteigern. Die interessierten Bauern stellten sich jeden Montagmorgen um acht Uhr auf dem Rathaus ein, und dem Meistbietenden wurde der Pferch bis zum Ende der Woche überlassen.

Aufstellen aber musste der Schäfer den Pferch nun selbst, und damit war es noch nicht getan. Die Schufterei des Auf- und Abbaus wiederholte sich, denn die gedüngte Fläche des Pferchs ist klein, das Feld aber groß, und so sah sich der Schäfer gezwungen, mit seinen Schafen in regelmäßigen Abständen umzuziehen, also den Pferch zu versetzen, auch des Nachts – einmal gegen Mitternacht, das andere Mal gegen vier Uhr morgens. Da musste der Schäfer also in der Dunkelheit raus wie die Mönche zum Stundengebet und eine Arbeit verrichten, die schon bei Tageslicht schweißtreibend und kräftezehrend genug, nun aber doppelt lästig war; kein Wunder, dass es in einem alten Lied heißt:

Das Schäferleben
Hat Gott gegeben,
Doch das Pferchschlagen bei Nacht,
Das hat der Teufel gemacht.

Für meinen Vater war diese Schufterei noch selbstverständlich. Manchmal hat ihn ein besorgter Bauer geweckt, meist aber sprang er schon beim Klingeln des Weckers von sich aus in die Kleidung, und dann los, raus, die Pfosten aus dem Boden ziehen, die Hurden von hier nach da schleppen und obendrein im Dunkeln mit dem Hammer treffen. »Taschenlampe gab es keine, und der Mond hat ja auch nicht immer geschienen«, erinnert er sich. Und wer hat derweil auf die Schafe aufgepasst? »Auf die Hunde konnte man sich immer schon verlassen«, sagt er. »Ja, aber damals herrschten schon andere Verhältnisse.«

Und – wo bleibt da die Romantik?

Ja, da gäbe es noch den Schäferkarren, den Pferchkarren, wie er in Schäferkreisen heißt. Der weckt doch unweigerlich romantische Gefühle, wie er im Licht der untergehenden Sonne am Rande des Pferchs auf seinen zwei großen Rädern steht, das provisorische Privatgemach des Schäfers, eng, aber behaglich mit seinem kleinen Öfchen für die kalte Jahreszeit, und gleich an das denken lässt, was man spontan und als Erstes mit einem Schäfer verbindet: das Schäferstündchen natürlich. Und ausnahmsweise könnte die romantische Vorstellung vom Schäferleben hier einmal zutreffen, aber am Pferchkarren liegt es nicht.

Werfen Sie mal einen Blick hinein, wenn Sie wissen wollen, was minimaler Komfort ist. Der Bettkasten, quer an der Rückwand angebracht, erlaubt kaum, sich im Schlaf umzudrehen, und mein Vater passte nur hinein, wenn er die Beine anzog. Darunter ist Platz für den Hund, wenn die Nacht besonders kalt zu werden verspricht; ansonsten übernachtet er unter dem Pferchkarren, von einem Strohballen gegen den Wind geschützt. Gleich rechts hinter der Tür sind Tisch und Sitzbank, beides im Miniaturformat, rechts steht das Holzöfchen, und das war's.

Mein Vater war jedenfalls froh, auf Reisen und auf der Winterweide stets ein ordentliches Quartier zu haben. Bei Minusgraden ist es nämlich auch mit Ofen im Pferchkarren nicht auszuhalten, wenn die Kleider steif gefroren und die Stiefel nass sind, und sollte es den ganzen Tag geregnet haben, will man seine Sachen über Nacht irgendwo trocknen. Hinzu kam, dass der Pferchkarren zum Schabernack reizte. Auf zwei Rädern stehend, konnte er leicht nach hinten gekippt werden, man brauchte nur die lange Deichsel anzuheben und hochzustemmen – ein Spaß, den sich die Bauernburschen nicht immer verkneifen konnten. Der Schäfer wurde in diesem Fall durch einen heftigen Schlag recht unsanft geweckt.

Nein, kein Vergnügen. Und dennoch. In jungen Jahren habe ich selbst oft und gern im Pferchkarren übernachtet. Damit alles »echt« war, brauchte man eine Strohmatratze und eine Decke mit Gänsefederfüllung. Die Matratze machte ich mir selbst – ein großes Leinenbetttuch genommen, Stroh hineingestopft, fertig war sie. Anfangs war es ungewohnt, doch die Matratze war bald eingelegen, sie passte sich dem Körper an, und so fand ich jeden Abend meine vorgeformte, maßgeschneiderte Matratze vor. Tagsüber gab es mehr Fliegen, als mir lieb war, nachts besuchten mich die Stechmücken, aber ich habe die Nächte im Pferchkarren trotzdem genossen.

Neben mir, zwischen Matratze und Karrenwand, lag ein Gewehr. Mein Vater hatte es mir gegeben, zur Verteidigung, für den Fall, dass Räuber kommen und Schafe klauen würden. Benutzt habe ich es nie; er übrigens auch nicht. Es kam ohnehin selten vor, dass Schafe gestohlen wurden, und heute ist es ganz aus der Mode gekommen – einfach deshalb, weil niemand mehr weiß, wie man ein Schaf fängt und was man damit macht.

In Wirklichkeit hatte sich mein Vater das Gewehr auch aus einem anderen Grund angeschafft, und zwar wegen der Hunde. Damals nämlich ließen viele Bauern ihre Hofhunde des Nachts frei herumlaufen, um Diebe und Einbrecher abzuschrecken, und ein Hund war, wenn er wollte, mit einem Satz im Pferch. Dann konnte man von Glück sagen, wenn er die Herde bloß in Panik versetzte – manchmal geriet der Hund in einen Blutrausch und veranstaltete ein regelrechtes Blutbad; derlei kam und kommt immer wieder mal vor, jeder Schäfer kann ein Lied davon singen. Notfalls hätte mein Vater bestimmt geschossen. Und dann? »Der Bauer hätte es nicht gemerkt«, sagt er. »Den toten Hund hätte ich gleich verschwinden lassen.« Aber den Schuss, den hätte der Bauer wohl doch gehört …?

Gottlob ist es nie so weit gekommen. An Wölfe war damals noch nicht zu denken, und das einzige ernsthafte Vorkommnis dieser Art hat mein Vater anders gelöst. Einmal, im Dezember auf der Winterweide, hatte er versehentlich den Weidezaun nicht richtig verschlossen und am anderen Morgen fünf oder sechs tote Lämmer vorgefunden, totgebissen, vermutlich vom Fuchs. »Da hab ich mit dem Jäger ausgemacht, dass er den Fuchs erschießt. Er hat ein totes Lamm bekommen, hat es bei Nacht am Hochstand abgelegt, und als der Fuchs kam, hat ihn der Jäger erschossen. Da war wieder Ruhe.«

Ja, und das Schäferstündchen?

Richtig. Nun, damit verhielt es sich so: Der Bauer hatte den Schäfer und den Hund zu verköstigen, und täglich um die Mittagszeit machte sich die Magd mit dem Essen auf den Weg zum Pferch. War der Schäfer alt und die Magd jung, passierte wahrscheinlich sonst nichts. Im umgekehrten Fall wird die Sache genauso harmlos abgelaufen sein. Doch wenn sie beide jung waren … Und in unserer Vorstellung sind sie natürlich immer beide jung – der Schäfer und die Magd, im Pferchkarren vereint zum Schäferstündchen.

Der raue Schäferalltag

Ich bezeichne mich immer noch als Wanderschäferin, obwohl ich die Reisen an den Bodensee vor Jahren schon eingestellt habe. Das Ende kam in Etappen. Erst haben wir die Schafe auf dem Hinweg mit dem LKW transportiert, dann auch auf dem Rückweg, und schließlich war es ganz vorbei – es gab einfach kein Durchkommen mehr, und Futter war unterwegs auch kaum noch zu finden. In den nächsten Kapiteln will ich davon erzählen, wie ich als junge Schäferin selbst auf Reisen gegangen bin und wie ich dem Bodensee und der Höri irgendwann doch für immer Adieu sagen musste. Aber jetzt noch einmal zu der Spannung zwischen Romantik und rauer Alltagswirklichkeit, in der alle Schäfer leben.

Damit es dem Schäfer nicht zu wohl wird, gibt es Krumme. So bezeichnet man lahme oder hinkende Schafe. Das Hinken der Schafe hat ganz unterschiedliche Ursachen. Wenn sie etwa viel auf Schotterböden laufen müssen, dann kann es leicht vorkommen, dass sie sich kleine Steinchen zwischen den festen Klauen und dem durchbluteten Horn eintreten. Das passiert vermehrt nach langen Regenperioden, denn dann sind die Klauen aufgeweicht. Schafe, die in der Landschaftspflege tätig sind, haben leider auch oft mit klein gehäckselten Dornbüschen zu kämpfen, die spitzigen Dornen sind besonders fies. Aber auch Glasscherben und anderer Unrat, der nicht auf der Weide und schon gar nicht in die Klaue gehört, setzen den Schafen zu.

Wenn Schäfer jedoch von Krummen reden, dann meinen sie eigentlich die sogenannten Naßkrummen – Schafe mit Moderhinke, ein Übel, so scheußlich wie es klingt. Die Moderhinke ist eine ansteckende Krankheit und die Hauptgeißel der Schafhaltung. Zumindest war das früher so, heute haben wir zusätzlich dazu noch die Bürokratie und die Wölfe.

Man erkennt diese Krankheit daran, dass das Tier hinkt. Die Moderhinke befällt nämlich die Klauen, und in der Vergangenheit gehörte sie zum Schaf wie Wolle, Kopf und Schwanz, und bestimmt würden mehr Leute Schafe halten, gäbe es die Moderhinke nicht. Verursacht wird sie von Bakterienstämmen, die Luftabschluss, Nässe und Wärme lieben, sich dann munter vermehren und ansteckend sind. Zu allem Überfluss gibt es viele Wege, auf denen sich die Moderhinke in eine Herde einschleichen kann. Es reicht schon, den Triebweg eines anderen Schäfers zu kreuzen, wie es vor allem auf der Reise des Öfteren der Fall ist. Noch höher ist das Risiko, wenn sich zwei Schäfer mit ihren Herden für die Wanderung für mehrere Wochen zusammentun. Und früher gab es in diesem Fall nur eins: Die Klauen eines befallenen Tiers sauber ausschneiden, damit Luft drankommt, loses Klauenhorn akribisch mit einem besonders feinen Messer entfernen und die Stelle mit Kupfervitriol einschmieren.

Das hellblaue Kupfervitriol gehörte zur Grundausstattung des Schäfers wie Stab und Schäfermesser. Es wurde in der Apotheke besorgt, zu Hause mit warmem Schweineschmalz verrührt und anschließend in leere Filmdosen abgefüllt. Wenn es zur Anwendung kam – und das tat es ständig –, hatte es eine cremige Konsistenz und konnte mühelos in die Klaue geschmiert werden. Aber wie sahen meine Finger danach aus! Blau! Vor allem der Zeigefinger. Ein Vormittag Klauenbehandlung, und an den Händen klebte ein Gemisch aus Dreck, Blut und Kupfervitriol, von den Schrunden und Schnittverletzungen ganz zu schweigen, und die blaugefärbten Nagelränder des Zeigefingers wurden praktisch niemals sauber.

Seit die Moderhinke mit Fußbädern bekämpft wird, ist es mit dieser Schinderei vorbei, und ich vermisse sie wahrlich nicht! Was war das für eine Veränderung, als die Schafe moderhinke-frei waren! Nicht mehr jeden Tag mindestens eine Stunde lang oder gar zwei mit Klauenschneiden zu verbringen! Auch mein Rücken, meine Arme und Beine sind froh, nicht mehr jeden Tag fünfzehn Merinos, jedes Tier neunzig Kilo schwer, einfangen, auf die Seite legen und behandeln zu müssen.

Früher habe ich mir die Moderhinke auch durch Pensionsschafe eingefangen – das sind jene Schafe, die einem die Bauern oder Schäfer gern überlassen, wenn man auf Reisen geht; sie kommen dazu und laufen dann mit der eigenen Herde mit. Heute ist jeder Bauer spezialisiert, da hat der eine nur Kühe, der andere nur Schweine, der dritte nichts als Hühner, aber früher besaß jeder von allem etwas und fast immer auch ein paar Schafe. Es gab damals sogar Schäfer, deren Herden größtenteils aus diesen Pensionsschafen bestanden; in der Jugendzeit meines Vaters war das noch gang und gäbe.

Aber auch später noch wollten die Bauern ihre Schafe nicht das ganze Jahr über im Stall haben, und so kam für manche Schäfer stets eine gewisse Anzahl Pensionsschafe zusammen. Mein Vater zum Beispiel ist lange Zeit mit den Schafen seines Lehrherrn umhergezogen, nachdem der in Rente gegangen war, der Sontheimer Ochsenwirt hat ihm seine dreißig Tiere auch immer gern überlassen, und noch in den 90er-Jahren haben wir an die 50 solcher zahlenden Gäste von einem anderen Schäfer mit an den Bodensee genommen – gegen einen Obolus von drei Mark pro Monat und Schaf.

Auf den ersten Blick kein schlechtes Geschäft. Gelaufen sind wir ja sowieso, das Futter war auch da, und der Zusatzverdienst von 150 Mark gestattete uns, die Pacht einer Weide zu bezahlen. Man durfte sich diese Rechnung nur nicht genauer anschauen, dann stimmte sie nämlich hinten und vorne nicht mehr. Schon deshalb, weil fremde Schafe unweigerlich Krankheiten in die Herde brachten.

Aber solange wir Pensionsschafe hatten, war das unser tägliches Brot. Da hattest du die Moderhinke in der eigenen Herde einigermaßen im Griff, dann mischten sich die Pensionsschafe darunter, und schon breitete sich die Krankheit wieder aus, und zwar rasant – die Ansteckung erfolgt innerhalb weniger Tage. Mit dem Ergebnis, dass wir uns erst die Pensionsschafe vorknöpfen und dann um die eigenen Schafe kümmern mussten – täglich mehrere Stunden zusätzliche Arbeit.

Nein, es reichte mir. Und mit der Moderhinke ist die Liste der Übel noch längst nicht abgearbeitet. Plötzlich verlammten unsere Schafe. Wir hatten die Tiere eines anderen Schäfers übernommen, und es dauerte nicht lange, da ging es los, da brachten unsere Schafe tote Lämmer zur Welt. Der Grund dafür ist wiederum eine ansteckende Krankheit, bei der der Fötus im Mutterleib abstirbt, und wenn ich morgens zum Pferch kam, lagen jeden Tag etliche tote Lämmer da, die ich entsorgen durfte. Kein Vergnügen, auch weil sie fürchterlich stinken.

Und dann: Unsere Herde besteht bekanntlich ausschließlich aus Merinos. Einmal aber hatten wir uns bereiterklärt, Schwarzkopfschafe dazu zu nehmen, wesentlich größer und schwerer als unsere, echte Fleischschafe. Im Frühjahr waren sie alle trächtig, richtig gut im Futter und kugelrund – und was passierte? Ein solches Schaf legt sich zum Schlafen hin, und wenn da Bodenunebenheiten sind, Mulden oder Höcker, rollt es womöglich auf den Rücken, kommt aus eigener Kraft nicht mehr auf die Beine und ist am nächsten Morgen tot. Eine Stunde oder zwei überleben sie in dieser Stellung, länger nicht. Eine solche Schachtel, mehr breit als lang, 130 kg schwer, dann zu bergen und ins Auto zu laden, ist keine Kleinigkeit, zumal sie schnell steif werden. Einmal lagen morgens gleich mehrere von ihnen tot auf dem Feld. Es war eine nasse Wiese, wir konnten nicht einmal mit dem Auto hinfahren, wir mussten sie einzeln rausziehen – ein Drama, bis wir diese Kolosse endlich in unseren VW-Bus gewuchtet hatten! Da passten normalerweise bequem vier bis fünf Schafe rein, aber nicht von diesem Format, und auch nur dann, wenn sie auf den eigenen Füßen stehen. Das Schlimmste aber war: Wie erklärst du jetzt dem Besitzer, auf welche Weise seine Schafe zu Tode gekommen sind?

Ganz besonders schlimm hatte mein Vater folgenden Vorfall in Erinnerung: Es gab einen älteren Landwirt, der liebte Schafe und hatte sich deshalb ein einzelnes Tier zugelegt. Dieses Schaf sollte den Winter über nicht allein im Stall stehen, weshalb der Besitzer meinen Vater bat, es mit auf die Winterweide zu nehmen. Wie hätte der Fritz ihm diesen Wunsch abschlagen können?

Nun ist es so: Für Tiere, die im Sommer allein auf der Wiese gehalten werden, die womöglich bloß den Stall kennen, bedeutet das Laufen in einer Herde eine enorme Umstellung. Die Herde hat ja ihren vertrauten Tagesablauf, ihren eigenen Rhythmus, ihre gewohnte Zusammensetzung, und für ein fremdes Tier ist es der pure Stress, sich in diesen eingespielten Haufen einzufügen. Ganz abgesehen davon, dass es fünf bis zehn Kilometer am Tag einfach nicht packt.

Meinem Vater widerfuhr etwas sehr Unangenehmes: Das Schaf des alten Bauern war der Anstrengung der Reise nicht gewachsen und starb. Mein Vater verzweifelte schier. Er wusste ja, wie sehr der Mann an seinem Schaf hing, es war seine Liebhaberei, sein Glück, und jetzt war es tot. Nicht einmal die barmherzige Mogelei, ihm ein anderes Schaf unterzuschieben, kam in Betracht, er kannte sein geliebtes Schaf ja nur zu gut. Da half also nichts. Aber mein Vater brachte es kaum über sich, dem armen Mann die traurige Nachricht zu überbringen.

So kam eins zum anderen, und irgendwann habe ich einen Schlussstrich gezogen – keine Pensionsschafe mehr! Das gab böses Blut! Mancher war uns jahre-, jahrzehntelang böse. Aber ich hab's zu keiner Zeit bereut. Die Moderhinke ging zurück, alle meine Lämmer kamen wieder lebend zur Welt, meine Herde war so gesund wie nie, und erklärungsbedürftige Todesfälle traten auch nicht mehr auf. Das war mir die kleine Verdiensteinbuße wert.

So viel zum rauen Schäferalltag. Inzwischen haben wir zusammengetragen, was an mehr oder weniger unangenehmen Überraschungen eintreten kann und mit welchen Werkzeugen wir arbeiten. Ein Utensil fehlt noch, ein ganz wichtiges: die Schäferschippe.

Sie ist aus der Schäfertradition nicht wegzudenken, trotzdem benutze ich sie nicht mehr. Mir reicht der einfache Fangstock mit seinem langen Holzstiel und dem geschwungenen Eisenhaken vorne dran, ideal, um Schafe einzufangen. Man hindert sie so am Davonlaufen und kann sie dann auf die Seite legen, für die Klauenpflege zum Beispiel, die sie, wenn man sie einmal erwischt hat, meist bereitwillig über sich ergehen lassen. Aber früher wäre kein Schäfer auf die Idee gekommen, ohne Schippe zum Hüten zu gehen.

Bei der Schippe handelt es sich um ein echtes Multifunktionswerkzeug, weil der Fanghaken bei ihr mit einem spitz zulaufenden Schäufelchen kombiniert ist. Was konnte man mit dieser Schippe nicht alles machen! Disteln ausstechen, Scherben aus dem Weg räumen, dem Hund ein Zeichen geben oder ein Schaf mit einem Klaps flugs zur Räson bringen, weil der Hund nicht überall gleichzeitig sein kann – es gibt ja tatsächlich pfiffige Schafe, die abwarten, bis der Hund am anderen Ende der Herde ist, und diesen Augenblick zu einem Vorstoß auf verbotenes Futter nutzen. Die Schippe war sozusagen der verlängerte Arm des Schäfers und zugleich sein Wahrzeichen – oder kennen

Sie eine Schäferdarstellung, auf der er nicht seine bekannte Ruhestellung eingenommen hätte, abgestützt auf seine Schippe?

Schafe einfangen konnte man damit natürlich auch, dazu war die Schippe in erster Linie da. Aber wenn es einmal sein musste, konnte man sich auch duellieren. Eine Zweckentfremdung, zweifellos, denn eigentlich ist die Schippe jedem Schäfer heilig. Aber damals, als mein Vater mit dem Schäfer Mayr in einen heftigen Streit geriet, wusste er sich in seiner Not nicht mehr anders zu helfen.

Es war Ende April. Mein Vater befand sich mit der Herde auf dem Rückweg vom Bodensee. Weit hatte er es nicht mehr, aber die Ramminger Gemarkung, die er gerade durchzog, war nicht ganz ohne. Zwar gab es hier breite Wiesenwege und Stilllegungen, wo seine Schafe gutes Futter fanden, aber hier hatte der Schäfer Mayr das Sagen, glaubte es jedenfalls, und der war für seine rabiate Art bekannt, der teilte sich seine Weidegebiete nach Lust und Laune ein und wollte in dieser Gemarkung keinen anderen Schäfer sehen.

Tatsächlich tauchte der Mayr auf – und rastete aus. Und hetzte die Herde meines Vaters mit seinen Hunden durch die ganze Gemarkung. Das war an sich schon dramatisch, weil die Tiere Strapazen genug hinter sich hatten. Doch als die Grenze der Ramminger Gemarkung erreicht war, gab sich der Mayr keineswegs zufrieden; er hetzte weiter, und nun lag eine vielbefahrene Bundesstraße vor ihnen. Mein Vater, sonst die Ruhe selbst, schäumte vor Wut. Wollte der Mensch seine Schafe vor die Autos jagen? Wozu hatte er seine Schäferschippe? Er baute sich vor dem Kerl auf, bedrohte ihn mit der Schippe, versuchte, ihn zurückzuschlagen, seinem schändlichen Treiben wenigstens Einhalt zu gebieten, aber das wollte der Mayr sich nun erst recht nicht bieten lassen und schlug mit der eigenen Schippe zurück – und so ein Schippenstecken hat vorne, wie gesagt, eine spitze Eisenschaufel plus Fanghaken; da ging's also zur Sache.

Inzwischen hatte mein Vater mich zu Hause angerufen; das Handy war bereits erfunden. Ich setzte mich ins Auto, gab Gas und fuhr hin. Bei meiner Ankunft befanden sich die Herren mitten im Gefecht. Einzugreifen brauchte ich aber nicht mehr. Jetzt gab es jemanden, der die Mayr'sche Untat bezeugen konnte – die kopflose Herde hatte nämlich einen beträchtlichen Flurschaden angerichtet –, der rasende Schäfer kam also endlich zur Vernunft, beide Kontrahenten ließen ihre Schippen sinken, und der Waffengang war damit beendet. Aber man sieht, ich übertreibe nicht – hier handelt es sich wirklich um ein echtes Multifunktionswerkzeug.

Mit Erwin auf der Reise

Natürlich hatte ich in meiner Lehrzeit theoretischen Unterricht. Es gibt viel Grundwissen, das man sich aneignen muss, wenn man mit Tieren und von Tieren leben will. Aber Schäfer wird man nicht im Hörsaal, sondern draußen in der Natur, und die beste Schule ist die Wanderung mit der Herde. Man tut sich mit einem Schäfer zusammen, der sein Handwerk versteht, hält Augen und Ohren offen, macht Fehler und sammelt Erfahrungen und ist nach vier Wochen einen großen Schritt weiter.

In vielen Bereichen der Schäferei aber gibt es keine festen Regeln. Jeder Schäfer geht bei der Zucht oder beim Hüten etwas anders vor, hat seine eigenen Vorstellungen und Grundsätze, sowie er auch sein eigenes Temperament und seine eigenen Gewohnheiten hat. Je mehr Schäfer man bei der Arbeit erlebt, desto eher kann man sich sein eigenes Bild machen, und der Erste, mit dem ich auf die Reise ging, war Erwin. Ein Vollblutschäfer, kaum älter als ich, und außerordentlich eigenwillig, wie so viele Schäfer.

Wenn er einen gesprächigen Tag hatte, war von ihm ein »ja, ja« zu hören. Oft musste man sich mit einem »mmmh, mmmh« begnügen. Gewöhnlich nickte er nur zustimmend, den Blick nach unten gerichtet, gedankenverloren. Von Kälte, Sturm und Sonne hatte sein Gesicht eine kräftige, rote Farbe angenommen, und sein Gesichtsausdruck war immer freundlich, er schien immer zu lächeln, immer guter Dinge zu sein.

Er war einer vom alten Schlag, war immer bei seinen Schafen, 365 Tage im Jahr. Im Sommer auf der Sommerweide, im Herbst auf den abgeernteten Feldern, später auf den Wiesen der Bauern, immer draußen, das ganze Jahr über, ohne Stall. Und im Winter ging's auf die Reise an den Bodensee, im April wieder zurück.

Erwin hatte früh mit der Schäferei begonnen. Schon mittags, gleich nach der letzten Schulstunde, stand er bei seinen Schafen; er konnte es kaum erwarten. Als die Schulzeit für ihn vorüber war, hatte er bereits seine eigene Herde und eine Weide in Langenau gepachtet. Morgens setzte er sich in Giengen, wo er wohnte, auf sein Moped, fuhr die 25 Kilometer nach Langenau zum Hüten, und abends fuhr er zurück. In Langenau lernte er auch seine Frau Rosemarie kennen, und vermutlich war ihre einwöchige Hochzeitsreise die einzige Zeit, die er nicht bei seinen Schafen zubrachte.

Ich durfte in dieser Woche seine Schafe hüten, und die Erinnerung daran ist mir heute noch peinlich. Es war zu Beginn meiner Lehrzeit, und meine Erfahrung beschränkte sich auf das Hüten von Wegrändern, acht Meter breit im Höchstfall, links und rechts davon Getreidefelder. Und jetzt stand ich am ersten Tag vor vierzig Hektar Wiese, hohes Gras bis zum Horizont, nirgendwo eine Grenze, nirgendwo ein Anhaltspunkt. Wie weit durfte ich die Schafe laufen lassen? Wo sollte ich den Hund hinstellen? Von Erwin hatte ich keine Anweisungen bekommen, fragen konnte ich niemanden, also alles mitnehmen, was sich an Futter bot? Es war die falsche Entscheidung. Auf einer Seite führte eine kleine Brücke über einen Bach, dahinter erstreckte sich eine weitere Wiese – ideales Übungsterrain für mein nächstes Leistungshüten! Eine Woche später war auch sie sauber abgehütet. Nur dass es sich dabei um die Heuwiese eines Bauern gehandelt hatte …

Anfängerfehler. Erwin bezahlte den Schaden und verlor darüber kein Wort. Von ihm konnte man Gelassenheit lernen. Selbst wenn ein erzürnter Bauer mit einer Mistgabel hinter ihm her war – Erwin regte sich nicht auf. Mein Vater übrigens war in dieser Disziplin geradezu brillant. Baute sich ein Bauer mit hochrotem Kopf vor ihm auf, dann konnte er schimpfen und toben, so viel er wollte, mein Vater ließ ihn gewähren. Irgendwann ging dem Bauern die Wut aus, mal früher, mal später, aber selbst, wenn es eine Viertelstunde dauerte – mein Vater gönnte ihm seinen Auftritt, hütete sich, ihn zu unterbrechen, und hörte leise lächelnd, aber ungerührt zu, bis die hochlodernden Flammen der Entrüstung nur noch schwach züngelten und die Wogen der Empörung sich geglättet hatten. Fast immer hat er es dann geschafft, mit diesem Bauern in aller Ruhe vernünftig zu sprechen, und die allermeisten sind hernach friedlich abgezogen, in der festen Überzeugung, dass ihnen gar nichts Besseres passieren konnte als dieser Fritz Häckh mit seinen Schafen, die nun munter auf seiner Wiese fraßen.

Das war seine Strategie. Mein Vater hat nämlich immer so gerechnet: Jede Minute, die seine Schafe fressen, zählt. Mochte sich der Bauer also auch eine halbe Stunde lang in immer neue Rage reden – dem Fritz war's gerade egal, denn in dieser halben Stunde fraßen seine Schafe weiter, und überhaupt – das Gras wächst ja gleich wieder nach. Der Bauer musste es nur einsehen. Solche Lektionen standen auf keinem Lehrplan, die erhielt man nur in freier Natur.

Und dann zogen wir los, der Erwin und ich. Wir waren beide noch sehr jung, und ich weiß nicht, ob irgendjemand Hintergedanken dabei hatte – wir jedenfalls nicht. Erwin hatte viele Schafe, sehr viele. Wie viele, weiß ich nicht; in manchen Jahren mögen es an die tausend gewesen sein. Ob er selbst es so genau wusste? Wahrscheinlich nicht, und es spielte auch keine Rolle – wichtig war nur, dass wir überall gut durchkamen, es genügend Futter gab und alle satt wurden. Da wir beide noch keine eigene Familie hatten, war uns auch gleich, wo wir den Heiligen Abend verbrachten; wir waren sogar gespannt darauf, wie es Weihnachten bei anderen Leuten zuging.

Nicht immer kam man beim Bauern unter. In manchen Ortschaften gab es Wirtshäuser, wo sich die Schäfer abends trafen und viele Stunden später dann einen kurzen Weg zu ihren Schlafstätten hatten, denn eine Treppe höher fanden sie gemachte Betten vor. Zu dieser Jahreszeit waren wir ja nicht die Einzigen auf der Strecke. Unterwegs war man schon auf die Spur von mindestens zehn anderen Kollegen gestoßen, und spätestens in Altshausen auf halbem Weg zum Bodensee begegnete man ihnen persönlich.

Dort nämlich gab es den »Schützen« – einen gewöhnlichen Gasthof, und trotzdem etwas Besonderes. Viele Schäfer liefen mit ihren Herden durchs Altshausener Ried, und keiner ließ es sich nehmen, bei dieser Gelegenheit den »Schützen« aufzusuchen. Altshausen war ein Knotenpunkt, und im »Schützen« kam es zu den größten Schäferzusammenkünften der ganzen Reise. Jetzt, im Winter, blieben viele sogar für ein paar Tage, denn der »Schütze« bot ihnen Unterkunft in recht spartanischen Kammern für wenig Geld, vor allem aber die Möglichkeit des Wiedersehens, und da saßen sie nun am Stammtisch beim dritten, vierten, fünften, sechsten Bier, debattierten, gaben Geschichten zum Besten und tauschten Erfahrungen aus, eingehüllt in Tabakqualm.

Wie oft habe ich dabeigesessen, einige Male mit Erwin, meistens mit meinem Vater! Ja, auch an die Gepflogenheiten musste ich mich gewöhnen, und das fiel mir in diesem Fall nicht leicht, denn aus Bier machte ich mir nichts, und fremd kam ich mir obendrein vor. Auch wenn mir das Schäferambiente vertraut war, fühlte ich mich in dieser Gesellschaft, in dieser reinen Männerwelt mit ihren überquellenden Aschenbechern und voluminösen Bierseideln nicht unbedingt zu Hause. Nicht, weil meine Kollegen jemals aufdringlich geworden wären, dergleichen habe ich nie erlebt, aber als junge Frau in dieser Umgebung der älteren Männer … Da kam es zu derben Stammtischgesprächen, für die mir bisweilen der Sinn fehlte.

Aber – mitgegangen, mitgefangen. Mein Vater hingegen war in seinem Element. Im »Schützen« war er unter seinesgleichen und unter Gleichgesinnten, und da fast alle Anwesenden auf der Schwäbischen Alb stammten, traten auch keine Verständigungsprobleme auf. Der lange Abend endete dann in einer Schlafkammer unterm Dach zwischen gemusterten Tapeten und Heiligenbildern an den Wänden in einem altertümlichen Bett.

Auf der Reise ist kein Tag wie der andere. Jeden Tag geht es ein Stück weiter, jeden Tag neue Wiesen, neue Wege, neue Gesichter, jeden Tag ein anderes Wetter; und doch gibt es Dinge, die alle Tage gleich sind, nach einem unveränderlichen Rhythmus verlaufen.

Früh morgens schaut immer einer als Erstes nach den Schafen. War ich mit meinem Vater unterwegs, wartete er kaum die Morgendämmerung ab; jeder neue Tag begann für ihn mit der bangen Frage: Wie geht es meinen Schafen? Dann gibt's Frühstück, und mit dem gastgebenden Bauern oder seiner Frau werden Neuigkeiten ausgetauscht, wie schon am Abend zuvor beim Abendessen. Mein Vater kannte sie ja alle. Zweimal im Jahr war er bei diesen Leuten zu Gast, hatte Kinder und Enkelkinder heranwachsen gesehen, kannte ihre Sorgen und Nöte, auch ihre Freuden, Hoffnungen und Pläne. Zeitung und Radio gab es schon, später kam der Fernseher hinzu, doch das gesprochene Wort unter Freunden stand immer noch weit höher im Kurs.

Oft ist vormittags noch Zeit für ein Gespräch mit dem Nachbarn oder den Besuch bei anderen Bekannten im Ort. Es kommt vor, dass man jetzt schon das erste Bier angeboten bekommt – ich habe es stets abgelehnt, Erwin nie. Vor dem Austreiben gibt es entweder noch ein kleines Mittagessen, oft eine Suppe, oder die Bäuerin drückt einem zum Abschied ein üppiges Vesperbrot für unterwegs in die Hand, und dann setzt man sich mit seiner Herde in Bewegung.

In späterer Zeit besaßen die meisten Schäfer ein Auto, und wenn sie zu zweit waren, teilten sie sich die Arbeit folgendermaßen auf: Einer blieb bei der Herde und hütete die Schafe, der andere fuhr als Kundschafter voraus und erkundete die Lage – wo gibt es gute Wiesen? Wo kommt man mit der Herde am einfachsten durch? Welche Weiden sind bereits von einem Vorgänger abgehütet worden? Als ich mit Erwin auf die Reise ging, war diese Arbeitsweise längst Standard. Am späten Nachmittag war es dann für den Schäfer im Auto an der Zeit, sich nach einem geeigneten Platz für die Nacht umzuschauen oder den nächsten Bauern auf der Route anzusteuern und ihn zu fragen, wo er die Schafe gern hätte.

Auch jetzt, am Ende des Tages, offenbarten sich wieder die unterschiedlichsten Vorstellungen, folgte jeder Schäfer seinen eigenen Grundsätzen. Erwin zum Beispiel pflegte seine Schafe noch vor Einbruch der Dunkelheit einzusperren, sie aber auch schon am frühen Vormittag rauszulassen. Mein Vater wiederum wartete die Nacht ab, weil er glaubte: »Gegen Abend und in der Dämmerung fressen sie am liebsten, so wie die Rehe.« Und dann gab es Schäfer, die ihre Tiere spät rausließen und früh wieder einsperrten, weil ihnen das Bier im Wirtshaus so gut schmeckte – bei denen mussten die Schafe halt schneller fressen, sie durften auch nicht allzu wählerisch sein.

Ganz früher, als es noch keine Elektronetze gab, war guter Rat teuer, wenn man es nicht rechtzeitig vor Einbruch der Nacht bis zu einem Hof mit Pferch oder umzäunter Obstwiese schaffte. Mein Vater half sich dann aus der Verlegenheit, indem er die satte Herde an einem geschützten Waldrand lagern ließ. Dann machte er sich ins nächste Wirtshaus auf, und früh morgens war er schon wieder bei ihnen. Sollten sie in der Nacht bereits ohne ihn aufgebrochen sein, war es auch kein Drama – er wusste stets, wo sie zu finden waren, nämlich auf dem Heimweg, in Richtung Stall. Die Schafe kannten ja den Weg. Sie prägen sich eine Route ein und haben sie noch Jahre später im Kopf, vor allem dann, wenn sie die Strecke mit schmackhaften Wiesen in Verbindung bringen.

Und dann gibt es ein weiteres Gebiet, das jeder Schäfer nach eigenen Vorstellungen handhabt: die Lammzeit.

Erwin hatte das ganze Jahr über Lammzeit. Seine Herde war auch deshalb so groß, weil er jederzeit sämtliche Tiere, Schafe wie Böcke, mitführte. Das entsprach natürlich dem Charakter eines Menschen, der nie große Umstände macht, und wenn ein Schaf unterwegs gelammt hatte, kam das Neugeborene tagsüber einfach in seinen VW-Bus. Abends nach dem Einsperren lief er dann mit dem Lamm unterm Arm durch die Herde und suchte die Mutter, um es ihr zurückzugeben. Meistens waren die Lämmer nach ein paar Tagen fit genug mitzulaufen.

Um Lamm und Mutter zuordnen zu können, markierte Erwin beide als Erstes mit einem farbigen Viehzeichenstift, dem sogenannten Raidel. Ein Strich rechts, vorne, mittig oder hinten, längs oder quer oder kombiniert mit einem zweiten Strich auf der einen Seite, dem Rücken oder der anderen Seite – der Fantasie waren keine Grenzen gesetzt und der Möglichkeiten viele. Andere Schäfer nummerierten Mutterschaf und Lamm. Einmal war Erwin eines abhandengekommen, da haben Spaziergänger das markierte Lamm beim nächsten Schäfer abgeliefert – der wusste schon, wer es verloren hatte, und brachte es seinem Besitzer zurück.

Mein Vater hingegen richtete es so ein, dass er während der Reise keine Lämmer hatte, sonst aber das ganze Jahr über. Als ich später versucht habe, geregelte Lammzeiten einzuführen, und die Böcke für Monate aus der Herde nahm, fasste sich mein Vater an den Kopf. Er war felsenfest der Meinung, ein Schaf würde für lange Zeit mit der Brunst aussetzen, wenn man die Brunst ein- oder gar zweimal ungenutzt verstreichen lasse, mit dem Ergebnis, dass die Zahl der Lämmer drastisch zurückgehe.

Wie sich zeigte, war das Gegenteil der Fall. Aber was seine Überzeugungen anging, mischte sich eben Bewährtes und Begründetes mit ungeprüften, eingefleischten Gewohnheiten – wie bei anderen Schäfern auch.

Mit Erwin war ich nur ein paar Jahre auf der Reise. Als ich die Lehre abgeschlossen hatte, habe ich mich meinem Vater angeschlossen, wenn es an den Bodensee oder zurück nach Sontheim ging. In den 90er-Jahren änderten sich die Zeiten dann grundlegend. Die Landwirtschaft wurde intensiver. Hier wurde eine Wiese zum Acker umgebrochen, dort wurde eine bebaut, und auf den wenigen verbliebenen Weideflächen wurde immer häufiger Gülle ausgebracht, die Schafen verständlicherweise zuwider ist. Kurzum, das Futter unterwegs wurde ein ums andere Mal knapper, und wenn Schafe nicht satt sind, ist es natürlich viel schwieriger, mit der Herde ohne Zwischenfälle an angebauten Kulturen vorbeizukommen. Folglich wurden die Landwirte mit fortschreitender Vegetation beim Anblick eines Schäfers immer nervöser.

Auch Erwin machten diese Verhältnisse in seinen letzten Jahren zu schaffen. So genau bekamen wir es zwar nicht mit, aber wir merkten es an der Reaktion der Bauern entlang unserer Strecke. Sie waren schon alarmiert, wenn wir uns bloß näherten, und in einer Gemarkung vor Ulm standen sie sogar am Straßenrand Spalier. Was war geschehen? Vor uns war Erwin durchgezogen, und ich kannte ihn ja. Wie viele Schafe hatte er? Tausend? Womöglich zweitausend, er nahm ja unbegrenzt Pensionsschafe dazu. Eine solche Riesenherde bekommt man nie exakt in Formation – wenn man dann noch seine Hunde nicht permanent hin und her schickt, fehlt hinterher rechts und links garantiert etwas am Raps, und das exakte Arbeiten mit den Hunden war nie Erwins Stärke gewesen. Wen wundert's, wenn sich die Bauern beim nächsten Schäfer mit ihren Traktoren entlang der Straße als Drohkulisse aufbauen …

Wie dem auch sei – Erwin war Schäfer aus Leidenschaft, und an seiner Seite habe ich manches gelernt. Für Erwin selbst aber ging die Reise vor einigen Jahren zu Ende, als man ihn an einem sonnigen Tag im Frühjahr tot bei seinen Schafen liegend fand, neben ihm sein treuer Hund Benno. Er hinterließ fünf Kinder, nicht alle volljährig, aber fast alle wollen sie in die Fußstapfen ihres Vaters treten. Leicht werden sie es nicht haben. Ich wünsche ihnen den Mut und die Kraft, das Bewährte beizubehalten und das längst Überholte fallen zu lassen.

Letztes Frühstück bei Frau Bohner

5. April 2011, kurz nach acht Uhr. »Guten Morgen« sage ich, als ich die Küche betrete. »Guten Morgen« antwortet Frau Bohner, noch dem Eierkocher zugewandt, der jeden Augenblick mit einem Piepsen anzeigen wird, dass die Eier fertig sind. Auf dem Tisch stehen zwei Tassen auf Untersetzern, daneben je ein Eierbecher mit einem extra Löffel für das Frühstücksei. Der Kaffee steht in einer Thermoskanne bereit, es gibt Brot vom Bäcker, dazu Butter und selbstgemachte Marmelade.

Wir unterhalten uns über ganz banale Dinge, das Wetter von gestern, das Wetter, das uns heute erwarten wird, das Dorf, wo ich an diesem Tag hüten werde, und bei welchem Bauern ich abends pferchen werde. Es ist wie immer, wie alle Morgen auf der Winterweide. Und doch ist es nicht wie immer. Heute habe ich zum letzten Mal bei Bohners geschlafen, jetzt sitze ich zum letzten Mal mit Lydia Bohner beim Frühstück. Im nächsten Herbst werde ich nicht mehr auf die Winterweide am Bodensee zurückkehren.

Wie viele Jahre waren es? »59«, sagt Lydia. »Seit 59 Jahren ist dein Vater bei uns im Haus.«

Letzte Woche war ich auf den Rathäusern der vorderen und hinteren Höri, um die Weiden zu kündigen. Die Bürgermeister waren fassungslos – nach so vielen Jahren, ja, Jahrzehnten auf der Höri! Sie konnten kaum glauben, dass wir nicht mehr kommen würden. Vielen anderen Menschen ging es genauso. »Der Fritz will uns verlassen?« – nein, unmöglich! Alle spürten: Es schließt sich ein Kapitel ihrer eigenen Geschichte. Unsere Schafe waren ja ein gewohntes Bild, sie gehörten im Winter zur Höri wie die Kirche zum Dorf, und der Fritz war längst ein Mitglied der Gemeinschaft. Ein Einheimischer.

Das Ende hatte sich lange angekündigt, es war ein Rückzug auf Raten gewesen. Vor vielen Jahren schon hatte sich mein Vater die Sache etwas erleichtert und mit dem Nachbarschäfer Zeiner auf eine Arbeitsteilung verständigt. Von da an liefen sie im Winter mit ihren Herden gemeinsam nach Süden und wechselten sich dann mit Hüten ab – drei Wochen blieb der eine auf der Winterweide, dann kam der andere und löste ihn für die nächsten drei Wochen ab; mit dem Auto konnte man inzwischen ja hin- oder herfahren, und so hatte immer einer von beiden Zeit für die Familie. Es war der erste Ansatz zu einem etwas komfortableren Leben gewesen.

1999 wurde mein Vater krank. Ob er je wieder Schafe hüten könnte, war nicht abzusehen. Mein damaliger Mann und ich weideten die Herde bis tief in den Winter hinein in der Umgebung, und als es meinem Vater besser ging, ließen wir zwei Viehtransporter kommen, luden die Herde ein und legten die ganze Strecke in wenigen Stunden per LkW zurück. Seither entfiel die Anreise zu Fuß; auf der Rückreise aber blieb es vorläufig bei der Wanderung.

Ich gestehe: Der Verzicht auf die Hinreise in ihrer traditionellen Form fiel uns nicht sonderlich schwer. Wegen des schlechten Wetters mit Nebel, Regengüssen und eisglatten Straßen war das Wandern im Dezember stets mühsam gewesen. Eingeschneit wurden wir zwar nie, gelegentlich aber ziemlich übel erwischt, wie an jenem Tag, als es ununterbrochen heftig regnete und die Nacht darauf fror – mit das Schlimmste, was einem Schäfer passieren kann. Jeder Grashalm steckte in einer Hülle aus Eis, und an Fressen war gar nicht zu denken; die Erinnerung daran tut mir heute noch im Herzen weh. An einem Waldrand machten sich meine Schafe über die Spitzen der Tannen her, und jeder

Bissen wurde mit einer Dusche aus Eis quittiert. Noch schlimmer war, dass ihre klatschnassen Wollfliese ebenfalls gefroren, und wenn die Wolle ihre isolierende Wirkung einbüßt, fangen sogar Schafe an zu frieren. Anderntags kamen wir in eine mildere Gegend, und der Spuk war vorbei, aber aufgrund solcher Erlebnisse nahmen wir von der Winterwanderung nicht gerade unter Tränen Abschied.

Bei der traditionellen Rückreise hingegen blieb es einstweilen. Berichtenswert ist in diesem Zusammenhang ein Vorgehen, das nicht nur umständlich, sondern auch ziemlich absurd erscheinen mag.

Wir hatten nämlich die Schafe, die den Winter über Lämmer geboren hatten, daheim im Stall behalten, und dieser Teil der Herde wurde kurz vor der Heimreise des anderen Teils ebenfalls an den Bodensee geschickt. Das klingt unlogisch, hatte aber einen guten Grund. Denn zum einen sparten wir so in den vier Wochen der Wanderung das Futter, und zum anderen … Nicht, dass es den Lämmern im Stall schlecht ging, aber unterwegs, ständig in Bewegung, ständig an der frischen Luft und auf frischen Wiesen mit jungem Gras gedeihen sie viel besser als zu Hause bei bester Stallhaltung.

Wie viele Erinnerungen kommen zurück, wenn ich dran denke. Die ganze Prozedur hatte etwas von alter Eisenbahnromantik, denn Mutterschafe und Lämmer wurden damals mit dem Zug an den Bodensee gefahren, und diese Reise wollte gut vorbereitet sein.

Schafe, die aus dem Stall kommen, müssen sich an die Weidehaltung erst gewöhnen. Man kann sie nicht vom Stall direkt in einen Eisenbahnwaggon verfrachten, ausladen und loslaufen lassen. Also verordneten wir ihnen zunächst ein Training – jeden Tag blieben sie etwas länger draußen auf der Weide, bis sie nach einer Woche auf eigenen Beinen zum Sontheimer Bahnhof laufen konnten, wo sie die Nacht verbrachten.

Am anderen Morgen wurde eingeladen. Viele Bahnhöfe der Region verfügten seinerzeit zu diesem Zweck über eine spezielle Verladerampe für Schafe – ein sehr großes Exemplar für die obere Etage von doppelstöckigen Waggons, mit zwei großen Rädern in der Mitte, um sie bequem versetzen zu können, und eine kleinere Ausführung für einfache Güterwaggons. Im Inneren gab es zwei Trennwände, dazwischen war jeweils Platz für rund zwanzig Schafe – so bestand keine Gefahr, dass sich alle Tiere in einer Ecke zusammendrängten und unterwegs gegenseitig erdrückten. Vor dem Einladen wurde Stroh eingestreut, und ich sehe meinen Vater noch vor mir, wie er auf den Knien im Waggon herumrutscht und hin und her krabbelt, das Stroh sorgfältig in alle Ecken verteilt, und nach dem Einladen noch einmal alles gründlich in Augenschein nimmt, nur um absolut sicher zu sein, dass unsere Reisenden es unterwegs gut haben würden.

Auf der Winterweide eingetroffen, wurde diese kleine Herde noch für einige Tage getrennt gehütet, denn für Lämmer, die im Stall zur Welt kamen, ist die Umstellung auf ein Leben im Freien ziemlich anstrengend. Sie sind gewohnt, ihr Futter im Lämmerschlupf vorgesetzt zu bekommen, sie kennen es nicht anders, und jetzt müssen sie selbst rupfen, und laufen müssen sie auch. Nach ein paar Tagen aber wussten sie es sehr zu schätzen, dass sie hier auf der Höri in jungem, handlangem Gras von frischem Grün standen, während sich daheim erst spärliche Halme zeigten.

Aber auch dies war nur ein Zwischenspiel, keine endgültige Lösung. Ab 2009 unternahmen unsere Schafe auch den Rückweg auf der Ladefläche eines Lkw. Diesmal fiel der Abschied schon schwerer, auch weil wir befürchteten, nicht genug Futter zu haben, wenn wir drei Wochen früher zu Hause sind. Aber anders ging es nicht mehr.

Die Verhältnisse hatten sich für den Schäfer kontinuierlich verschlechtert. Wo ganz am Anfang einmal Dörfer mit ruhigen

Dorfstraßen gewesen waren, umgeben von Gärten, Weiden und Äckern, bekamen wir es mittlerweile mit Neubaugebieten, Parkplätzen, Gewerbegebieten, Schnellstraßen und verkehrspolitischen Errungenschaften wie dem Kreisverkehr und endlosen, ununterbrochen fortlaufenden Leitplanken zu tun. Diese neue Welt war reich an allem, was einer Schafherde im Weg stehen kann, und dazu kamen die Auswirkungen einer intensivierten Landwirtschaft: Statt zweimal jährlich wurden die Wiesen inzwischen fünfmal gemäht, das erste Mal weit vor der Blüte der ersten Wiesenkräuter und -gräser Anfang Mai, das letzte Mal Ende Oktober, um Grassilage zu erzeugen, und auf die Mähmaschinen folgten unweigerlich die Güllefässer. Das Nachsehen hatten die Schäfer, oder genauer gesagt die Schafe, die das Gras begüllter Wiesen nicht anrühren, und sei es noch so grün – auch wir würden uns ja gegen Fäkalien in unserem Essen verwehren.

Am härtesten aber traf uns der Wegfall der Stilllegungen. Eine Zeitlang nämlich hatten die Landwirte von der Europäischen Union Fördergelder erhalten, wenn sie bestimmte Flächen überhaupt nicht bewirtschafteten, und diese Stilllegungen waren mir auf der Flucht vor der Gülle gerade recht gekommen. Damit war es 2008 vorbei. Von nun an gab es nur noch für bewirtschaftetes Land Geld, der Landwirt musste also auf seiner Wiese wenigstens Heu machen. Mittlerweile musste ich zehn Kilometer laufen, bevor ich die nächste güllefreie Wiese fand. Unter diesen Umständen bekam ich meine Herde gar nicht mehr satt.

Was mir als Letztes blieb, war die Winterweide auf der Höri, und auch damit war es zwei Jahre später vorbei.

Mein Vater ging jetzt auf die achtzig zu. Körperlich noch erstaunlich fit, wollte ich ihm trotzdem nicht mehr zumuten, den halben Winter draußen bei den Schafen zu verbringen. Wegen der Lämmer und Mutterschafe im Stall konnte ich ihn auf der Winterweide nicht ersetzen, ich konnte es mir auch nicht leisten, den Betrieb die ganze Zeit allein zu lassen, und nicht einmal die Höri war mehr die alte. Die Zahl der Bauern war von Jahr zu Jahr gesunken, womit die traditionellen Kosthäuser entfielen, und wenn mein Vater heute noch Gasthöfe wie die »Sonne«, den »Badischen Hof« und den »Hirschen« im Schlaf zuordnen kann, dann weil er immer häufiger gezwungen war, im Wirtshaus Geld fürs Abendessen auszugeben.

Im Übrigen fanden die Schafe auch auf der Höri nur noch dort Futter, wo der Traktor mit dem Güllewagen auf den Obstbaumplantagen nicht zwischen den Bäumen durchgekommen war. Mit einem Wort: Was uns anging, war die klassische Wanderschäferei, das Pendeln zwischen Sommer- und Winterweide, an ihr Ende gelangt – sie war schlichtweg nicht mehr möglich. Ich musste den nächsten, den endgültigen Schlussstrich ziehen.

Mir fiel er leichter als meinem Vater. Für ihn war die Wanderung sein Leben gewesen, und an die Höri hatte er sein Herz verloren. Er war mit der Landschaft und den Menschen dort regelrecht verwachsen, sie waren seine Welt, und der alte Fritz Häckh gab viel mehr auf als nur die Wanderungen. Er gab seine Wahlheimat auf. Ja, doch, sie sehen sich noch ab und zu, sie besuchen einander hin und wieder, die Bohners und der Fritz, aber es ist nicht mehr so wie früher …

Die letzte Reise – vom Bodensee nach Sontheim

Die letzte Reise zu Fuß traten wir am 21. März 2008 an, dem Tag, als mir der Veterinär in Iznang die Triebgenehmigung ausgestellt hatte. Ich habe diese Reise für mich niedergeschrieben, auch alte Erinnerungen an bestimmte Orte am Weg notiert, und gebe sie hier wieder, wie sie in meinen Aufzeichnungen stehen. Wie schnell vergisst man, wie vieles ist schon vergessen …

In der Vergangenheit waren wir in wechselnder Besetzung gereist. Meist war mein Vater dabei, genauso oft ich, gelegentlich wurden wir von meinem ersten Mann Bertrand begleitet, ab 2002 half uns Francesco, mein jetziger Mann. Mal waren wir zu zweit, seltener zu dritt, und einer fuhr immer den Wagen; nur auf den ersten Etappen konnte es vorkommen, dass einer allein die Herde führte. Die letzte Reise machten mein Vater, Francesco und ich gemeinsam.

Wir starten in Gaienhofen, dem südlichsten Punkt. So hatte es mein Vater schon immer gehalten, um seinen Abschied von der Höri hinauszuzögern – weniger aus sentimentalen Gründen, als um seinen Schafen so lange wie möglich das gute Futter der Höri zu gönnen. Über Bankholzen wandern wir nach Staringen bei Radolfzell, das bei mir besonders schöne Erinnerungen an die Freundlichkeit der Leute hier weckt: Einige Bauern dieser Gegend haben uns immer wieder mal unser Auto vorgefahren, damit wir abends nach dem Einpferchen nicht die ganze Strecke zu Fuß zurücklaufen mussten, die wir tagsüber mit den Schafen gezogen war. Auch der Schäfer Mäck aus Radolfzell ist uns stets großzügig beim Ein- und Ausladen oder bei Klauenbädern behilflich gewesen. Nicht alle Schäfer begegnen ihren Kollegen so wohlwollend, man kennt auch durchaus Konkurrenzgefühle.

In Staringen geht es einmal durchs ganze Dorf. Ich höre heute noch meine Mutter schimpfen, als sie erfuhr, dass mein Vater ausgerechnet am Karfreitag mit seiner Herde dort durchgezogen war. »Warum nicht?«, hatte er arglos entgegnet. »Dann ist es schön ruhig auf den Straßen. Und die Leute sind's doch gewohnt.« In religiösen Dingen war mein Vater nie besonders empfindlich. Ich wiederum verbinde mit Staringen eine Jauchegrube am Straßenrand, die wohl nicht ordentlich gesichert war, jedenfalls fiel eins unserer Schafe hinein – der Bauer war so nett, es rauszuziehen und uns das gerettete Tier, triefend und stinkend, wieder auszuhändigen.

Weiter geht's. Am See zwischen Bodmann und Espasingen gibt es ein großes Naturschutzgebiet mit vielen mageren Wiesen, ideal für uns, und viele Jahre haben wir hier ein bis zwei Tage lang gehütet. Damit ist es vorbei; seit einigen Jahren wacht ein Vogelschützer darüber, dass dort keine Schafe weiden; er hat Angst um die Nester der Bodenbrüter.

Am 1. April ziehen wir von Ludwigshafen nach Überlingen weiter und erfüllen damit die Vorgabe, das Bodenseegebiet an diesem Tag zu verlassen. Bis hierhin war die Wanderung für einen allein gut zu schaffen, doch nun werden die Strecken länger und schwieriger, und in dem unübersichtlichen Wald am Berg bei Ludwigshafen waren wir oft zu dritt – einer führte die Herde, einer folgte ihr und behielt Nachzügler im Auge, und einer fuhr das Auto, das hier mehrfach einen ganz anderen Weg nehmen muss.

Und es wird immer schwieriger. Erst kommen die Bahngleise, dann kommt die Bundesstraße, dann geht es durch eine Obstbaumplantage und anschließend steil bergan durch ein Gartengrundstück, so verwildert, dass meine Schafe sich einzeln durchschlängeln müssen, um schließlich über einen schmalen Wanderweg zu einem unwesentlich breiteren Schotterweg zu gelangen. Die vielen Abzweigungen hier erschweren die Orientierung, also verlangsame ich meinen Schritt und trete etwas zur Seite, um die Leitschafe vorüberzulassen – wenn die Schäferin unsicher ist, müssen die Schafe ran, sie haben den Weg im Kopf gespeichert. Unten war das Gras schon saftig und frisch, hier oben liegen noch Schneereste.

Auf der Anhöhe betreten wir das Grundstück einer christlichen Glaubensgemeinschaft, die sich »Lamm Gottes« nennt. Diese Leute leben bescheiden in einfachsten Verhältnissen. Früher waren sie froh über den Dung der Schafe und schon deshalb freundlich zu uns; wir durften über Nacht bleiben und waren auch zum Abendessen eingeladen. Wir fanden uns dann in einer riesigen Kinderschar wieder und schafften es nie, sie einzelnen Elternpaaren zuzuordnen; allerdings gingen wir nie so weit nachzufragen. In den letzten Jahren aber sind auch hier immer mehr Wiesen Obstbaumplantagen gewichen, und für die Schafe ist zwischen Zäunen und Waldrand kaum noch ein Durchkommen. Damit entfällt auch für uns Abendessen und Übernachtung.

Am Fuß des Berges empfängt uns die Zivilisation in Form eines Caravan-Centers und der Bundesstraße 31. Jetzt wird es heikel. Wie soll ich die Herde heil über die Straße bringen, wenn die Autofahrer auf dieser langen Geraden richtig Gas geben, wenn vor allem die Motorradfahrer voll aufdrehen? Werden sie rechtzeitig bremsen? Werden sie die Schafherde rechtzeitig entdecken oder mit ihrem Handy beschäftigt sein? Aber wir kommen ungeschoren davon.

Wieder geht es kilometerweit durch Wald bergan. Diesen Aufstieg stecken auch die Schafe nicht so leicht weg; die Sonne wärmt bereits, und sie bekommen Durst. Ich kann's nicht ändern. Oben erwartet uns ein Hof mit Araberpferden, dort dürfen wir pferchen, aber die Wiesen hier sind durch die Gülle ungenießbar geworden, und der Wassergraben ist tief, das Gelände morastig, meine Schafe würden hier einsinken und steckenbleiben. Hier können wir sie nicht tränken.

Abhilfe schafft am nächsten Tag das klare Wasser eines kleinen Bachs bei einer Mühle. Wir hüten, vor den Blicken des Bauern geschützt, ganz hinten im Waldeck; würden wir entdeckt, müssten wir gleich abziehen. Dann geht es am Ostufer des Bodensees an Obstwiesen und Steilhängen vorbei über Sipplingen nach Überlingen.

Oberhalb der Stadt durchqueren wir ein Industriegebiet; hier ist in den letzten Jahren viel gebaut worden, der Kreisverkehr ist in Mode gekommen, die ganze Gegend ist nicht mehr schaf- und schäferfreundlich. Ich bin froh, endlich Andelshofen zu erreichen, wo ich mit der Herde über das Gelände des Haustierhofs Reutemühle laufe. Hier werden alte Schaf-, Ziegen- und Rinderrassen gehalten; auf Abstand bedacht, beäugen uns von einer Koppel her Zackelschafe, von einer anderen mustern uns Jakobschafe, sehr ungewöhnliche Tiere, nämlich gescheckt und jedes mit vier Hörnern ausgestattet. Jedes Mal geht mir hier eine Episode durch den Kopf, die schon einige Jahre zurückliegt.

Damals hatte ich in Reutemühle ein solches Jakobsschaf gekauft, als Hochzeitsgeschenk für meinen Bruder. Ich wollte meiner Neuerwerbung gerade für die Rückfahrt die Füße zusammenbinden, da ging die Besitzerin des Haustierhofs dazwischen: Ich möge das Tier frei hinten in meinem Kombi stehen lassen. Wie bitte? Dieses mir gänzlich unbekannte Tier, versehen mit vier imposanten Hörner, sollte sich auf der zweistündigen Heimfahrt in meinem Auto frei bewegen dürfen? Mir war nicht wohl dabei. Der Bock hätte problemlos auf den Beifahrersitz springen oder mit seinen Hörnern jedes beliebige Fenster meines Autos zertrümmern können, ich wäre machtlos gewesen. Gut, ich fuhr los, und nichts dergleichen passiert. Die ganze Fahrt über stand mein Jakobsbock wie angewurzelt auf der Stelle; selbst wenn ich vor roten Ampeln schärfer bremsen musste, bewahrte er eisern die Ruhe. Zu Hause angekommen, öffnete ich die Hecktür, nach kurzem Zögern machte er einen großen Satz und stand verdutzt inmitten meiner Merinoherde …

Über Straßen, durch Viehweiden und an Gemüseäckern entlang geht es weiter. Sich hier durchzufinden ist schwierig, und der Verkehr macht es nicht leichter. Ein Kreisverkehr ist besonders originell gestaltet: In der Mitte ein kleiner Hügel, vorne Gras, hinten Steine – vorübergehend sind vorne Schafe und hinten Steine. Autos stauen sich hinter der Herde, bis wir endlich in einen Waldweg abbiegen können, der ins Tal hinunterführt, wo wir auf der Wiese eines Demeterhofs pferchen können.

Bei Deisendorf fahre ich vor, um die nächste Strecke auszukundschaften; Francesco bleibt so lange allein bei den Schafen. Da taucht ein Bauer auf und beschimpft ihn lautstark. Francesco lässt dessen Schimpfkanonade wortlos über sich ergehen, und als der Mann sein Pulver verschossen hat, antwortet er seelenruhig: »Ich verstehe kein Deutsch.« Der Bauer läuft feuerrot an, dreht sich um und geht wütender von dannen, als er gekommen ist.

Inzwischen haben wir uns ein ganzes Stück vom Bodensee entfernt. In Mittelstenweiler angekommen, nächtigen wir bei dem Schäfer Franz Kranz. Seinen Eltern ist es über die Maßen wichtig, dass wir bei ihnen Station machen; es sind außerordentlich gutmütige Menschen, und oft laden sie uns für mehrere Tage ein. Ihnen geht es vor allem um Neuigkeiten und Unterhaltung, sie wollen einfach unter Schäfern sein und fachsimpeln dürfen, aber sie verehren auch meinen Vater – ihren zweiten Sohn haben sie sogar nach ihm benannt.

Normalerweise übernachten wir bei Bauern. Auf dieser Wegstrecke aber gibt es einige Schäfer, die uns zu ihren Freunden zählen und die wir nicht auslassen dürfen. In Mühlhofen schauen wir bei dem ehemaligen Schäfer Konrad Höfel vorbei, der uns bereitwillig Auskunft über unsere Route der nächsten Tage gibt. Nicht, dass sich der Weg geändert hätte, doch Höfel weiß genau, wo es Futter gibt, wo man Stilllegungen findet, bei welchem Bauer man am besten pfercht und welche Wiesen schon abgefressen sind.

Anderntags passieren wir eine Unterführung der Eisenbahn, die eine beklemmende Erinnerung bei meinem Vater weckt – viele Jahre zuvor hat er hier einen Hund verloren, der oben über die Gleise gelaufen war, als gerade ein Zug vorüberrauschte. Und später, im Wald bei Grasbeuren, stoßen wir fast mit der Herde von Hermann Gulde aus Salem zusammen. Das war knapp, um ein Haar hätten sich die beiden Herden miteinander vermischt. Er pfercht nur eine Waldwiese vor uns und bewegt sich mit seinen Schafen in einem riesigen Radius, damit hatten wir nicht gerechnet.

Nach einem langen Marsch erreichen wir Neuhaus bei Hefigkofen. In der Vergangenheit gab es hier ein paar gute Wiesen, heute befinden sich an dieser Stelle ein gigantischer Supermarkt und eine Tankstelle. Einige Kilometer weiter biegen wir an einem Haus ab, wo Esel weiden, und werden mit dem Ruf »Wo ist der Fritz? Wo ist der Fritz?« begrüßt. Die Besitzerin ist überglücklich, meinen Vater wiederzusehen, sie hat ihn schon erwartet, sie hat sogar den Termin im Kalender eingetragen; wir kommen ja jedes Jahr etwa am selben Tag vorbei. Mein Vater nimmt sich für sie Zeit und kommt später reich beschenkt mit Wein und Schokolade wieder zur Herde.

Hinter Ravensburg angelangt, befinden wir uns schon mitten im beschaulichen Oberschwaben. Die Gegend ist mir als Reiterin besonders sympathisch, weil hier viele Leute Pferde halten, schon wegen des Weingartener Blutritts am Freitag nach Christi Himmelfahrt, Europas größter Pferdeprozession; auch das Landesgestüt Marbach hat hier für die vielen Stuten der Umgebung etliche Hengste stehen. Von nun an also hügelige Landschaft, kleine Dörfer, vereinzelte Gehöfte und wenig befahrene Straßen – eigentlich gut für uns, aber auf dieser Höhe ist das Gras kürzer, und die Gülle macht die meisten Wiesen für unsere Schafe ungenießbar. Stetig geht es voran; kommt eine Wiese ohne Mist, dürfen sie fressen, aber nach einer Stunde dränge ich zum Aufbruch.

Alle zehn Tage muss das Gesundheitszeugnis für die Triebgenehmigung erneuert werden, und schon bald ist die nächste Kontrolle durch den Tierarzt fällig. Der zuständige Veterinär macht gottlob keine Umstände, der ist ein verträglicher Mensch, der steigt für die notwendigen Formalitäten nicht einmal aus seinem Auto. Im nächsten Dorf bereits würden wir an einen viel strengeren Veterinär geraten, und darauf kann ich verzichten. Der findet immer etwas auszusetzen; der andere ist mir entschieden lieber, und damit haben wir die erste Hälfte der Strecke hinter uns. In zehn Tagen werden wir zu Hause sein, und bis dahin werden wir keinen Tierarzt mehr brauchen.

Wir nähern uns Altshausen, wo der »Schütze« auf uns wartet, der allseits beliebte, unumgängliche Gasthof, wo unsereins schon manche Stunde verbracht hat. Wir übernachten dort, ziehen anderntags aber gleich weiter; im Frühjahr hat es der Schäfer immer eiliger als im Winter. Es war die letzte Übernachtung unterwegs. Von nun an werden wir jeden Abend zum Schlafen heimfahren.

An Ebersbach vorbei geht es ins Musbacher Ried, und danach ist es mit der Ruhe vorbei. Schafe und Schäfer wollen nach Hause, folglich werden die Tagesetappen immer länger. Am Berg hinter der Ortschaft Boos kommen wir allerdings nur im Schneckentempo voran, weil wir die Straße nehmen müssen, die sich in Serpentinen hinaufwindet – der direkte Weg die Hangwiese aufwärts ist uns versperrt, weit sie in eine Rinderweide umgewandelt und eingezäunt wurde. An einem frühlingshaften Tag wie diesem ist es den Schafen warm unter ihrer dicken Wolle, lustlos setzen sie einen Fuß vor den anderen, und die Autofahrer, die sich hinter der Herde ansammeln, müssen beträchtliche Geduld aufbringen; wenigstens hupen sie nicht. Auf halber Strecke drücke ich die Herde von der Straße weg in den Wald, damit die Autos vorbeifahren und die Schafe verschnaufen können.

Später ziehen sie brav durch die große Reitanlage bei Renhardsweiler – nach dem steilen Anstieg haben sie keine Flausen mehr im Kopf –, und dann geht es kilometerweit durch Felder. Vor allem die Rapsfelder locken, denn so langsam bekommen meine Schafe wieder Hunger. Es ist ein anstrengendes und nicht enden wollendes Stück Wegs auf Allmannsweiler zu.

Am 15. April erreichen wir Dürnau, wo Menschen, die ihre Naturverbundenheit zusammengeführt hat, eine landwirtschaftliche Kommune betreiben und ein einfaches Leben führen. Danach kommen wir ins Federseeried, ein weites Gelände aus nassen Moorwiesen, von zahlreichen Gräben durchzogen und tückisch.

In einem besonders warmen Jahr wollten einige Schafe hier saufen, blieben in den sumpfigen Gräben stecken, sanken bis zum Bauch ein und vermochten sich nicht mehr zu befreien. Wollten wir sie herausziehen, versuchten sie zu entkommen und drückten immer tiefer in den Morast, und ist die Wolle erst einmal nass, wiegen sie mehr als die üblichen neunzig Kilo; selbst mit vereinten Kräften bekommt man sie dann kaum heraus. Und die Hunde machten alles noch schlimmer. Sie wollten helfen und verstanden gar nicht, wieso wir sie zurückscheuchten, aber sie verängstigten die Schafe, und jetzt wühlten sie sich noch tiefer in den Morast. Fatalerweise drängten unterdessen weitere Schafe in die Gräben, mit demselben Ergebnis natürlich, so dass wir kaum noch wussten, wo uns der Kopf stand. Am Ende wurden aber doch alle befreit, wir drehten die Herde um und nahmen einen anderen Weg, wesentlich länger, aber auch wesentlich sicherer.

Ein sonderbares Phänomen ist jedes Mal in Rupertshofen zu beobachten: Sobald das erste Schaf die Gemarkung betritt, setzt sich ein weißer Mercedes hinter die Herde. Keine Ahnung, wer drinsitzt; offenbar einer, dem jeder Grashalm hier heilig ist. In strengster Ordnung und mit zwei fleißig arbeitenden Hunden rechts und links ziehen wir stracks durch, bis wir in Willenhofen zum Bauern Gasser kommen, der uns zu pferchen erlaubt. Das ist ein Empfang! Diese Leute freuen sich immer, wenn wir kommen. Das langersehnte Wiedersehen wird wie ein Festtag begangen, speziell der Bauersfrau liegt unser Wohlergehen am Herzen, an nichts soll es uns mangeln, und niemals verlassen wir das Haus ohne kapitale Wurstbrote als Proviant für den Tag.

Oggelsbeuren, Assmannshardt, Moosbeuren, Ingerkingen, Laupheim – wir müssen schauen, dass wir vorwärtskommen. Wir haben jetzt Mitte April, das Gras wächst schnell und die Bauern werden nervös, wir können nirgends mehr lange bleiben. Am Ortsrand von Obersulmentingen stoßen wir auf ein großes Neubaugebiet mit frisch angelegten Blumengärten, leider ohne Zäune, aber hier hat man ein Herz für Schafe – viele Bewohner kommen auf die Straße gelaufen und stellen sich mit einem freundlichen Lächeln schützend vor ihre Blumenbeete, kaum dass sie unsere Ankunft bemerkt haben. Im Dorfkern, wo die älteren Bauernhäuser stehen, besteht keine Gefahr, dort sind die meisten Gärten eingezäunt; nur offenstehende Gartentörchen schließe ich lieber, bevor sich ein Schaf darin verirrt.

Später geht es auf dem Damm die Donau entlang bis nach Donaustetten und Gögglingen. An einem schwülwarmen Tag vor einigen Jahren wollten meine Schafe hier unbedingt saufen, aber genau das galt es zu verhindern, denn die Uferböschung ist auf dieser Strecke steil, sie wären in den Fluss gerutscht und nicht mehr rausgekommen. Wenn eines nach Wasser schrie, schickte ich meinen Hund und hoffte, dass es jetzt nicht vor Schreck die Böschung hinunterrollt, wobei mir die Menge der Fahrradfahrer und Spaziergänger auf dem Damm, etliche mit ihren Hunden, nicht weniger Sorgen bereitete. Und siehe da – noch während ich grübelte, wie Wasser zu beschaffen wäre, zogen dunkle Wolken auf, und zehn Minuten später prasselten dicke Hagelkörner auf uns nieder. Mit einem Mal waren die Menschen verschwunden, und kein Schaf hatte mehr Durst.

Im Donautal überqueren wir die Donau auf einer großen Brücke. Ein paar kleine Lämmer trödeln hinter der Herde her, befürchten plötzlich, den Anschluss zu verpassen, wollen aufschließen und rennen los. Doch statt die Fahrbahn zu nehmen, zwängen sie sich über den schmalen Steg hinter dem Brückengeländer, rutschen ab und fallen in die Fluten. Ich gebe sie verloren, das überleben sie nicht. Sie jedoch schwimmen tapfer ans andere Ufer, wo wir alle herausfischen, schütteln sich kurz und folgen der Herde, als wäre nichts gewesen.

Das nächste Industriegebiet gehört bereits zu Ulm. Wir bewegen wir uns zwischen Autos, Lastwagen und Bussen, wir hangeln uns von der Rasenfläche eines großen Unternehmens zur nächsten, brav bleiben meine Schafe an jeder roten Ampel hinter mir stehen. Haarig wird es auf dem kurzen Stück Bundesstraße, das wir jetzt nehmen müssen. Gelingt es mir, ein Auto anzuhalten, bin ich auf der sicheren Seite, doch regelmäßig bilden sich hinter uns lange Schlangen. Dann geht es durch Felder weiter, an Häusern vorbei und immer bergan, den Kuhberg hinauf. Später folgen weitere Brücken, und jedes Mal hoffe ich, dass kein Lamm die Abkürzung durchs Wasser nimmt.

Auf der nächsten Anhöhe muss sich die Herde zwischen Hochhäusern durchzwängen, auf der übernächsten ein neues Industriegebiet durchqueren. Alles hat sich seit dem letzten Jahr geändert, und als wir nach vielen Kilometern und mehreren

Stunden Fußmarsch dieses Einerlei aus gesichtslosen Firmengebäuden endlich hinter uns haben, steht der neue Schäfer da und will uns nicht durchlassen. Erst versuchen wir, die Herde umzudrehen, doch nun reicht es meinen Schafen, das lassen sie nicht mit sich machen – da sind sie so lange gelaufen, und plötzlich soll es in die falsche Richtung gehen? Sie bleiben mitten auf der Straße stehen, der Verkehr kommt zum Erliegen, ein Hupkonzert geht los.

Also über die neue, vierspurige Schnellstraße, wie der neue Schäfer jetzt von uns verlangt? Diesmal mache *ich* nicht mit und nehme den gewohnten Weg durch den Tunnel unter der zweigleisigen IC-Strecke und dann den Berg hoch am Isländerhof vorbei durch Böfingen nach Thalfingen, bis endlich ein Wäldchen kommt, in dem wir rasten können … Im Nachhinein erscheint es mir wie ein Wunder – so viele Straßen haben wir überquert, so viele sind wir entlanggelaufen, aber nie ist ein Schaf von einem Auto erfasst worden, kein Lamm ist unter die Räder eines Motorrads gekommen.

Es fehlt nicht mehr viel. Das Langenauer Ried, die Ramminger Gemarkung, da wird es noch einmal heikel wegen des aufbrausenden Schäfers Mayr. Aber dann … Riedhausen im Donaumoos liegt vor uns – geschafft! Hier, unweit von Sontheim, dürfen wir hüten, hier darf die Herde bleiben und ausruhen, und damit liegt sie hinter uns, die letzte Reise zu Fuß vom Bodensee zurück in heimische Gefilde.

Seit 2008 hat sich nochmals vieles verändert. Zahllose Wiesen sind verschwunden, sie mussten Maisfeldern und Obstplantagen Platz machen; ganze Landstriche sind kaum mehr wiederzuerkennen. Wem diese Veränderungen auch immer genützt haben mögen – der Wanderschäferei haben sie den Garaus gemacht. Behörden und Politiker haben anderes im Kopf, Wohlstandsförderndes und Zukunftsträchtiges wie erneuerbare Energien, Gewerbegebiete und Straßen, und im Schäfer scheinen sie bloß ein Relikt aus grauer Vorzeit zu sehen. Doch er ist alles andere als das.

Wenn ich heute auf der Autobahn an Ulm vorbeifahre, wandert mein Blick immer noch hoch zum Kuhberg, wo wir Schäfer so viele Jahre lang mit unseren Schafen gelaufen sind. Heute wandert hier kein einziger mehr.

Teil 2
Wie alles begann

Ich bin ein Bodenseekind

Es gibt da etwas, dass mich lange Zeit stutzig gemacht hat. Ich bin im November geboren. Rechnet man neun Monate zurück, haben wir Februar … Februar? Irgendetwas passt hier nicht.

Denn im Februar lagen zweihundert Kilometer zwischen meinem Vater und meiner Mutter – sie arbeitete in Sontheim, bediente bei Familienfesten im »Lamm«, pflanzte Buchen- und Fichtensetzlinge im Wald, ging ihren Eltern auf dem Hof zur Hand, und er hütete am Bodensee die Schafe. Auch ich kannte es dann, nachdem ich einmal auf der Welt war, nicht anders: Jedes Jahr Anfang November brach mein Vater mit der Herde auf. Seine Frau Elisabeth schnürte ihm das Bündel, das aus nicht viel mehr als einem frischen Hemd, Unterwäsche zum Wechseln, Rasierapparat und Schuhputzzeug bestand, dieses Bündel wurde im Rucksack verstaut, und so brach er auf, zur Winterweide am Bodensee. Vor Ende April bekam man meinen Vater in Sontheim dann nicht mehr zu sehen. Die Verliebten werden sich also erst beim Tanz in den Mai wiedergesehen haben, nach sechs Monaten Funkstille, die nur von Briefen und Telefonaten unterbrochen wurde, und so ging es jedes Jahr, viele Jahre lang.

Meine Zweifel waren nur zu berechtigt. Sie schwanden erst, als ich durch Nachfragen die näheren Umstände in Erfahrung brachte.

Wie war das damals also gewesen?

Sontheim Mitte der 50er-Jahre. Mein Vater besucht mit seinem Freund, dem Fröhlich Georg, eine Tanzveranstaltung in Bächingen. Am Ende laufen beide mit ihren Tanzpartnerinnen durch die Nacht heim, und beim Abschied stellt sich heraus: Sie sind Nachbarn, der Fritz und seine neue Bekanntschaft, die Elisabeth. Eigentlich unfassbar, aber bis dahin wussten sie es nicht. Nun gut, ihre Elternhäuser stehen nicht nebeneinander, sondern praktisch Rücken an Rücken, und jeder habe – so heißt es später – sein Haus durch die Vordertür verlassen. Die Elisabeth sei also zur Hauptstraße hinausgetreten, er hingegen zur Krämergasse, und aus diesem Grund sei man sich nie über den Weg gelaufen. Außerdem verweist mein Vater auf einen Graben, der zwischen den beiden Grundstücken verlief und den Kontakt verhindert haben soll; rätselhaft bleibt mir diese Geschichte trotzdem. Aber nun, da man voneinander weiß, steht Elisabeth lange Stunden am Küchenfenster, das nach hinten hinausgeht. Es wird ihr Lieblingsplatz, denn neuerdings benutzt der Fritz den Hintereingang, wo er sich lange und gründlich die Stiefel putzt, bevor er im Haus verschwindet. Ein ordentlicher Mann – meiner Mutter gefällt, was sie da sieht.

Von Anfang November bis Ende April aber putzt dort keiner seine Stiefel. Die beiden haben immer nur den Sommer für sich, dann heißt es wieder Abschied nehmen und mal eine Postkarte schreiben, mal eine empfangen. Zur Heirat entschließen sie sich erst, als meine Mutter mit mir schwanger ist. Was ich nicht wusste, was ich mir auch kaum vorstellen konnte: Obwohl es daheim Arbeit in Hülle und Fülle gibt, nimmt meine Mutter sich jeden Winter ein paar Tage frei, um ihren Fritz am Bodensee zu besuchen.

Mit dem Zug fährt sie nach Radolfszell und nimmt dann den Bus bis Weiler, wo sie von Fritz abgeholt wird. Freudiges Wiedersehen, aber die Sitten der Zeit sind streng und die alte Frau Bohner ist unerbittlich, folglich bekommt Elisabeth das Zimmer im ersten Stock, in dem mein Vater sonst schläft, und er muss unten auf dem Sofa nächtigen. So ist es zumindest gedacht. Heimlich und unbemerkt aber muss es im Februar 1962 zu einem Verstoß gegen diese Regelung gekommen sein – oder hat Frau Bohner doch ein Auge zugedrückt? Die letzten Details habe ich weder aus dem Mund meines Vaters noch aus dem meiner Mutter je erfahren, aber damals und dort ist es passiert. Am Bodensee. Und ich bin glücklich, ein Bodenseekind zu sein.

Kochlöffelpädagogik

Ich war dünn. Ich war bleich. Ich weigerte mich zu essen. Ich war mit einem Krüppelfuß auf die Welt gekommen. Ich war am liebsten allein. Kein besonders guter Anfang. Oder doch?

Mit dem Krüppelfuß verhielt es sich so: Mein linker Fuß war bei der Geburt verdreht und zeigte nach innen. Damit hätte ich nur humpeln können. Mit einem Jahr brachte mich meine Mutter zur Operation nach Heidenheim ins Krankenhaus. Als ich mit einem eingegipsten Fuß nach Hause zurückkam, habe ich zum ersten Mal gegessen: eine Banane, komplett, ohne Theater zu machen, freiwillig. Das kannte meine Mutter von mir nicht.

Von Anfang an habe ich mich geweigert zu essen. Geschmeckt hat es mir erst, als ich mit 19 von daheim fort bin. Fünf Kilo habe ich dann zugenommen, aber bis dahin … Nudeln mit brauner Soße war das Einzige. Kein Fleisch, keinen Salat, überhaupt nichts Grünes – heute ernähre ich mich nur noch von Gemüse, Fleisch und Salat. Im Haus des Schäfers gab es Hammelbraten, manchmal auch Lammhirnsuppe, es war ein Sonntagsgericht, und ich habe es gehasst. Geigenknöpfle sind mir ebenfalls als Sonntagsessen in Erinnerung, etwas typisch Schwäbisches; der Teig besteht aus Mehl, Milch und Eiern und wird in walnussgroßen Portionen in Schweinefett gebraten. Auf diese Weise entstand ein ganz eigentümlicher Sonntagsduft, der mir die Mahlzeit verleidete, noch bevor sie auf dem Tisch stand. Am übelsten aber roch Hammel. In meiner Jugend hat man keine Lämmer, sondern Hammel gegessen, zwei-, dreijährige fette Hammel, und da zog ein Geruch durchs Haus … Auch den Hammel habe ich nicht angerührt.

Gegen Spinat allerdings war jeder Widerstand zwecklos. Zu Spinat mit Rührei wurde ich gezwungen, also habe ich ihn hinuntergewürgt. Leider war mir schon der Geruch von Spinat zuwider, und nachts habe ich ihn wieder herausgewürgt, stets pünktlich zur Mitternacht. Alles kam wieder hoch, und irgendwann war meine Mutter es leid, in der Nacht aufzustehen und mir das Bett neu zu beziehen. Damit war das Thema erledigt; der verhasste Spinat verschwand sogar aus unserem Garten.

Mein schlechter Appetit brachte meine Mutter in arge Verzweiflung. Sie wollte mich zum Essen zwingen und half mit dem Kochlöffel nach; mitunter schon vor dem Essen, meistens hinterher, weil ich den Teller wieder nicht geleert hatte. Einmal verkündete sie mit Genugtuung in der Stimme, sie habe jetzt mehrere Kochlöffel im Sonderangebot gekauft – wenn einer abbreche, sei es nicht so schlimm.

Woher diese Appetitlosigkeit kam? Ich weiß es nicht. Es schmeckte mir einfach nicht. Die Folge davon war, dass ich dürr und kreidebleich war. Eines Tages war ich bei einer Freundin zur Geburtstagsfeier eingeladen. An die Reaktion ihrer Mutter erinnere ich mich noch sehr gut: Sie erblickte mich, lief in die Apotheke, kaufte eine Flasche Rotbäckchensaft und gab ihn mir zu trinken. Geholfen hat es nicht, ich blieb dünn und bleich.

Zum Glück ging meine Mutter kulinarisch mit der Zeit. In den 70er-Jahren kamen die ersten Hähnchenbratereien auf, und wenn wir uns bei Besorgungen in der Stadt verspätet hatten, gönnten wir uns ein Hähnchen vom Grill. Das war der absolute Luxus. Auch meine Mutter muss es so empfunden haben, jedenfalls schaffte sie sich irgendwann einen Grill an, und von nun an gab es sonntags hin und wieder Brathähnchen statt Lammhirn oder Geigenknöpfle – für mich der Höhepunkt der Woche. Genauso schlugen die ersten Pommes frites bei uns ein. Dergleichen kannte man ja vorher gar nicht, und sie eroberten unsere Herzen im Sturm. Ich erinnere mich noch, ich half ja mit, die Kartoffeln zu schälen, in Stäbchenform zu schneiden und dann im Schweinefett zu braten. Aber zum festen Bestandteil unserer häuslichen Speisekarte wurden sie erst, als meine Mutter eines Tages eine Pommes-frites-Schneidemaschine in unserer Küche aufbaute; die Kartoffeln, die man oben reindrückte, kamen unten tatsächlich als Stäbchen raus. Ein Segen, dieses Küchengerät.

Es stimmt, meine Mutter verlieh ihren Wünschen oft mit dem Kochlöffel Nachdruck. Aber meine Mutter war jung und hatte es schwer. Als ich zur Welt kam, war mein Vater nicht da, sie war ganz alleine und auf sich gestellt – erst zur Taufe kam er mit dem Zug von der Winterweide gefahren. Auch sonst war sie häufig allein und vermutlich oft ratlos. Kurz zuvor hatten sich meine Eltern ein Haus gebaut, für meine Mutter war alles neu, geschrien habe ich auch, oft nächtelang, und Hilfe hat sie keine gehabt.

Arbeiten musste sie trotzdem. Wie viele Frauen im Dorf ist sie in den Wald gegangen, gegen ein paar Mark für den Förster Setzlinge pflanzen, auch auf dem Hof ihrer Eltern musste sie noch aushelfen, Kartoffeln hacken, Rüben hacken, Heu machen, und zweimal am Tag ging's in den Stall, die Mutterschafe und Lämmer versorgen. Wer weiß, was sonst noch. Konnte sie mich dabei nicht brauchen, band sie mich mit zwei Lederriemen in meinem Gitterbett fest und legte das Milchfläschchen daneben. Wenn sie im Wald arbeitete, kam ich zur Nachbarin, und wenn sie im Stall zu tun hatte, nahm sie mich auf dem Fahrrad mit und steckte mich zu den Lämmern. Anfangs kam ich in die Futterraufe, mit ihren seitlichen Gittern war sie tief genug, da war ich sicher, da konnte ich nicht rausfallen, und später saß ich im Lämmerschlupf. Noch später habe ich dort auf meine Geschwister aufpassen müssen, denn Lämmer sind nicht ganz ohne – haben sie etwas an Kraft und Größe zugelegt, werden sie auch mal frech und nehmen bei ihren Spielen keine Rücksicht auf kleine Menschen. Meine frühesten Erinnerungen verbinde ich jedenfalls mit Lämmern.

Und mein Vater ließ meine Mutter gewähren. Er war ohnehin ein seltener Gast bei uns im Haus. Den Winter über tauchte er die ersten Jahre gar nicht auf, und während der Sommermonate sahen wir ihn allenfalls zum Mittagessen. Anschließend setzte er sich auf seine NSU Quickly, fuhr zu seinen Schafen und kam nicht vor Einbruch der Dunkelheit heim, aber da lag ich meist schon im Bett. Das Highlight des Tages für mich war, wenn sein Moped wieder mal nicht ansprang. Dann durfte ich ihn zu meiner größten Freude anschieben.

Aber vermisst habe ich ihn kaum. Man kann nur etwas vermissen, das man gehabt hat. Ich kann ihn sogar verstehen. Vielleicht liebte er einfach seine Freiheit. Und – strahlt eine Schafherde nicht Frieden und Ruhe aus? Das Schaf ist ein friedliches Tier, und Menschen, die nicht mit Schafen arbeiten, empfinden eine Herde gewöhnlich sogar als Inbild eines friedlichen Daseins. Die Umstände, unter denen wir heute in Deutschland Schafe halten, sind von Frieden zwar weit entfernt, und der Schäfer, der scheinbar gelassen bei seiner Herde steht, wird beim Gedanken an seine Schafe in vielen Fällen keine innere Ruhe empfinden. Aber dieser Unfrieden geht nicht von den Schafen aus, und der Seelenfrieden, den man draußen bei der Herde tatsächlich verspürt, ist auf jeden Fall ein wohltuender Ausgleich für manchen Ärger.

Bei meiner Mutter war das anders. Dieser Friede war ihr nicht gegeben. Wenn sie sich nicht mehr zu helfen wusste, nahm sie bei mir den Kochlöffel, da herrschten raue Sitten. Mein jüngster Sohn hat mich einmal gefragt, warum ich nicht das Weite gesucht hätte – er wäre bei einer solchen Mutter davongelaufen. Das machen Kinder heute vielleicht, aber ich wäre nie auf diesen Gedanken gekommen. Ich habe mir auch jahrzehntelang nicht vorstellen können, dass es anders geht. Man kennt immer nur seine eigene Welt, und der Kochlöffel gehörte zu meiner.

Als mir bewusst wurde, dass Schläge nicht zwangsläufig zur Kindererziehung gehören, war ich zunächst sauer. Auch sauer auf meinen Vater, weil er nie dazwischen gegangen ist. Aber die Familie war nicht seine Welt, und Protestieren hätte auch nicht zu seinem Charakter gepasst. Heute sage ich mir: Sie haben es beide nicht besser gewusst. Groll ist keiner zurückgeblieben.

Und andererseits: Wäre ich verhätschelt worden, hätte ich nie ein böses Wort gehört, wäre alles nach meinen Wünschen verlaufen, ich hätte nicht zu kämpfen gelernt. Heute beobachte ich, dass Eltern sich ständig nach den Wünschen ihrer Kinder erkundigen, statt einmal klar zu sagen, was Sache ist. Was lernen Kinder daraus? Dass es immer nach ihrem Kopf gehen muss? Und was werden sie machen, wenn es im Leben einmal nicht wunschgemäß läuft? Beharrlichkeit lernt man so bestimmt nicht.

Die Umstände meiner Kindheit gaben mir das Rüstzeug zur Schäferin. Denn dieser Beruf ist mit so vielen Schwierigkeiten und Entbehrungen verbunden, dass ich ohne diese Prägung längst aufgegeben hätte. Wenn man draußen mit den Schafen allein ist, kommt man in heikle Situationen, und manchmal geht es um Leben und Tod, da kann man nicht alles stehen und liegen lassen, weil man die Nerven verliert. Allein das Wetter kann einem die Suppe gehörig versalzen. In meinem Beruf braucht man ein unendliches Durchhaltevermögen und die innere Kraft, sich nicht kleinkriegen zu lassen. Nein, kein Groll. Und vielleicht doch ein guter Anfang.

Familienbande

Die Eltern meiner Eltern waren beide Bauern. Das gab mir zu denken. Zweifellos, das Schäferblut hatte ich von meinem Vater geerbt – aber weiter sollte die Schäfertradition in meiner Familie nicht reichen? Ich fragte nach und fand heraus, dass mein Großvater, der Vater meines Vaters, ursprünglich auch Schäfer werden wollte, nur dass man's ihm untersagt hatte. Als einziger Sohn war ihm bestimmt, den landwirtschaftlichen Betrieb der Eltern weiterzuführen, und außerdem – es gebe in der Familie ja schon Schäfer genug. Das stimmte insofern, als der Bruder meines Vaters tatsächlich Schäfer war, was mir zunächst nicht bewusst gewesen war, denn ich kannte ihn nur vom Hörensagen; er war im Zweiten Weltkrieg in Frankreich gefallen. Und dann stelle sich heraus: Mein Urgroßvater väterlicherseits war ebenfalls Schäfer gewesen. Man konnte also sehr wohl von einer Familientradition sprechen.

Obwohl meine Großeltern von beiden Seiten her Bauern waren, gab es wenig Gemeinsamkeiten. Es fängt schon damit an, dass die Familie meines Vater zu den reichen oder sagen wir wohlhabenden Bauern zählte, sie besaßen nämlich Pferde für die Feldarbeit. In der Familie meiner Mutter hingegen gab es keine Pferde, die musste ihre Kühe einspannen, um aufs Feld zu fahren, da war der Lebenskampf härter. Aber die Unterschiede im Temperament waren noch größer. In der Familie meines Vaters war es nicht üblich, grob und laut zu werden, zu schimpfen oder gar zu schlagen, da war jeder nett und freundlich, oder besser gesagt, von ausgesprochener Sanftmut.

Die Familie meiner Mutter stellte das genaue Gegenteil dar.

Hier herrschte ein anderer Geist, ein raueres Klima – man ging das Leben energischer an, man war robuster, man hatte halt um das tägliche Brot zu kämpfen. Drei Geschwister hatte meine Mutter, und alle vier Kinder wurden unsanft angepackt. Es gab heftige Geschichten darüber, dass die Großeltern schon mal zu handfesten Mitteln griffen, wenn ihre Kinder nicht spurten, was ich in jungen Jahren selbst miterlebte.

In der Familie meines Vaters waren derartige Erziehungsmethoden unbekannt. Und diese beiden grundverschiedenen Familien wohnten nun Rückseite an Rückseite, lediglich durch einen Graben getrennt, als Nachbarn in zwei Häusern, die es erlaubten, sich jahrelang aus dem Weg zu gehen, weil sich das eine Haus zur Hauptstraße, das andere zur Krämergasse hin öffnete. Kenntnis nahm man erst nach der besagten Tanzveranstaltung im Nachbarort Bächingen voneinander, die der Fritz zu später Stunde an der Seite von Elisabeth verließ.

Das war der familiäre Hintergrund, und in beiden Fällen war der Apfel nicht weit vom Stamm gefallen – mein Vater war die Sanftmut selbst, meine Mutter hatte das Temperament ihrer Eltern in die Wiege gelegt bekommen. Für mich war es jedenfalls eine willkommene Abwechslung, die Sommerferien einmal nicht bei den Großeltern in der Hauptstraße zu verbringen, sondern bei Bohners am Bodensee. Und das kam zum Glück öfters vor, jeweils für eine oder auch zwei Wochen im Jahr.

Lydia Bohner hatte vier Töchter, und ich fühlte mich von Anfang an in ihre Familie aufgenommen. Hier stimmte alles, und es erhöhte den Reiz, dass ihre Töchter ein wenig älter und um einiges erfahrener waren als ich. Oft zogen wir los, fuhren zum Baden runter an den Bodensee, fingen in dem Bach hinterm Haus Flusskrebse, die kaum in eine Kinderhand passten, so groß waren sie, oder hockten alle zusammen im Schäferkarren, der bei Bohners ganz hinten im Garten stand.

Das war unser Reich. Da waren wir ungestört, da haben wir

lange gesessen und viel erzählt. Und als wir ein wenig älter waren, fing's mit dem Rauchen an. Eine von uns schnappte eine Zigarette aus der Packung der Eltern, und dann saßen wir heimlich im Pferchkarren zusammen, ließen die Zigarette reihum gehen und pafften. Nein, keine Lungenzüge; der Rauch wurde nur kurz mit Kennermiene eingesogen und schnell wieder in die Luft geblasen. Anschließend lutschten wir Pfefferminzbonbons, weil die Nase von Mama Bohner überlistet werden wollte.

Natürlich war der Pferchkarren verqualmt, und es wäre eine Katastrophe gewesen, wenn Mutter Bohner auf die Idee gekommen wäre, einen Blick in unser Refugium zu werfen. Aber da hätte sie den Trampelpfad durchs Schilf nehmen müssen, so versteckt stand unser Karren, und überdies waren die Bohners mit ihrer kleinen Landwirtschaft vollauf beschäftigt. So wie alle Höfe hatten sie ein paar Schweine und Gemüse, das auf dem Markt verkauft wurde, und waren einfach nur froh, wenn ihre Kinder sich mit sich selber beschäftigten und irgendwann vor Einbruch der Dunkelheit wieder aufkreuzten. Das Risiko aufzufliegen war also gering.

Das waren meine ersten Abenteuer. Wobei mich auch zu Hause Abenteuer erwarteten, aber anderer Art.

Ich wurde ja schon früh eingespannt, wenn bei den Schafen eine Arbeit anfiel, für die mein Vater keine Zeit fand. So zum Beispiel, wenn die Schafe Lämmer bekommen hatten. Weil sie noch nicht mit der Herde mithalten können, werden sie mit ihren Müttern getrennt gehalten. Manchmal müssen Mütter und Lämmer auf eine andere Weide getrieben werden, und das war schon in jungen Jahren meine Aufgabe.

So etwas wie eine Belehrung gab's aber nie. Ich bekam die Tiere und einen Stock dazu, und dann durfte ich zusehen, wie ich die nächsten Kilometer mit meiner kleinen Herde bewältigte. Sollte ich vorne laufen oder hinten? Ich hatte ja nicht mal einen Hund, und als ich endlich einen bekam, stellten sich die nächsten Fragen: Wie setzt man ihn ein? Auf welche Befehle reagiert er? Auch dazu kam von meinem Vater kaum ein Wort. Der brauchte seine Hunde nur anzuschauen, und schon wussten sie, was sie zu tun hatten.

Später verstand ich, dass auch meinem Vater kein Mensch je etwas erklärt hatte. Er konnte gar keine Anweisungen geben, weil er sich das Hüten mehr oder weniger selbst beigebracht hatte. Wenn ich mir heute in modernen Betrieben anschaue, wie sorgfältig Schäferlehrlinge dort in Theorie und Praxis einge-führt werden … Ich konnte mir damals gar nicht vorstellen, wie viel Wissen es im Umgang mit Hunden und Schafen zu vermit-teln gibt, ich kannte nur eine Methode, nämlich Versuch und Irrtum. Und diese Methode erwies sich zuweilen als ziemlich anstrengend.

Ich war 15 oder 16, als ich Schafe heimtreiben sollte, die mein Vater für den Sommer einem anderen Schäfer als sogenannte Pensionsschafe überlassen hatte. Von uns zu ihm waren es 25 Kilometer, also ein ordentliches Stück, und dazu kam: Ich kannte die Strecke nur in einer Richtung. Eben so, wie mein Va-ter sie morgens mit mir abgefahren war. Wenn man aber in die Gegenrichtung laufen muss, braucht man einen Orientierungs-sinn, der mir nie gegeben war.

Ich übernahm also in der Frühe die Schafe, nicht viele an der Zahl, und anfangs ging alles gut. Der Weg war einfach, die Schafe liefen zügig, und ab und zu ließ ich sie grasen. Doch dann wurde der Tag warm. Jetzt fingen die Schafe an zu bum-meln, und je später es wurde, desto unsicherer wurde ich. Hier lang? Dort lang? Und was, wenn ich mich nach Einbruch der Dunkelheit – ohne Taschenlampe, ohne Handy – gar nicht mehr zurechtfinden würde?

Mir fiel ein Stein vom Herzen, als ich spät abends am Ende eines Waldstücks endlich die Lichter von Sontheim zwischen den Bäumen schimmern sah – ich musste noch über die Bahngleise und über die Bundesstraße. Mit einer ordentlichen Portion Glück war alles gut gegangen. Aber vom Hinweg auf den Rückweg schließen, das fällt mir bis heute schwer.

Auf der Suche

»Wie sind Sie dazu gekommen, Schäferin zu werden?« Ich höre die Frage nicht zum ersten Mal. Soll ich wahrheitsgemäß antworten? Dann wird's lang. Ich weiche aus. Ich sage: »Mein Vater ist Schäfer.« Seltsamerweise reicht das den meisten, als würde diese Antwort irgendetwas erklären. In meinem Fall zumindest erklärt sie gar nichts. Denn für mich gab es, trotz Vorbelastung, keinen geraden Weg zur Schäferei.

Am Ende der fünften Realschulklasse stellte sich heraus, dass ich Klassenbeste war. Da kam der Klassenlehrer auf meine Eltern zu und meinte, ich gehöre aufs Gymnasium. Was meine Eltern durchaus nicht fanden. Das nächste Gymnasium sei in Giengen, sagten sie, da würde ich täglich viel Zeit mit Zugfahren verlieren, und überhaupt, ich bekäme ja nicht einmal den Mund auf … Das stimmte. Ich war sehr schüchtern. Noch schlimmer aber: Ich war nicht auf demselben Entwicklungsstand wie meine Mitschüler, diese aufgekratzte Bande von Frühpubertierenden. Noch ein Jahr, und ich würde zum Gespött meiner Klassenkameraden werden, weil ich da nicht mithalten konnte. Die feierten schon Partys, die tauschten schon Küsse und mehr aus, die spielten in einer anderen Liga, das war überhaupt nicht meine Welt. Nein, für mich gab es nur eins: Nichts wie raus aus diesem Milieu. Und meine Eltern ließen sich überreden.

Von der fünften Realschulklasse wurde ich gleich in die sechste Klasse des Gymnasiums versetzt. Jetzt war es von unserem Haus bis zum Bahnhof von Sontheim doch ein ganzes Stück, und in Giengen kannte ich keine Menschenseele – war das Gymnasium wirklich eine so gute Idee gewesen? Doch erneut hatte ich Glück:

In den Sommerferien, noch bevor die Schule losging, lernte ich Regine kenne. Sie war die Tochter des Fabrikbesitzers, für den halb Sontheim arbeitete, sie konnte mit dieser Sontheimer Welt genauso wenig anfangen wie ich, und wir freundeten uns an. Regine wurde meine engste Freundin, und viele Jahre lang waren wir unzertrennlich.

Die Kleinstadt Giengen war eine ganz andere Welt. Hier wehte ein anderer Wind, und ich musste nicht befürchten, ausgelacht zu werden. Meine Mitschüler nahmen die Schule ernst, sie lernten genauso fleißig wie ich, das Abitur war kein Problem – doch dann wusste ich nicht mehr weiter. Die meisten meiner Mitschüler hatten klare Vorstellungen von ihrem Studium; ich nicht.

Was sollte ich werden? Was wollte ich werden? Schäferin? Nicht im Traum habe ich daran gedacht. Stewardess? Schon eher, da würde ich in der Welt herumkommen. Doch eigentlich hätte ich lieber mit Tieren zu tun gehabt. Also Tiermedizin? Aber mit einem Notendurchschnitt von 2,2 würde ich am Numerus clausus scheitern. Für Biologie hingegen würde es reichen. Als Diplom-Biologin könnte ich Lehrerin werden oder in den Urwald gehen und Orang-Utan-Forschung betreiben oder im Zoo arbeiten, was mir am verlockendsten erschien.

Um die zwei Semester Wartezeit zu überbrücken, bewarb ich mich für ein Praktikum als Tierpflegerin in der Wilhelma, dem Zoologischen Garten von Stuttgart, und wurde genommen. Sehr zur Verwunderung meiner Kollegen dort, die kaum glauben konnten, dass ich den Job ohne Beziehungen oder Bestechung bekommen hätte; anscheinend war er heiß begehrt. Aber manchmal ist es eben von Vorteil, die Tochter eines Schäfers zu sein …

15 Monate Wilhelma. Ich brauchte nicht lange, um zu wissen, dass der Zoo für mich nichts ist.

Eingelernt wurde ich im Insektarium. Anspruchsvoll war die Arbeit hier nicht, aber gewöhnungsbedürftig. Bis neun Uhr morgens hatten die Abdrücke von Fingern und Nasen der Besucher vom Vortag von den Scheiben gewischt und die Käfige gesäubert zu sein. Im Fall der Stabheuschrecken bedeutete das: Die abgefressenen Brombeeren abzupfen und den Käfig mit frischen Brombeerzweigen neu dekorieren. Dafür musste man die Stabheuschrecken versetzen, also in die Hand nehmen. Aber jedes dieser Tiere hat sechs Füße und jeder Fuß zwei Krallen mit Widerhaken, macht zwölf Widerhaken pro Heuschrecke, und die krallen sich fest, die lassen nicht los. Kaum hast du vier Füße von der Hand entfernt, klammern sie sich mit den zwei übrigen Füßen schon am Hemdärmel fest, und wenn du die gelöst hast, krallen sich die anderen vier wieder in die Haut; zu allem Überfluss sind sie so lang und so dünn, dass man jedes Mal befürchtet, sie zu zerdrücken. Eine andere Insektenart gibt bei Berührung schauerliche Zischgeräusche von sich, und nach zwei, drei Wochen ging es bei mir mit den Albträumen los. Was auch an den Kakerlaken in der Futtermittelstation lag.

Dort wurden Heuschrecken, Heimchen und Grillen für die kleineren Echsen und weiße Mäuse für die großen Schlangen gezüchtet. Um die Zoobesucher zu schonen, wurden die Mäuse vor der Fütterung vergast. Und unter den Heuschreckenkäfigen wimmelte es im feuchtwarmen Klima der Futtermittelstation von besonders großen amerikanischen Kakerlaken. Was war dagegen zu machen? Gift konnte man nicht einsetzen, davon hätten die Heuschrecken etwas abbekommen können. Uns blieb nichts anderes übrig, als sie mit einem kochend heißen Wasserstrahl wegzuspritzen. Aber am nächsten Tag waren wieder neue da, etwa genauso viele, und das Spiel ging von vorn los.

Nach einigen Monaten hörten meine Albträume auf. Ich hatte mich an die Arbeit im Insektarium gewöhnt.

Von dort ging es zu den Großtieren. Im Antilopenhaus lernte ich, Früchte in mundgerechte Stücke zu zerschneiden, im Giraffenhaus, Giraffen ins Freigehege zu entlassen und das Stroh fürs Nachtlager exakt in Rechteckform zu kehren. Im Flusspferdhaus hatte ich die beiden Bewohner Rosi und Egon mit Heu und Obst zu füttern, das Wasser aus dem Schwimmbecken abzulassen und die Beckenwände gründlich abzuschrubben – und da gab es einiges zu schrubben, denn Flusspferdbullen markieren ihr Terrain, indem sie ihren Kot möglichst großflächig verteilen, wobei sie ihren rotierenden Schwanz als Dreckschleuder einsetzen. Spaß machte es, den Flusspferden mit der Hand ins Maul zu greifen und ihnen die Zunge zu kraulen – das liebten sie. Spaß machte es auch, im frisch gefüllten, lauwarmen Flusspferdbecken ein paar Runden zu schwimmen – bevor die ersten Besucher des Tages vor dem Gehege auftauchten.

Unangenehm, ja deprimierend war das Raubtierhaus. Hier regierte der Wasserschlauch des Pflegers. Tiger und Löwen bewegten sich im Käfig zwischen gekachelten Wänden über Fliesen, weil man Kacheln und Fliesen zum Reinigen nur abzuspritzen braucht, sie wurden auch, ohne Rücksicht auf die Wasserscheu von Katzen, mit einem Wasserstrahl von einem Käfig in den anderen dirigiert. Und es stank! Wie eben der Kot von Fleischfressern stinkt, die mit Eintagsküken und Hühnern und Gammelfleisch gefüttert werden. Zum Glück hat sich in dieser Hinsicht inzwischen vieles geändert. Mir aber war nach 15 Monaten Wilhelma jedenfalls klar: Biologie studierst du nicht.

Also dann, zweiter Versuch. Ich entschied mich für Archäologie.

Es war nämlich so: Hier im Süden Deutschlands hat schon vorzeiten ein reges Treiben geherrscht, von Kelten, Römern und noch früheren Vertretern des Homo sapiens. Vor allem die Römer haben uns einiges hinterlassen; in Gundelfingen, wenige

Kilometer von Sontheim entfernt, zum Beispiel Reste des Kastells Phoebiana, das den Donauübergang sicherte. Doch auch in Sontheim hat es eine römische Siedlung gegeben, die seit geraumer Zeit ausgegraben wurde, und bereits in der Schulzeit hatte ich im Sommer dort verschiedentlich aushilfsweise mitgegraben. Das waren Ferienjobs gewesen; mittags hatte ich Seite an Seite mit professionellen Archäologen aus unterschiedlichen Ländern das Erdreich durchsucht und anschließend noch Schafe gehütet.

Ein schönes Leben unter freiem Himmel war das gewesen. Und wie gründlich und systematisch diese Archäologen vorgingen! Ein Grabungsfeld wurde abgesteckt und in Parzellen unterteilt, und dann grub man sich ganz allmählich in die Tiefe, Schicht um Schicht. Alles wurde genau vermessen, fotografiert und aufgezeichnet, auch Grabungszeichnungen wurden angefertigt, ganz exakt, auf den Millimeter genau, und diese besonnene, hochkonzentrierte Vorgehensweise sagte mir zu – ganz zu schweigen von den Erfolgserlebnissen wie dem Fund einer Scherbe oder einer Feuerstelle. Auch die entspannte, kameradschaftliche Atmosphäre im Team der Grabungshelfer hatte mir gefallen, und gleich nach dem Abitur hatte ich meine alten Kontakte genutzt, war zur Archäologie zurückgekehrt und hatte mitgeholfen, am Federsee die Pfahlbausiedlung Forschner freizulegen.

Da ging es nun um die Frühgeschichte der Menschheit, für mich noch spannender als die Römerzeit, und so hängte ich noch einen Winter am Bodensee, in Hornstaat Hörnle an, wo weitere Pfahlbauten auf uns warteten. Im Bauwagen wohnen, an den Ausgrabungen teilnehmen, hinterher im Büro sechstausend Jahre alte Keramikscherben sortieren und beschriften – das gefiel mir ungemein, und was lag näher, als mich nun in Freiburg an der Universität für ein Studium der Ur- und Frühgeschichte einzuschreiben? Nur die ganze Theorie war mir zu viel! Ein

Besuch in der Unibibliothek, ein Blick auf diese Bücherwände, und ich wusste: Das willst du nicht, das ist dir zu trocken, du gehörst raus in die Natur und zu den Tieren. Und so wurde ich im folgenden Sommer Kutscherin in der Lüneburger Heide.

Dort gab es eine Schäferfamilie, die sich ein norwegisches Fjordpferd hielt und Kutschfahrten durch die Heide anbot. Ich wusste von Pferden genauso wenig wie von Kutschen, trotzdem wurde ich genommen – wer mit Schafen umgehen kann, der versteht sich auch auf Pferde, werden sie gedacht haben. Ich erhielt eine kurze Einweisung, wir machten eine Probefahrt, und anderntags stellte ich mich auf einen Parkplatz, wartete auf Touristen und fuhr sie herum. Die kleine Tour dauerte 45 Minuten, die große sechzig, und wenn am Wochenende betuchte Fahrgäste aus Hamburg kamen, fuhr ich sie wohin sie wollten und solange sie wollten. Und alle waren glücklich. Ganz besonders ich. Manchmal nämlich, wenn keine Touristen kamen, ritt ich auf dem Kutschpferd aus. Auch diesmal hatte mir niemand gezeigt, wie's geht, ich ritt einfach los und stellte dort draußen in der Heide fest: Mit Pferden zu sein macht mich glücklich. Schon als Kind hatte ich reiten wollen, aber es war bei ein paar Runden auf dem Jahrmarkt geblieben, und nun konnte ich mir diesen Traum erfüllen.

Also wieder eine andere Welt! Als Süddeutsche aus einer Schäferfamilie war ich hier im Norden eine Attraktion, und man entlohnte mich großzügig. Mit dem schönen Gefühl, wieder ganz ordentlich verdient zu haben, zog ich mich abends in mein Zelt zurück und las im Schein der Taschenlampe Bücher über indische Yogis. Ich hatte angefangen, mich für andere Religionen zu interessieren, und der Buddhismus gefiel mir besonders. Indien war ja in diesen Jahren in Mode – manch einer frönte an den noch unverbauten Stränden von Koh Samui dem Haschischgenuss, andere begaben sich zur Meditation in einen buddhistischen Aschram, und ich kam auf die Idee, mir ein Flugticket nach Indien zu kaufen, um dieses Land kennenzulernen. Leisten konnte ich es mir. Aber vielleicht sollte ich mich vor dem Abflug noch kurz zu Hause sehen lassen? Ich hatte schon monatelang nichts mehr von mir hören lassen. Warum vor der Abreise nicht ein paar Tage mit meinen Eltern verbringen?

Zurück zur Natur

Ich hatte mir in der Heide eine gewisse Sorglosigkeit zugelegt. Umso verblüffter war ich, dass meine Mutter, vor allem aber mein Vater von meiner Indienreise alles andere als begeistert war. Er protestierte lauter als sie, er führte sich geradezu hysterisch auf – so hatte ich diesen gutmütigen, bedächtigen Menschen noch nie erlebt. »Du als junge Frau allein nach Indien! Da bringen sie dich um! Ich werde deinen Leichnam nicht aus Indien holen!« Vorwürfe wechselten mit Drohungen und Unheilsprophezeiungen. Mein Vater war überzeugt: Wenn seine Tochter nach Indien fährt, sieht er sie nicht wieder. Und beide Eltern versanken in einer Verzweiflung, als wäre ich schon tot.

Wie alt war ich? Anfang zwanzig. Ich wäre völlig bedenkenlos gefahren. Aber meinem Vater hätte es das Herz gebrochen, und deshalb stornierte ich den Flug.

Was nun? An der Uni hatte ich mich exmatrikuliert und die Wohnung in Freiburg gekündigt.

»Aber irgendwas musst du doch machen! Du kannst doch nicht bloß hier herumsitzen!« Auch wieder wahr. »Wir haben doch genug Arbeit. Warum wirst du nicht Schäferin?«

Und ich gewöhnte mich an den Gedanken, Schäferin zu werden. Mein Vater hatte zwar keine Ausbildungsberechtigung, würde mich aber nach einer Schulung dennoch ausbilden dürfen. Und weil ich Abitur hatte, würde die dreijährige Lehre auf zwei Jahre verkürzt. 1987 wäre ich fertig und Schäferin.

Also gut. Ich ließ mich aber nur unter einer Bedingung darauf ein: dass ich ein Pferd halten dürfte, denn seit meiner Zeit als

Kutscherin in der Heide war ich vom Pferdevirus befallen und passionierte Reiterin.

Ich bekam mein Pferd. Natürlich war es ein Fjordpferd.

Und so begann ich die Schäferlehre. Es war eine Entscheidung für die Natur und gegen die Götzen unserer Zeit, gegen Bequemlichkeit und Sicherheit, gegen Urlaub und freie Wochenenden und Lohnfortzahlung im Krankheitsfall, gegen ein Leben zwischen Büro, Aufzug und Kantine, gegen ein Leben, das mit jeder Gehaltserhöhung leichter zu werden verspricht. Es war die richtige Entscheidung, wie sich später herausstellte.

Im April 1988 befand ich mich mit meinem Vater auf der Rückreise vom Bodensee. Als wir an Sipplingen vorbeizogen, bekamen wir Besuch vom Schäfer Günther Nagel. Er passte uns jedes Jahr ab – einerseits, um uns Beine zu machen, denn die Sipplinger Weiden waren seine Weiden, und andererseits, um ein Schwätzchen zu halten. Diesmal hatte er seine Aushilfe dabei, einen jungen Franzosen, und während sich die beiden Alten unterhielten, kamen wir ebenfalls ins Gespräch. Doch das war schwierig. Deutsch sprach er kaum, sein Englisch war so dürftig wie mein Französisch, und zunächst war die Unterhaltung mühsam. Die Begegnung war kurz, da Günther Nagel darauf drängte, dass wir weiterzogen.

Es war meine erste Begegnung mit Bertrand. Ich war 26 Jahre alt.

Anderthalb Monate später fand in Heidenheim der traditionelle Schäferlauf statt. Ich nahm teil, und gleich am Morgen, als alles zusammenströmte, sah ich ihn daherlaufen, den jungen Franzosen. Abgesprochen war diese Begegnung nicht, ein Zufall aber wohl auch nicht, also ging ich auf ihn zu, begrüßte ihn und nahm mich seiner an. Gut sah er aus, charmant war er – warum dann nicht gemeinsam im Festumzug mitlaufen, da wir uns nun schon kannten? Ja, warum nicht … Ich zeigte ihm alles, wir blieben das Fest über beisammen und ließen den Tag bei einem Glas Wein in der Heidenheimer Altstadt ausklingen.

Das nächste Treffen war dann abgesprochen. An seinen freien Wochenenden besuchte Bertrand mich in Giengen, wo ich mir ein Zimmer genommen hatte, und wenn ich zum Hüten ging, begleitete er mich. Manchmal fuhr ich auch an den Bodensee und besuchte ihn. Lange dauerte diese Phase nicht. Eines Tages fuhr er in seinem grasgrünen Renault 4 vor und verkündete, er habe bei Schäfer Nagel gekündigt.

Jetzt war er da, jetzt waren wir zusammen. Jetzt hieß es, für uns zwei überlegen und gemeinsam planen. Zurück nach Frankreich wollte er vorerst jedenfalls nicht. Ich gab mein Zimmer in Giengen auf, und weil das Geld knapp und unsre Ansprüche einstweilen bescheiden waren, bezogen wir ein Zimmer oben bei meinen Eltern in Sontheim.

Wenig später äußerte ich Bertrand gegenüber die Idee mit der Weltreise. Sie schwirrte mir schon seit geraumer Zeit im Kopf herum.

Bertrand zögerte, weil er nicht viel Geld besaß. Aber ich hatte praktisch den ganzen Lohn gespart, der mir von der Wilhelma gezahlt worden war, und der Zeitpunkt war ideal – noch ohne Kinder, noch ohne eigenen Betrieb, aber mit abgeschlossener Lehre, mit anderen Worten: Jetzt – oder nie! Bertrand willigte ein. Also los!

Unser Flugticket war ein Jahr lang gültig. Man konnte unter verschiedenen Routen wählen und seine Reise nach Belieben unterbrechen.

Unsere erste Station war Los Angeles. Wir landeten um drei Uhr morgens. Den Weg zur Jugendherberge wollten wir zu Fuß machen, um Geld zu sparen, doch diese Jugendherberge hatte die Hausnummer 2035, und als wir auf unserem Marsch hundemüde irgendwo in den Hundertern angelangt waren, nahmen wir den Bus. Nicht nur das Fahrgeld musste wieder reinkommen. Da unser Budget knapp bemessen war, hatten wir ausgemacht, zwischendurch zu arbeiten. In Los Angeles putzten wir beispielsweise die Fenster unserer Jugendherberge.

Dann ging es hinaus in die Weiten Amerikas, die Nationalparks besuchen, Death Valley angucken! Den Mietwagen gestattete unsere Reisekasse, Übernachtungen im Hotel nicht, aber wozu hatten wir das Auto? Doch von wegen. Die Nächte waren eine Qual – auf dem Rücksitz war es zu eng, die Vordersitze ließen sich in keine Position bringen, die das Liegen halbwegs erträglich machte, und im Nationalpark warteten draußen die Bären auf uns. Glaubten wir jedenfalls. Als es gar nicht mehr auszuhalten war, schliefen wir eine Nacht im Hotel. Aber tagsüber die Großartigkeit dieser Landschaft zu erleben, das war überwältigend.

Im Death Valley bekamen wir einen Eindruck von der Wüste; man konnte stundenlang fahren, ohne einen Menschen zu sehen. Dann haben wir eine Ranch angesteuert und gefragt, ob wir mit anfassen oder wenigstens zusehen dürften. Der Besitzer war nicht begeistert. Am Ende hat er uns aber doch mitgenommen zu seinen Cowboys, die Rinder sortierten und Rinder auf LKWs verluden – zu tun gab es dort für uns nichts, aber wir waren als Zaungäste geduldet und froh, die Arbeit von richtigen Cowboys hautnah erleben zu dürfen.

Das war Amerika. Und als wir das Flugzeug das nächste Mal verließen, waren wir in Neuseeland. Auf der anderen Seite der Erdkugel, von Sontheim so weit entfernt wie nur möglich. Und hier fanden wir Arbeit. Zunächst als Pflücker auf einer Erdbeerfarm, dann bei einem Farmer namens Donald. Er war Merinozüchter, besaß die südlichste Schaffarm Neuseelands, und seine Wolle dürfte die feinste der Welt gewesen sein. Wenn er gewusst hätte, dass wir nach sechs Wochen weiterziehen würden, hätte er uns wohl nicht genommen, aber er ahnte es nicht, wir hatten ihm nicht die ganze Wahrheit gesagt.

Es war atemberaubend schön. Bertrand weinte vor Glück. Die Farm erstreckte sich ins Unendliche, sie wurde nur durch die Berge am Horizont begrenzt, und alles war weites, offenes Grasland, ohne Zäune, ohne irgendeine Spur menschlicher Tätigkeit. Wenn seine Schafe uns nur von Weitem sahen, nahmen sie Reißaus. Diese Herden waren nicht nur riesig, sie waren auch wild; zusammengetrieben wurden sie nur zweimal im Jahr – einmal, um den Schafen die Köpfe und Hinterteile zu scheren, damit sie die Augen wieder frei hatten und sauber blieben, das andere Mal zur Vollschur.

Wir kamen zur Zeit der Schur. Meine Arbeit bestand darin, die Wolle einzusammeln und in Säcke zu füllen. Ansonsten gingen wir mit Donald hinaus und unterstützten ihn bei Arbeiten auf dem Gelände, bei der Ginsterbekämpfung zum Beispiel. Obwohl er über siebzig war, hatten wir Mühe, mit ihm Schritt zu halten. Stundenlang trugen wir ihm das Wasser nach, weil man selbst mit dem Geländewagen in dieser Wildnis nicht überall hinkam, und dann griff er zur Chemiekeule. Das musste sein, weil die Schafe keinen Ginster fressen, und wenn man ihn wachsen lässt, greift er um sich; am Ende hat man dann mehr Ginstergebüsch als Weide. Donald dachte also trotz seines hohen Alters fünfzig Jahre voraus. Die Schönheit der Natur war überwältigend. Und Bertrand wollte bleiben. Für den Rest seines Lebens hier bleiben.

Was ich verstand. Es war ein Traum, das Paradies am Ende der Welt. Diese Abgeschiedenheit, diese Weite und diese Schönheit der Landschaft – nach Donalds Farm kam nichts mehr außer den Bergen, dem Himmel und dem Meer. Trotzdem wollte ich weiter. Zum nächsten Nachbarn fuhr man eine Stunde auf Schotterpisten, es gab keine Schule, es gab keinen Arzt, und wenn ich doch irgendwann einmal Kinder haben wollte …

Nein, ich hatte nicht die Absicht, mein Leben in dieser Einsamkeit zu verbringen. Früher oder später hätte sie mich bedrückt. Aber Bertrand wäre geblieben, da war er sich sicher.

Als Nächstes landeten wir in Australien. In den Zeitungen suchten wir nach Stellenanzeigen. Überall wurden Fotomodelle gesucht, doch dafür war ich mit meinen 26 Jahren schon entschieden zu alt. Was gab es sonst?

Schließlich fanden wir eine Farm, sechs Stunden von Sidney entfernt. Sie gehörte Greg, der wie Donald schon über siebzig Jahre alt und ebenfalls unverheiratet war, und auch hier war es wunderschön. Zwar gab es Zäune, doch die Weiden waren so groß, dass man nur mit Pferden zu den Herden gelangte. Wir sind dann gemeinsam ausgeritten, haben die Schafe und Zäune kontrolliert, und was mir besonders gefiel – bei Greg ging es englisch zu. Das heißt: Jeden Nachmittag wurde Holz gesammelt und ein Feuerchen entzündet und eine Teepause unter freiem Himmel eingelegt.

Für mich und Bertrand war diese Lebensweise das Nonplusultra. Landschaftlich hielt Australien dem Vergleich mit Neuseeland nicht stand, aber vom Lebensstil und den Lebensumständen hier waren wir begeistert. Gar nicht ausgeschlossen, dass uns Greg auch eines Tages alles vermacht hätte. Diese Möglichkeit wurde zwar nie erwähnt, keine seiner Bemerkungen zielte je in diese Richtung, aber wir hatten Augen im Kopf und konnten darüber hinaus eins und eins zusammenzählen. Es war sonst niemand da, der die Farm weitergeführt hätte, und wenn wir geblieben wären, hätte eine Übernahme der Farm wohl früher oder später zur Debatte gestanden.

Also bleiben? Englisch war kein Problem. In Amerika hatte ich die Leute kaum verstanden, aber das australische Englisch ging leicht ins Ohr und flüssig von den Lippen, und die Vorstellung, sich hier niederzulassen, hatte durchaus ihren Reiz. Trotzdem ... Auch Australien war mir zu weit weg, und außerdem war mein eigentliches Ziel immer noch Indien. Der nächste Zwischenstopp auf dem Weg dorthin war Indonesien.

Und dort hat's mich umgehauen. Während wir uns bisher in vertrauten Verhältnissen bewegt hatten, war hier alles ungewohnt. Schon auf dem Flughafen von Djakarta stürzten sich gleich mehrere Taxifahrer auf uns, um unsere Rucksäcke ins Hotel zu schaffen. Bisher hatten wir uns nach unserer Ankunft auf dem Flughafen eine Jugendherberge ausgesucht, dort angerufen, anschließend Geld getauscht und uns dann in Marsch gesetzt, immer eins nach dem anderen – hier aber überschlugen sich die Ereignisse. Das Gepäck wurde uns aus der Hand gerissen, das Hotel stand offenbar schon fest, und von allen Seiten drängten sich Leute heran, um uns jede beliebige Art von Dienstleistung anzubieten, Rundfahrten, Safaris, alles Mögliche.

Immerhin – mit einem Mal konnten wir uns alles leisten. Dreimal am Tag gingen wir ins Restaurant. Das Essen kostete fast nichts, und in den ersten zwei Wochen überwog die Freude an diesem sorglosen Leben. Doch dann wurde ich krank. Aus jedem Gully starrten mich Ratten an, so kam es mir wenigstens vor, bei jedem Schritt vor die Tür sah ich nur noch Dreck und Müll, und von einem Tag auf den anderen hatte ich alles über. Lag es am Land? Lag es an mir? Bisher hatten wir überall europäische Verhältnisse angetroffen … Bertrand und ich waren uns nicht einig, aber ich ließ nicht mit mir reden, ich wollte nach Hause. So schnell wie möglich. Gleich mit dem nächsten Flugzeug.

Natürlich war das nicht leicht zu begreifen. Wir hatten keinerlei Verpflichtungen, wir erlebten eine Phase absoluter Freiheit, das Jahr war noch lange nicht herum, wir waren frei in unseren Entscheidungen – aber für mich war diese Weltreise zum Albtraum geworden. Ich hatte genug. Auf dem Rückflug wäre es ein Leichtes gewesen, einen Abstecher in mein Traumland zu machen und von Indien aus in den Himalaya zu fahren, aber ich wollte nicht mehr. Von Paris waren wir gestartet, auf dem Pariser Flughafen landete unser Flugzeug auch wieder. Europa hatte uns wieder, mit seiner Kälte und der Distanziertheit seiner Menschen.

Es war das Frühjahr 1989. Und nun? Pläne hatten wir keine gemacht, und in soweit war unsere Zukunft offen. Aber gewiss war, dass diese Zukunft keine endlose Graslandschaft mit Bergketten am Horizont und keine nachmittäglichen Teepausen unter freiem Himmel für uns bereithielt.

Komplikationen

Auch wenn diese Weltreise ein unvorhergesehenes Ende genommen hatte – wir waren einmal um den ganzen Erdball geflogen und landeten in Paris randvoll mit Bildern und Erinnerungen, Bildern von kalifornischen, neuseeländischen und australischen Traumlandschaften, Erinnerungen an freundliche Menschen und eine beneidenswert unabhängige Lebensweise. Außerdem war ich mir sicher: Bertrand ist der Mann meines Lebens. Wieder in Sontheim eingetroffen, mussten wir allerdings feststellen, dass wir vor dem Nichts standen. Ohne eigene Wohnung, ohne eigene Lebensgrundlage, würden wir einstweilen wohl meinen Eltern zur Last fallen müssen …

Wir bezogen ein Zimmer oben im Haus meiner Eltern. Bertrand kehrte zu seinem Job als Landschaftsgärtner zurück, in dem er schon vor unserer Reise gearbeitet hatte. Obwohl er die berühmte französische Schäferschule in Montmorillon besucht hatte, ohne aus einer Schäferfamilie zu stammen, konnte er sich nicht entschließen, in die Schäferei einzusteigen. Und jetzt war es mein Vater, der den nötigen Realitätssinn bewies. Bertrand war Schäfer, ich war Schäferin, ein Stall war da. Mein Bruder, fünf Jahre jünger als ich, hatte eine andere Laufbahn eingeschlagen, und meine zehn Jahre jüngere Schwester hatte mit Schafen nichts am Hut. Einen Hofnachfolger gab es also keinen. Es ist absehbar, sagte er sich, dass Ruth und Bertrand eine Familie gründen werden, sie müssen sich etwas aufbauen, und so kaufte er mir 100 Schafe als Starkapital für einen eigenen Betrieb. Mittlerweile war ich schwanger.

100 Schafe, demnächst ein Kind, aber keine Weide und keine

gescheite Bleibe? Würden wir es bei der bisherigen Wohnsituation belassen, würde es nicht nur eng werden, meine Eltern würden uns auch in alles hineinreden – das taten sie jetzt schon.

Ich schlug vor, bei meinen Großeltern mütterlicherseits auf der Hauptstraße in den ersten Stock einzuziehen. Der Plan wies alle Merkmale schwäbischer Denkweise auf: Es ist praktisch, es ist preisgünstig, es erscheint vernünftig. Meine Oma dachte ähnlich. Sie spekulierte darauf, dass ich ihr später, wenn ihre Kräfte nachgelassen hätten, mal ein Süppchen kochen würde, was auch immer das bedeuten sollte, und stimmte zu. Nur Bertrand war nicht bereit, er zögerte, er wollte nichts überstürzen. Doch wenn man schwanger ist, läuft einem die Zeit davon, und so zogen wir um, zu den Großeltern in der Hauptstraße.

Damit fing der Ärger an.

Wir mussten die Wohnung herrichten, und das ging allerdings nicht ohne Beteiligung der ganzen Verwandtschaft ab. Wenn also Bertrand abends aus seiner Landschaftsgärtnerei nach Hause kam, wurde gerade tapeziert, und da waren außer mir noch meine Mutter und meine Tante ganz eifrig zugange, womöglich lief auch die Oma dazwischen herum – es war ja ihr Haus, da musste sie doch nach dem Rechten sehen –, und dieses ganze Getümmel missfiel Bertrand außerordentlich. Seine Privatsphäre wurde verletzt. Und die Harmonie bekam die ersten Risse.

Geheiratet haben wir trotzdem. Ich war überzeugt: Alles würde gut werden. Es gibt halt Anfangsschwierigkeiten, kein Wunder nach der herrlichen Zeit am anderen Ende der Welt, aber darüber werden wir hinwegkommen, und überhaupt – wenn ein Kind kommt, muss man heiraten. Dachte ich. Es wurde eine schöne Hochzeit. Zwar gab es einiges Kopfzerbrechen wegen der französischen Verwandtschaft, die sich angekündigt hatte –

kann man Franzosen das schwäbische Essen überhaupt guten Gewissens vorsetzen? –, aber wir hatten eine Hochzeitskutsche und wir waren ein schönes Paar.

Inzwischen hatten wir unsere erste eigene Weide gepachtet. Sie lag 25 Kilometer entfernt auf der Alb bei Hörvelsingen, das war ein ordentliches Stück weit weg, aber immerhin – zusätzlich zu unseren eigenen 100 Schafen konnten wir noch Schafe von meinem Vater dazunehmen, groß genug war die Weide. Das war für beide Seiten ein Vorteil.

Als typische Wacholderheide war sie mit Wacholderbüschen bestanden, und ebenfalls typischerweise lag sie an einem für Pflug und Mähdrescher unzugänglichen Hang. Mit anderen Worten: Sie war steil, sie war unübersichtlich, sie war stellenweise zugewachsen – folglich kompliziertes Terrain und mühsam zu hüten. Solange Wacholder klein ist, ist er hübsch anzuschauen, aber er wächst zu großen Büschen heran, und dann verstellt er das Blickfeld. Natürlich verstand ich mich mittlerweile aufs Schafehüten, doch bisher hatte ich nur ebene Flächen gehabt. An diesem unübersichtlichen Hang jedoch überblickte ich nie die gesamte Herde; ich lief also mit einem Bauch, der ständig an Umfang zunahm, den ganzen Tag hin und her und rauf und runter, immer in Sorge, Schafe zu verlieren.

Zum Glück verlief meine Schwangerschaft völlig unproblematisch, so dass mir das ewige Hoch- und Runterkraxeln nichts ausmachte. Im Übrigen war ich froh, überhaupt eine Weide zu haben – es gab hier eben keine Weideflächen bis zum Horizont, wir waren in Deutschland, nicht in Neuseeland. Meine zukünftige Existenz bestand nun mal aus ein paar Hängen auf der Alb, die mit Felsvorsprüngen durchsetzt und mit Wacholderbüschen übersät waren.

Unser Sohn David sollte am 11. Januar zur Welt kommen. Mittlerweile hütete ich wieder in Sontheim. Für den Fall, dass die Wehen draußen auf der Weide einsetzen sollten, hatte ich meinen Esel dabei und mir vorgenommen, auf ihm heimzureiten. Dann begann es am 10. Januar zu schneien. Abends lag der Schnee vierzig Zentimeter hoch. Ich legte den Heimweg mit der Herde zu Fuß zurück, der Esel lief voraus. Es wäre auch keine gute Idee gewesen, mich von ihm tragen zu lassen, denn ein Esel macht kurze Trippelschritte, da hätte ich mein Kind unterwegs auf dem Eselsrücken bekommen. So aber erreichten wir heil den Stall, und anderntags um zwölf Uhr wurde David geboren.

Er war nicht geplant gewesen, so wenig wie Bertrand und ich unser ganzes Leben geplant hatten. David kam einfach. Und als ich ihn zum ersten Mal im Arm hielt, da war es mir, als hätte er schon immer zu mir gehört.

Drei Jahre später wurde Felix geboren, unser zweiter Sohn. Mein Verhältnis zu Bertrand besserte sich jedoch nicht, und ich muss zugeben, dass er Grund zur Verärgerung hatte. Nach wie vor lebten wir im Haus der Großeltern, und ständig kam es zu den von ihm gehassten Einbrüchen in unsere Privatsphäre: Die Geranien auf unserem Balkon mussten gegossen werden? Für meine Oma war es selbstverständlich, ohne anzuklopfen mit der Gießkanne durch unsere Wohnung zu laufen. Bertrands Hund Nexon pinkelte in die Blumen vorm Haus? Mein Großvater bestand darauf, den Hund anzuleinen, was wiederum Bertrand in Rage brachte. Für sich genommen Lächerlichkeiten, aber in der Häufung nervenaufreibend wie Kratzer auf einer Schallplatte. Und jeden Tag fanden sich neue Streitpunkte, zusätzlich zu den alten.

1994 fassten wir den Entschluss, dem Kleinkrieg ein Ende zu machen und uns ein eigenes Haus zu bauen. Wir erwarben ein Grundstück ganz in der Nähe des Stalls am südlichen Rand von Sontheim. Einmal im neuen Heim, würde auch zwischen Bertrand und mir wieder alles gut werden, da war ich sicher.

Ich wäre mit einem kleinen Haus zufrieden gewesen, Bertrand dachte ein Stück weiter. Er wollte ein großes Haus, damit seine Eltern und seine sechs Geschwister zu Besuch kommen könnten, also musste es zehn mal zwölf Meter Grundfläche haben. Die Bauarbeiten begannen, und fast alles wurde teurer als geplant.

Viele Arbeiten übernahm ich selbst. Als ich sah, wie schlecht der Fliesenleger arbeitete, schickte ich ihn nach Hause und machte mich selbst an die Arbeit; zunächst in der Waschküche im Keller, da würde es nicht auffallen, wenn's danebenging. Aber mein Werk gefiel mir, ich machte weiter, auch die zwei Badezimmer gelangen, und später, als die EU-Zulassung unseres Schlachtraums neben dem Stall anstand, kam mir meine Erfahrung im Fliesenlegen zugute – ich beklebte im Schlachtraum enorme Flächen mit weißen Kacheln und hatte sogar Spaß daran. Aber so viel ich auf der Baustelle auch selbst machte, so langsam ging uns das Geld aus.

Wir hatten von Anfang an nicht aus dem Vollen schöpfen können, weil unser eigener Schäfereibetrieb nur langsam angelaufen war. Unsere hundert Schafe mussten ja erst einmal trächtig werden. Dann dauert es fünf Monate, bis ein Lamm zur Welt kommt, und bevor wir schlachten konnten, war ein volles Jahr vergangen. Wir drehten folglich sowieso jeden Pfennig zweimal um, aber jetzt, in der letzten Bauphase, reichte das Geld vorne und hinten nicht mehr.

Eigentlich war mein Tag mit den Schafen, den Kindern und der Baustelle gut ausgefüllt, aber was half's? – ich brauchte einen Zusatzverdienst und hörte mich in Sontheim um. Da gab es doch diese Kneipe mit der kleinen Disko im Keller … »Weißt du, wenn's gut läuft und du kriegst ein ordentliches Trinkgeld, dann kommt echt was rein«, sagte mir eine Freundin, die dort als Bedienung arbeitete. Das klang gut.

Tatsächlich brauchten sie jemanden, und für die nächsten Monate verbrachte ich meine Nächte dort. Unter der Woche bediente ich in der Kneipe, am Wochenende legte ich in der Disko Platten auf, aber von Trinkgeld keine Spur, und am nächsten Tag konnte ich mich kaum noch auf den Beinen halten. Ich brachte sonntags auch kein Essen mehr auf den Tisch, also gingen wir aus, und das Geld, das ich am Vorabend verdient hatte, war gleich anderntags wieder ausgegeben. Von den Nachtschichten restlos erschöpft, gab ich meinen Job auf und beschränkte mich auf die Schafe, die Kinder und die Baustelle.

Mir fiel ein Stein vom Herzen, als das Haus endlich fertig war. 1995 bezogen wir unser eigenes Heim. Und wie immer in den vergangenen Jahren dachte ich: Jetzt wird alles gut. Jedes Mal, wenn wir eine Lösung gefunden hatten, sah ich Licht am Ende des Tunnels. Ja, ich glaubte an meine Familie, ich glaubte an meinen Mann. An mich glaube ich weniger. Konnte es sein, dass der ganze Ärger meine Schuld war? Doch, es wird alles gut werden, davon war ich fest überzeugt.

Bertrand

Bertrand hatte sich zwar in Sontheim schon gut eingelebt, trotzdem dachte er manchmal darüber nach, in seine französische Heimat zurück zukehren. Und so schauten wir uns regelmäßig französische Schäfereibetriebe an, wenn wir im Herbst wie üblich seine Eltern in Chartres besuchten. Was wir da zu sehen bekamen, war auf den ersten Blick ideal: große, zusammenhängende Weiden, nicht hier mal ein Stück, dort mal ein Stück, wie bei uns. Diese Betriebe waren arrondiert, man brauchte die Schafe nicht einmal zu hüten, es gab viel Platz und überall Zäune.

Die Sache hatte nur einen Haken: In Frankreich konnte man von der Schäferei allein nicht leben. Die Preise fürs Lammfleisch waren zu niedrig. Jeder Schafzüchter hier hatte ein Nebeneinkommen, wenn seine Frau nicht einem eigenen, lukrativen Beruf nachging. Außerdem befanden sich diese Höfe abgelegen fern jeder nennenswerten Ortschaft. Einmal erschien uns ein Hof recht passabel, aber – in welchem Zustand waren die Gebäude? Beim Rundgang durch das Wohnhaus bemerkte die Besitzerin stolz: »In jedem Raum gibt es eine Steckdose.« Aha. Schön. Aber Heizkörper sah ich keine. Ja, doch, in einem Raum gab es einen Kamin … »Was wollen Sie?«, versuchte die Besitzerin mich zu besänftigen. »Im Winter ziehen Sie eben einen Pulli mehr an.«

Nein, danke. Ich bleibe in Sontheim.

Davon abgesehen aber – Frankreich gefiel mir. Wenn ich an unsere Fahrten dorthin denke – das waren schöne Zeiten, auch für Bertrand und mich. Und ab und zu machten wir Kurzausflüge nach Frankreich, weil Bertrand an einem Schurwettbewerb teilnehmen wollte, denn Scheren war seine Leidenschaft. Wenn er dem Schafehüten auch sonst nicht viel abgewinnen konnte – bei der Schur blühte er auf, da war er in seinem Element, und jeder Schafschurwettbewerb war ein unvergessliches Erlebnis, auch für mich. Diese Atmosphäre aus Trubel, Nervenkitzel und purem Vergnügen … Man muss sie erlebt haben, sie ist kaum zu beschreiben.

Ich erinnere mich noch gut an eine mitternächtliche Schur bei lauter Popmusik, und jetzt versuche man sich vorzustellen, wie die Luft in einer solchen Scheune vor Anspannung, Aufregung, Ehrgeiz und ausgelassener Fröhlichkeit vibriert – die reinste Partystimmung, wie sie übrigens auf allen Schurwettbewerben herrscht. Vor dem Start wird die Spannung schier unerträglich, und wenn es dann heißt: »Scherer, fertig, los!«, hält es die Zuschauer nicht mehr auf ihren Plätzen, sie klatschen, pfeifen und feuern an, und ehe sich's ein Schaf versieht, ist die Wolle runter. Denn hier arbeiten echte Profis – nicht nur Franzosen, sondern auch Scherer aus Südafrika, England, Australien und Neuseeland, und die haben es wirklich drauf.

Natürlich geht es um Sekunden, aber Geschwindigkeit ist nicht alles. Es zählt auch die Geschicklichkeit, der Umgang mit den Tieren, und die Schiedsrichter schauen genau hin: Bei wem übersteht das Schaf die Prozedur heil und unverletzt? Bei wem trägt es Schrammen und Schnitte davon? Wie sauber ist die Schur geraten, und wie schonend wird die Wolle behandelt? Vom Scherer wird also alles Mögliche erwartet, Schnelligkeit und Behutsamkeit und Gründlichkeit. Darin besteht das Können des Scherers, und bei einem Wettbewerb fiebern alle Zuschauer lautstark mit, da kommt man aus dem Staunen über so viel Können und Geschicklichkeit gar nicht heraus.

Kurzum, ein Schurwettbewerb ist immer ein großartiges Ereignis, wo alte Freundschaften wiederbelebt werden und sich tausend Gelegenheiten zum Kennenlernen und Fachsimpeln ergeben: Welche Maschinen gibt es, welches Handstück benutzt du, nach welcher Methode gehst du vor? Man ist eben unter Kollegen, und anschließend wird bei Rotwein und bestem französischem Essen bis in die Morgenstunden gefeiert. Bertrand hat des Öfteren an diesen Wettbewerben teilgenommen, und es waren wohl unsere glücklichsten Stunden. Denn daheim nahmen die Streitereien mit den Eltern kein Ende.

Es knirschte bei den alleralltäglichsten Verrichtungen und das Verhältnis wurde im Lauf der Zeit auch nicht besser. Meine Mutter arbeitete mit Bertrand und mir im Stall, und fortwährend stellten sich kaum lösbare Streitfragen wie: Darf man im linken Teil des Stalls das Licht brennen lassen, wenn wir im rechten Teil arbeiten? Oder: An welcher Stelle schneidet man einen Heuballen auf, und was wird als Nächstes gefüttert? Meiner Mutter allein waren die einzig richtigen Antworten bekannt, denn sie machte dies alles 30 Jahre länger als wir, und wenn jemand einen solchen Erfahrungsvorsprung hat, ist ihm natürlich mit keinem Argument der Welt beizukommen.

Das war im Winter. Im Sommer ging es im selben Stil weiter, und jetzt war es mein Vater, der bei der Heuernte zum Beispiel alles so haben wollte, wie er es schon immer gemacht hatte, und selbstverständlich erwartete, dass keiner von uns aus der Reihe tanzte. Erneut stand lebenslange Gewohnheit gegen neue Ideen und etwas größere Beweglichkeit im Kopf. Von wegen: Lass mal die jungen Leute machen … Das war nicht vorgesehen – für alle Generationen vor uns war es ja auch normal gewesen, dass die Jungen die Alten so lange kopieren, bis die Alten nicht mehr am Leben sind.

Ein Nebeneffekt der permanenten Querelen war, dass ich es allen recht zu machen versuchte und dabei den Überblick verlor. In der Früh half ich beim Heuabladen, kam schon zu spät zu meinen Schafen, stellte sie nach dem Hüten rasch in den

Schatten, eilte heim, stellte meinen Kindern etwas Essbares auf den Tisch, half meinen Eltern anschließend abermals bei der Heuernte, kam abends wieder zu spät zu den Schafen, ließ sie fressen, und wenn ich endlich Feierabend hatte, warteten zu Hause zwei hungrige Kinder auf mich, die noch keine Hausaufgaben gemacht hatten. Wagte ich aber, diesen Stress gegenüber meinem Vater zu erwähnen und Änderungsvorschläge zu machen, sagte er: »Willst du jetzt gar nichts mehr tun?« Es war zum Verzweifeln.

Sollte ich davonlaufen? Mir war danach, aber mit zwei kleinen Kindern und einem Berg von Schulden ... Und Bertrand war oft beruflich unterwegs. Von März bis Mai ist bei uns Schursaison, in dieser Zeit war er als Schafscherer in Süddeutschland tätig, anschließend ging er nach Norddeutschland, wo dann die Heidschnucken an der Reihe waren. Wir brauchten das Geld. Er arbeitete in der Ferne, und zu Hause wuchs mir die Arbeit über den Kopf.

Was sollte ich machen? Mehrmals war ich kurz davor, alles hinzuschmeißen. War ich wirklich dazu bestimmt, endlos in einem Hamsterrad aus Arbeit und Verpflichtungen zu laufen? Doch nur ich selbst konnte mich aus meinem Käfig befreien, mich aus den Verstrickungen lösen. Es war ein harter Kampf.

Von Männern und Pferden

Reiten war meine Leidenschaft, seit ich in der Lüneburger Heide auf eigene Faust und ohne Anleitung die ersten Ausritte mit dem Kutschpferd unternommen hatte. Bevor ich die Schäferlehre antrat, hatte ich mir ein Pferd gekauft, und fortan bestand mein größtes Vergnügen darin auszureiten, sobald sich eine Gelegenheit bot. Meine Flocki war ein Fjordpferd und entsprechend unverwüstlich, wir beide mischten überall mit, und irgendwann waren wir landauf, landab ein bekanntes Team.

Es begann mit kurzen Ausritten, aus denen im Lauf der Zeit mehrtägige Wanderritte wurden. Wir nahmen auch an Wettbewerben für Fjordpferde teil, versuchten uns an Zirkusnummern, beteiligten uns an Fahrwettbewerben, und schließlich lernte ich Menschen kennen, die mich mit Langstreckenrennen bekannt machten. Das sind Pferderennen über achtzig Kilometer und mehr, die viel Wissen, Können und Training voraussetzen. Nie haben wir den ersten Platz belegt, aber das war mir egal, dabei sein war alles – und die Erfahrung zu machen, zu welchen beeindruckenden Leistungen ein Pferd fähig ist.

Jahre später entdeckte ich die Ritterspiele für mich. Hier fand ich wieder, was ich zu Hause nicht mehr fand, nämlich Spaß und Freude am Leben. Gut, man verkleidete sich, man schlüpfte in Kostüme längst vergangener Epochen, aber das kam mir gerade recht, und ein Wochenende lang wurde die gespielte Vergangenheit vollkommen real. Und nicht nur das – sie wurde schöner als alles, was mir die sogenannte Realität zu bieten hatte.

Ja, es wurde auch gekämpft, man trat gegeneinander an, und das war nicht bloß Show, man hatte es ja mit wirklichen Menschen, wirklichen Pferden und wirklichen Waffen zu tun. Aber mich reizte zunächst vor allem, dass es bei diesen Turnieren auf das perfekte Einvernehmen zwischen Mensch und Pferd ankam. Je länger ich dabei war, desto stärker jedoch faszinierte mich noch etwas anderes, nämlich die Möglichkeit, vorübergehend in eine neue Haut zu schlüpfen. Wenn ich durchs Lager ging und mir die einzelnen Zelte anschaute, fühlte ich mich tatsächlich um Jahrhunderte zurückversetzt: Die Nachtlager aus Stroh, der große Topf über dem Feuer im Gemeinschaftszelt, die Holzlöffel, mit denen Gulasch aus hölzernen Schalen gegessen wurde, die Trinkhörner, die man am Gürtel mit sich trug, und vor allem die Haartracht, die Bärte, die Kleidung und Ausrüstung dieser Ritter auf Zeit – alles wirkte authentisch, und darauf zielte auch der Ehrgeiz aller Teilnehmer.

Gut, einige sahen umgezogen, wie kostümiert aus, doch bei vielen hatte ich das Gefühl: Verkleidet laufen sie in ihrem Alltag herum, zu ihrer wahren Bestimmung finden sie erst am Wochenende als Ritter. Waren es große Verwandlungskünstler, oder Leute, die wirklich nicht in unsere Zeit passten? In einem Büro sitzend konnte ich sie mir jedenfalls unmöglich vorstellen. Kurzum, ich tauchte hier mit Haut und Haar in eine andere Zeit ein. Die Außenwelt war Lichtjahre entfernt, und wenn ich sonntagsabends aus dieser Mittelalterwelt heraustrat, kam mir die vertraute Gegenwart fremd und abweisend vor. Ich hatte unsere komfortable Neuzeit nicht vermisst.

Der Höhepunkt war für mich natürlich der Tjost, das Herzstück eines jeden Turniers – man kennt diese Augenblicke höchster Dramatik ja aus Ritterfilmen und Historiengemälden, wenn Ritter auf Schlachtrössern gegeneinander anrennen, Lanzen splittern und der getroffene Ritter in seiner Rüstung zu Boden kracht. In unserem Fall verlief ein Tjost nicht ganz so dramatisch, wir wollten ihn ja alle lebend beenden, aber wenn einer schlecht gezielt hätte, wenn er nicht genau auf den Schild gehalten und die Lanze den Reiter getroffen hätte … Die Gefahr bestand immerhin, auch wenn wir den Kampf nur simulierten. Bei mir durfte sich jeder darauf verlassen, dass ich die Lanze im letzten Moment weggezogen hätte, falls ich mir meiner Sache nicht absolut sicher gewesen wäre; bei einigen anderen konnte ich mir vorstellen, dass sie trotzdem draufgehalten hätten. Letztlich ging es immer gut, aber es war auch nicht ohne. Pferd und Reiter mussten auf jeden Fall ein eingespieltes Team sein.

Als Frau war ich im Übrigen keine Ausnahme. Die Hälfte der Ritter waren Frauen; unter ihrem Helm waren sie aber nicht als solche auszumachen, sie trugen auch denselben Waffenrock wie die Männer, und erst am Ende des Turniers, wenn alle Teilnehmer vorgestellt wurden, gaben sie sich zu erkennen. Aber ob Mann oder Frau, es spielte gar keine Rolle. Als Frau war ich einem Mann nicht zwangsläufig unterlegen – entscheidend war ja, wie geschickt du bist und wie gut du dich mit deinem Pferd verstehst, und in diesen Punkten waren wir Frauen nicht im Nachteil. Einmal gingen wir, meine Flocki und ich, sogar als Sieger aus einem Turnier hervor, und als dann Tausende applaudierten, wusste auch mein Pferd Bescheid – aha, der Beifall gilt uns.

Reine Männersache dagegen waren die Bodenkämpfe. Wenn zwei beim Schwertkampf mit voller Wucht aufeinander einschlagen, fragt man sich nicht mehr, ob die Schlagabfolge einstudiert oder improvisiert ist, es bleibt ein beeindruckendes Spektakel. Noch grandioser fand ich die Massenszenen. Sie wirkten überwältigend echt, und mir blieb das Herz schon stehen, wenn sie aufs Schlachtfeld gestürmt kamen, zwanzig, dreißig Mann, Schild an Schild, von der einen Seite, genauso viele von der anderen Seite und alle mit gewaltigem Kriegsgeheul, wie es damals wirklich dazugehörte. Dann ging es eine Weile heftig zur Sache, Schwerter hämmerten auf Helme und Schilde, und am Ende bedeckten die Leiber der gefallenen Kämpfer das Schlachtfeld – nun gut, das mag nicht jedermanns Sache sein, aber mir erlaubten diese Turniere eine berauschende Flucht aus einer wenig berauschenden Wirklichkeit.

Mein Traum allerdings … Mein Traum war nach wie vor Indien. Mit meinem Pferd durch Indien reiten, um dort meinen Traummann zu treffen. Ich musste mir eingestehen, dass das nicht realistisch war. Gab es überhaupt Träume, die nicht an der Wirklichkeit scheitern mussten?

Als ich wieder einmal an allem zweifelte, hörte ich von einem Ritt, den ein Deutscher in Italien organisierte, in den Dolomiten. Ich hätte weder die Herde noch die Familie wochenlang allein lassen können, um nach Indien zu fliegen, aber dieser Ritt würde nur drei Tage dauern, und da konnte ich nicht widerstehen – ich meldete mich an. Allerdings war meine Flocki schon recht betagt. Stundenweise in der Ebene, da machte sie noch mit, aber drei volle Tage im Gebirge? Ich war mir nicht sicher, ob sie diese Strapaze durchstehen würde. Sollte ich mein zweites Pferd mitnehmen, die Roya? Sie war ein andalusischer Araber, deutlich schneller als Flocki, aber auch deutlich empfindlicher. Ein Fjordpferd ist ein ursprüngliches Pferd und ungemein robust, auf jeden Fall härter im Nehmen als ein Araber, und gerade jetzt lahmte Roya, weil sie Sehnenprobleme hatte. Also kam keins meiner beiden Pferde in Frage.

Aber Manuel Sauda, der Organisator des Ritts, versprach Abhilfe zu schaffen: »Macht nichts, wir leihen ein Pferd für dich aus.« Und so fuhr ich, halb beruhigt, halb von einer gewissen Nervosität geplagt, von München nach Italien ins Val Rendena. Manuel begleitete mich.

Die Teilnehmer trafen sich auf einer großen Wiese. Meine Nervosität wuchs. War mein Pferd bereits unter denen, die dort standen? »Geduld«, sagte Manuel, »deins kommt noch.« Nun denn … Es war nicht weit her mit meiner Geduld. Ich wollte endlich wissen, mit welchem Pferd ich die nächsten drei Tage unterwegs sein würde. Doch so schwer es mir fiel, ich musste warten, und zwar den ganzen Nachmittag; erst kurz vor Einbruch der Dämmerung hieß es plötzlich: »Da unten steht dein Pferd.« Wo? Bei dieser Gruppe suspekter Gestalten? Einer hielt tatsächlich ein Pferd am Zügel. Aber da würde ich nicht hingehen! Diese braungebrannten Typen machten auf mich überhaupt keinen vertrauenerweckenden Eindruck. Wahrscheinlich alles Italiener, und ich sprach nicht einmal Italienisch. Sollte ich diesem Menschen das Pferd kommentarlos aus der Hand nehmen? Manuel Sauda aber kannte kein Erbarmen. »Sieh zu, wie du mit denen zurechtkommst.«

Ich ging zu dem Mann mit dem Pferd, übernahm es, verstand kein Wort von dem, was er mir sagte, dachte aber: Es wird sein Pferd sein, also bleib in seiner Nähe für den Fall, dass Fragen auftauchen … Und als am folgenden Morgen der Ritt begann, hielt ich mich weiterhin in seiner Nähe. Da zeigte sich, dass dieser kleine, braungebrannte Mann, eben jener, der mir das Pferd überreicht hatte, einer der beiden Rittführer war. Er bildete die Nachhut, und mit einem Mal, wie unbeabsichtigt, ließ er sich allmählich von der Gruppe zurückfallen. Und ich mit ihm.

Später gestand mir Francesco, dass es vom ersten Moment an Liebe gewesen war. Im selben Augenblick, als ich auf ihn zukam, wusste er schon: Das ist die Frau meines Lebens. Mir ging es nicht so, und deshalb war ich leicht beunruhigt, als wir den Anschluss an die Gruppe verloren und jetzt von dem Weg abbogen, den die anderen nahmen. Wo wollte er mit mir hin? Ich hatte keine Ahnung, und fragen konnte ich ihn nicht. Ich wusste nur: Wir sind zu zweit allein irgendwo in den Bergen, und es ist wunderschön. Bedenken hatte ich schon, ich war diesem Unbekannten ja ausgeliefert, aber mein Vertrauen war größer. Zur Mittagszeit trafen wir wieder auf die anderen.

Unsere Abwesenheit war nicht unbemerkt geblieben. Man

zerriss sich die Mäuler, was Francesco jedoch nicht störte. Auch in den nächsten Tagen machten wir unsere Abstecher; er führte mich in diese grandiose Bergwelt ein, er ließ mich ihre Erhabenheit und Schönheit aus nächster Nähe spüren, und ich wich ihm nun gar nicht mehr von der Seite. Am letzten Abend forderte er mich mit einer Geste auf, in sein Auto einzusteigen, und fuhr los.

Er steuerte eines der umliegenden Dörfer an und hielt vor seinem Haus. Ich erschrak, als in diesem Moment eine junge Frau auf den Balkon trat, ich hielt sie für seine Frau, aber sie stellte sich als seine Tochter heraus, und ich beruhigte mich. Francesco führte mich herum, erlaubte mir erste Einblicke in sein Leben, und rechtzeitig zur Abschlussveranstaltung waren wir wieder zurück. Als wir voneinander Abschied nahmen, hatten wir immer noch kaum ein Wort gewechselt, hatten nicht einmal unsere Telefonnummern ausgetauscht, und später auf der Heimfahrt sagte ich mir: Das kannst du dir aus dem Kopf schlagen. Es war schön, aber er wohnt zu weit weg, und reden kann man mit diesem Mann auch nicht. Schlag ihn dir aus dem Kopf.

Mit diesem festesten aller festen Vorsätze fuhr ich heim, doch fortan war nichts mehr wie zuvor. Vier Wochen lang konnte ich nicht schlafen. Dann rief Manuel, der Organisator unseres Ritts, an und lud mich zu einem Nachtreffen ein. Eigentlich hatte ich mich für diesen Tag zu einem Leistungshüten gemeldet, doch daraus wurde nichts. Keine Ahnung, wen ich dort treffen würde, aber entgehen lassen durfte ich mir die Sache auf keinen Fall. Und dann stellte sich heraus: Teilnehmer waren der Rittleiter und die beiden Rittführer, also auch Francesco – sonst niemand.

Nach dieser Nacht hatte einer die Telefonnummer des anderen. Jetzt konnten wir uns wenigstens anrufen und Hallo sagen oder nur dem Schweigen des anderen am Ende der Leitung lauschen.

Francesco

Zwei Monate später sprach ich Italienisch. In jeder freien Minute, in jeder freien Sekunde hatte ich Vokabeln und Grammatik gepaukt und meiner Familie erklärt, es sei immer von Vorteil, Fremdsprachen zu sprechen. Jetzt konnten wir wenigstens am Telefon miteinander reden. Francescos Rat war bitter nötig, denn nach meiner Rückkehr fing das Theater erst richtig an.

Es war nicht mehr auszuhalten. Ich hätte am liebsten alles stehen und liegen gelassen, hätte meine Pferde in den Hänger geladen und wäre nach Italien gefahren. Aber es gab unsere Kinder.

Natürlich musste ich die Sache mit Francesco früher oder später zur Sprache bringen. Hin und wieder sahen wir uns, alle zwei, drei Monate, und es war uns beiden klar, dass wir unsere Zukunft gemeinsam verbringen wollten. Doch dazu musste ich zuallererst einmal Bernhard und meinen Eltern reinen Wein einschenken und gestehen, dass ich mich in einen anderen Mann verliebt hatte.

Bertrand war zutiefst verletzt. Und nachdem meine Eltern es erfahren hatten, gab es einen Aufschrei, den man in Sontheim überall gehört haben dürfte. Von da an stand für sie fest: Alles aus, alles ruiniert, von einer Minute auf die andere – der ganze Betrieb, ihr ganzes Lebenswerk. Am Ende war dieser Italiener ein Nichtsnutz, ein Tagedieb! Und was war wohl in mich gefahren? Hatte ich in meiner Jugend nicht für große, blonde Männer geschwärmt? Und jetzt dieser Francesco – klein und dunkel und womöglich für keine vernünftige Arbeit zu gebrauchen …

Die Verzweiflung meiner Eltern war unbegründet. Nur in

einem Punkt hatten sie recht: Francesco war kein Schäfer. Er war Geometer und arbeitete in Italien als Bauleiter einer großen Firma, die Spezialaufgaben übernahm, Bauprojekte in der denkmalgeschützten Altstadt einer italienischen Stadt zum Beispiel oder die Konstruktion einer modernen Berghütte in dreitausend Metern Höhe, für die das Baumaterial mit Hubschraubern herbeigeschafft werden musste. Komplizierteste Unternehmungen, aber Francesco war ein Könner auf seinem Gebiet, und dass sie sich mit ihm keinen Arbeitsscheuen eingefangen hatten, sollten meine Eltern auch irgendwann merken – das beruhigte sie, so etwas zählt im Schwabenland. Eines Tages gelangten sie zu der Einsicht, dass mein Italiener zu den ganz Fleißigen gehört, und seither schwor meine Mutter auf ihn.

Bis dahin aber war es eine Katastrophe. Meine Eltern tobten, Bertrand war wie gelähmt, aber die Arbeit musste gemacht werden. Eins wusste ich: Wenn ich ausziehe, habe ich verloren. Haus und Betrieb wollte ich auf keinen Fall aufgeben. Ich kämpfte.

Schließlich setzte ich meinen Willen durch und Bertrand zog aus. Selbst die Scheidung verlief nach meinen Wünschen, aber die Probleme gingen weiter, jetzt für meine Söhne. Sie waren hin- und hergerissen zwischen Bertrand und mir und mussten sich obendrein mit Francesco auseinandersetzen, denn eines Tages, etwa ein Jahr nach unserer ersten Begegnung, brach er seine Zelte in Italien ab und nahm sich ein Zimmer in Sontheim. Wunderbar, einerseits, weil die Ausweglosigkeit ein Ende hatte, weil ich erstmals Licht am Ende des Tunnels sah. Andererseits wurde meine Lage mit Francesco, dem Stein des Anstoßes, noch brisanter. Immerhin, er arbeitete von Anfang an mit. Tagsüber gingen wir hinaus zu den Schafen, blieben auf der Weide, bis ich Feierabend machte, und da zeigte sich: Francesco lernte schnell, und keine Arbeit war ihm zu viel – schon das war eine enorme Erleichterung. Noch wichtiger aber war, dass Francesco stets tröstende und aufmunternde Worte für mich hatte.

Allein dass er das Affentheater mit dieser Frau überhaupt aushielt. Manch einer wäre bald wieder davongelaufen. Manch einer hätte gesagt: Der ganze Zirkus ist mir zu viel. Doch Francesco setzte sich nicht nur freiwillig in die Nesseln, auf seine zurückhaltende Art redete er mir beschwichtigend zu, beruhigte und ermutigte mich mit unendlicher Geduld, brachte mich, wenn es nötig war, zur Vernunft, hielt zu mir und trat ansonsten so unauffällig wie möglich auf, um kein Öl ins Feuer zu gießen. Und ein weiteres Jahr später zog er bei mir ein.

Meine Kinder gewöhnten sich an ihn, meine Eltern schlossen ihn ins Herz. Nicht von heute auf morgen, aber Francesco hatte es nicht eilig, er drängte sich nicht auf, er verlangte weder Huldigungen noch Unterwerfung, er war einfach da, packte überall mit an, zog mit uns auf die Winterweide, bereitete daheim das Essen zu – und schwieg die meiste Zeit. Für ihn gibt es nicht viel zu sagen; er hatte ja schon für seine Liebeserklärung keine Worte gebraucht, nur ein Pferd und die grandiose Bergwelt der Dolomiten. Francesco ist der seltene Fall eines stillen und ernsten Menschen, und deshalb ist es wohl nicht verwunderlich, dass er auch nach 17 Jahren in Sontheim noch kaum Deutsch spricht – Sprache hat sowieso keinen hohen Stellenwert für ihn. Umso aufmerksamer sollte man hinhören, wenn er einmal Geschichten von sich erzählt. Hier ist eine:

»Ich komme aus einem Dorf mit fünfhundert Einwohnern. Die nächste Schule war im Nachbardorf, und die Sitten in meiner Kindheit waren streng. Wer von uns etwas ausgefressen hatte, musste die Hände auf den Tisch legen, und dann sauste der Zollstock des Lehrers auf sie herab.

Zum Schreiben benutzten wir noch Federhalter und Tinte. Nun war ich Linkshänder, was meinem Lehrer nicht gefiel. Aber mit der Rechten war ich ungeschickt und kleckste in mein Heft;

dann zürnte der Lehrer mir gleich wieder, und es setzte die bekannten Strafen. Aber ich war widerspenstig und unbelehrbar.
Immer wieder habe ich meinem Vordermann etwas mit Tinte
auf seinen Kragen gekritzelt, wir trugen in der Schule nämlich
weiße Hemden unter unseren schwarzen Schuluniformen. Und
wenn mich der Lehrer vor die Klassenzimmertür gestellt hat,
habe ich jedes Mal mit voller Wucht dagegen getreten – doch
bevor er rauskam, war ich schon weg. Und manchmal habe ich
Wasser in den Auspuff seines Fiat 500 gefüllt und das Rohr dann
zugestopft.«

Ende der Geschichte. Mehr dürfen Sie nicht erwarten.

Teil 3

Die Kunst des Hütens

und andere Schäfergeschichten

Wintereinbruch

An Tagen wie diesen gehen wohl nur Schäfer vor die Tür. Sie haben auch keine Wahl. Hungrige Schafe lassen einem keine Wahl.

Es schneit bereits den dritten Tag. Wenigstens hat sich dieser ekelhafte Wind etwas gelegt. Er war so schlimm, dass Francesco und ich uns im Auto verkriechen mussten, nachdem es nicht mal mehr im Windschatten unseres Geländewagens auszuhalten gewesen war. Überall ist er durchgegangen, durch jede Faser der unzähligen Schichten Kleidung am Leib. Auch zu Hause im Stall hat er den Schnee durch jede Ritze, durch jede Luke getrieben; in der Stallgasse lag Schnee, auf dem Heu, in den Futterraufen.

Draußen bin ich nur noch vermummt herumgelaufen, das Gesicht unter einer Sturmhaube gegen die Nadelstiche der dahinjagenden Schneekristalle geschützt. Den Hut hat es mir ein ums andere Mal weggeweht, obwohl er mit einer Hutschnur befestigt war. Am Schluss ist die Hutschnur gerissen.

Die Schafe haben nur das Nötigste gefressen, dann sind sie zusammengerückt. Abends bin ich mit ihnen noch ein paar Kilometer bis zum nächsten Waldrand gelaufen, damit sie die Nacht im Windschatten verbringen konnten. Es war nicht wirklich kalt, vielleicht ein paar Grad unter null, aber mit dem schneidenden Wind fühlte es sich eisig an, wie minus zwanzig Grad.

Inzwischen war der Schnee so hoch, dass ich froh war, Gamaschen anzuhaben und keine Stiefel, wo er oben reingegangen wäre. Die Straße konnte ich nur noch erahnen. Längere Grashalme, die am Rand aus dem Schnee ragten, wiesen den Weg, und der Sturm tobte, als wären wir in Alaska – Schneesturm und leere, weiße Landschaft, kein Mensch weit und breit, kein Auto, kein Spaziergänger in roter Jack-Wolfskin-Jacke, niemand, der mit seinen drei Hunden Gassi geht.

Wenigstens sind heute alle Tiere wohlauf, gesund und von gutem Appetit.

Gestern haben sie sehr lustlos gefressen, einige gar nicht; das dürften die Äpfel vom Vortag gewesen sein, die ihnen auf den Magen geschlagen waren. Oder der Senf. Wir hatten Senf gehütet, er war noch grün unter dem Schnee und kaum angefroren, aber erfahrungsgemäß bläht er, wenn sie nicht genug Gras im Magen haben. Später haben wir sie in die Obstbaumwiese gelassen; anscheinend hatte da niemand auch nur einen Apfel vom Boden aufgelesen, und die Schafe waren froh über die reiche Ausbeute. Ich auch – wie immer, wenn meine Schafe sich freuen.

Gras gab es so gut wie keines, nur etwas am Straßenrand, da, wo der Bauer mit dem Güllefass nicht hingekommen war, das war schön grün, da haben sie sich auch noch draufgestürzt. Manche bekamen trotzdem aufgeblähte Bäuche, entweder vom Senf oder von den Äpfeln oder von beidem.

Dann hieß es, einen windstillen Platz für die Nacht suchen. Doch durch die Schneeverwehungen lag genau dort, wo es windstill war, am meisten Schnee. Mit dem Auto eine Spur für die Netze des Nachtpferchs zu fahren kam nicht mehr in Frage; der Schnee reichte bereits bis über die Achse unseres Jeeps. Also stapfte Francesco los, um eine Schneise in den Schnee zu treten – er sei mehr ins Schwitzen gekommen als im Hochsommer, meinte er hinterher.

Hätte ich mit den Schafen eine Spur trampeln sollen? Aber ich zweifelte, ob sie das so ohne Weiteres mitgemacht hätten, nachdem sie mir die letzten Tage schon so tapfer überallhin gefolgt waren, nur durch Zurufen, weil sie wussten, dass ich sie zu neuem Futter führen würde, immer zu zweit nebeneinander und schön hintereinander – das ist im tiefen Schnee nicht so anstrengend; normalerweise laufen sie nämlich am liebsten alle nebeneinander, in einer langgezogenen Doppelreihe.

Auf jeden Fall werde ich heute Abend mit dem Spurtrampeln warten bis es Nacht ist, damit keiner sieht, wie ich mit meinen Schafen scheinbar grundlos im Kreis laufe.

Ein Sonntag im Sommer

Sonntags klingelt der Wecker erst um sieben. Herrlich, wenigstens einmal die Woche ausschlafen zu können. Und alles deutet auf einen ruhigen Tag hin.

Nach dem Frühstück geht's in den Stall. Er liegt gleich um die Ecke und ist zur Zeit schnell gemacht, es sind nur ein paar Schafe mit Neugeborenen zu versorgen. Sind alle Lämmer fit und munter? Es sieht ganz danach aus. Ein paar Hochträchtige habe ich vorsorglich auch in den Stall gestellt; sie brauchen gehaltvolleres Futter, als die Alb zu bieten hat, wo sich die Herde gerade befindet.

Anschließend mache ich im Auto die übliche Runde, um meine Tiere auf den Koppeln zu kontrollieren. Meine Böcke stehen auf einer Weide im Dorf und zeigen sich erfreut über die mitgebrachten Äpfel. Die Schafe mit den kleinen Lämmern stehen auf einer anderen Weide ein paar Kilometer außerhalb; sie bekommen zum Wasser und Mineralsalz auch noch Hafer. Für heute reicht das Gras noch, morgen werden sie ein frisches Stück bekommen.

Also alles bestens. Francesco ist sowieso nie aus der Ruhe zu bringen, aber auch ich atme durch. Dann ist vor dem Hüten sogar noch Zeit für den Agrardieselantrag, diese Woche ist im Büro viel liegengeblieben. Da klingelt das Handy. »Es sind Schafe im Kirchgarten.« Moment mal. Im Kirchgarten? Also meine Böcke? Kann das sein? Habe sie doch eben erst kontrolliert, alles war in Ordnung. In die Gummistiefel gestiegen, die Arbeitsjacke übergeworfen, schon sitze ich im Auto … Ja, es sind meine Böcke. Sie lassen sich die Hecke an der Kirchenmauer schmecken. Der Pfarrer wird es mir nachsehen. Hoffentlich. Immerhin lassen sie gleich von der Hecke ab und folgen willig dem Futtereimer, meinem wirkungsvollsten Lockmittel. Aber wie sehe ich aus in meiner Stallkleidung zwischen all den Kirchgängern? Hätte ich Sonntagskleidung an, würde ich jetzt stolz und erhobenen Hauptes mit meinen stattlichen Böcken die Hauptstraße entlangmarschieren; so aber mache ich mich mit meinen Ausreißern zügig aus dem Staub.

An der Bockweide angekommen, stehe ich vor einem Rätsel. Der Elektrozaun ist intakt, und Strom ist auch drauf. Ich sperre sie wieder ein. Doch kaum habe ich ihnen den Rücken gekehrt, sind sie wieder draußen. Was sehe ich? Dort, wo der Pferch an den Fluss stößt, ist das Netz an einem Strauch festgebunden, und durch den haben sie sich durchgefressen. Gut, wird dieses Loch eben auch noch gestopft.

Und der Agrardieselantrag? Er bleibt liegen, weil mich draußen auf der Alb jetzt meine Herde erwartet. Die Weide ist zwanzig Kilometer entfernt, 15 Hektar groß und ist nicht gerade ein Traum von einer Weide. Der eine Teil liegt am einen Ende des Dorfs, die anderen Flächen befinden sich am entgegengesetzten Ende, und dazwischen verläuft eine Bundesstraße, die ich gleich nach dem Auspferchen mit allen sechshundert Tieren als Erstes überqueren muss.

Ich bin nervös, weil hier schnell gefahren wird. Zu meines Vaters Zeiten konnte man eine Herde gemütlich kilometerweit über eine Bundesstraße treiben, da kamen zehn Autos am Tag. Jetzt sind es zehn in der Minute, und die bremsen ungern.

Stehen bleiben und gelassen abwarten, bis die Straße frei ist? Das lässt sich kaum machen, weil die Felder zur Linken wie zur Rechten bepflanzt sind und die Schafe nach vorn drängen, zum Futter auf der anderen Straßenseite. Ich behalte meine Hunde bei mir; sie bremsen die Schafe, die es besonders eilig haben. Immer noch folgen die Autos von rechts dicht aufeinander. Ich verlangsame meinen Schritt, kann aber nicht verhindern, dass wir uns unaufhaltsam der Straße nähern. Da tut sich rechts eine Lücke auf, auch von links kommt gerade niemand; ich ziehe an – nichts wie rüber, bevor sich das nächste Fahrzeug zeigt. Hinter der Kuppe höre ich schon wieder lautes Motorengeräusch und hoffe, dass der Fahrer im Bremsen genauso gut ist wie im Gasgeben. In solchen Situationen bin ich immer sehr aufgeregt.

Gut, das Auto, das ich gehört habe, hält an. Noch einmal schicke ich meinen Hund, damit er Nachzüglern Beine macht, die unbedingt noch schnell Grasbüschel vom Straßenrand abrupfen müssen. Es ist schon vorgekommen, dass ein Auto losgefahren ist, bevor das letzte Lamm über die Straße war. Ganz neu ist, dass das erste Auto zwar geduldig wartet, jetzt aber von einem zweiten überholt wird, während noch Schafe auf der Fahrbahn sind.

Später am Tag laufe ich mit der Herde ein Stück auf derselben Straße, um eine abgelegene Parzelle zu erreichen. Rechts und links gibt es hier Leitplanken, was gut für Autos, aber schlecht für Schafe ist. Wie schnell gerät ein Tier dahinter und findet nicht mehr zurück – unten durch ist es zu niedrig und oben drüber zu hoch. Wenn sich eins hinter die Leitplanke verirrt, in Panik gerät, kopflos hin und her läuft und plötzlich auf die Straße springt … Ich will es mir lieber nicht ausmalen.

Alles geht gut, trotzdem ist Wachsamkeit weiterhin angesagt. Die neue Weide grenzt hinten an einen Wald, da werden sie mir wohl nicht reinlaufen, vorne aber stößt sie an die Bundesstraße; vorbeijagende Autos und grasende Schafe sind hier nur durch eine Böschung und die Leitplanke getrennt. Um diese Gefahrenquelle kümmert sich Susi. Normalerweise macht sie ihren Job sehr gut, nichtsdestoweniger habe ich immer ein Auge auf sie, weil sich ständig kleine Trupps die Böschung hochfressen.

Wieder einmal schicke ich Susi. Sie vertreibt die Vorwitzigsten, doch offenbar haben die Schafe mit dem Hund diesmal nicht gerechnet, jedenfalls erschrecken sie, fliehen in hastigen Sprüngen bergab, ein Schaf übersieht ein Lamm, das überschlägt sich, und als es sich aufrichtet, steht es nur noch auf drei Beinen. Gleich wird es wieder laufen, denke ich, doch als ich genauer hinsehe, stelle ich fest: Der verletzte Fuß baumelt hin und her. Das Lamm rührt sich überhaupt nicht mehr vom Fleck.

Ich rufe Francesco an. Glücklicherweise ist er mit dem Wagen in der Nähe und kann gleich kommen. Ärgerlich, dass sich im Auto keine Gipsbinde finden lässt; dann eben in den Wald und dünne Stöcke aufsammeln und das gebrochene Bein mit Binden aus dem Verbandskasten schienen. Noch ärgerlicher, dass es eins meiner schönsten Lämmer getroffen hat.

In der Zwischenzeit haben die Ziegen auf eigene Faust verbotene Streifzüge durch den angrenzenden Wald unternommen und auch etliche Lämmer dazu angestiftet, und gerade als sie herauskommen, taucht der Jäger auf. Diese Ziegen …! Ich kann mir ordentlich was anhören, der Mann ist so sauer, als hätten sie den halben Wald abgefressen. Jetzt hat all die Jahre Frieden zwischen uns geherrscht, und ausgerechnet diesen kleinen Ausflug meiner Ziegen muss er mitbekommen … Dass ich gleich mit sämtlichen Tieren seinen Wald durchqueren werde, weil ich nicht schon wieder über die Straßen ziehen will, behalte ich für mich.

Endlich. Der Wald liegt hinter uns, und meine Schafe freuen sich dermaßen über das frische Stück Wiese, dass jedes das Erste sein will. Sie laufen, sie rennen, mehrmals hole ich sie mit dem Hund zurück, und plötzlich gerät alles durcheinander, die einen hüpfen wie von Sinnen, die anderen suchen im Galopp das Weite, die sensiblen Ziegen schreien gequält auf, und im nächsten Moment trifft es mich wie ein Geschoss ins Gesicht – Wespen, ganze Schwärme von Wespen, von Schafsklauen in ihren Erdlöchern aufgestöbert und im Nu zum Vergeltungsschlag angetreten. Ich reiße mir den Hut vom Kopf, ich schlage wild um mich, ich renne; nur Susi bleibt unbehelligt und gelassen. Weiter vorn beruhigen sich alle, verteilen sich über die Wiese und fangen an zu fressen.

Mit einem Mal ziehen am Horizont dicke, schwarze Wolken auf. Bei uns scheint noch die Sonne, doch es kommt bereits ein bisschen Wind auf, dieser wird heftiger, die Wolken jagen heran, und mein Regenmantel liegt unerreichbar im Auto. Vorsichtshalber stelle ich mich in den Windschatten eines großen Baumes. Noch fressen die Schafe seelenruhig, doch dann fallen die ersten dicken Tropfen, es werden immer mehr, jetzt strömt der Regen, auf den Pfützen schwimmen fette Blasen, es schüttet wie aus Kübeln, und nun laufen auch die Schafe zusammen. Als der Regen endlich nachlässt, verteilen sie sich wieder und fressen zufrieden weiter.

Allgemeines Aufatmen bei Schäferin und Herde – und die Gewissheit: Heute werde ich nicht mehr die Frage aller Fragen beantworten müssen, nämlich wie viele Tiere ich habe; der Regen hat die Spaziergänger vertrieben. An anderen Sonntagen höre ich diese Frage immer wieder. Gewiss, die meisten Menschen bleiben beim Anblick meiner Herde nur stehen und genießen das, was sie für ein Bild des Friedens halten; ich freue mich dann, zu ihrem Glück beizutragen. Warum sich aber immer welche finden, die sich für die genaue Größe meiner Herde interessieren, habe ich nie verstanden. Ob es nun 400, 600 oder 800 sind – was können sie mit dieser Auskunft anfangen?

Jeder Schäfer hat seine eigene Art, diese Frage zu beantworten. Ich für meinen Teil drehe den Spieß gern um und lasse schätzen. Liegt einer zu hoch, korrigiere ich ihn, liegt er zu niedrig, gönne ich ihm sein Erfolgserlebnis. Einige Mitmenschen kommen sogar auf die Idee, sich den Monatslohn eines Schäfers auszurechnen, indem sie die Anzahl der Schafe mit dem Wert eines Schafs multiplizieren. Wenn aber einer mir erzählt, dass er für Schafe und das beschauliche Schäferdasein schwärme und eigentlich schon immer ... Ja, dann lade ich ihn gleich für den nächsten Tag morgens um sieben Uhr zu uns ein. Gekommen ist bisher keiner.

So geht dieser Sonntag zu Ende. Nun bin ich froh, meine Schafe satt in den Pferch einsperren zu können. Zu Hause erhält das verletzte Lamm noch einen ordentlichen Gipsverband, und im letzten Tageslicht ziehe ich die Stalltüre hinter mir zu. Gleich werde ich beim Abendessen sitzen.

Überlebenskünstler

Ich habe mich immer gegen das romantisch verzerrte Schäferbild gewehrt. Nicht, weil an der Naturverbundenheit des Schäfers gar nichts dran wäre, sondern weil die Natur für den, der
mit ihr zu tun hat, nicht romantisch ist. Schafe sind nicht romantisch, wenn man die Verantwortung dafür trägt, dass sie satt
werden, gesund bleiben, nicht von freilaufenden Hunden zu
Tode gehetzt, nicht von Wölfen gefressen und nicht vom Auto
überfahren werden. Landschaft ist nicht romantisch, wenn man
sie durch die Augen des Schäfers betrachtet, von Schnellstraßen
und Bahngleisen zerschnitten, von Gewerbegebieten, Maisplan-
tagen und güllegetränkten Wiesen durchsetzt, wie sie ist. Auch
das Wetter schwankt stark zwischen angenehm und außerordentlich unromantisch, und von dem bürokratischen Aufwand,
der einem als Schäfer von der Politik abverlangt wird, braucht
man in diesem Zusammenhang erst recht nicht zu reden. Wahr
ist, dass sein Beruf den Schäfer in Atem hält, heute mehr denn
je, und auch die stillen Stunden draußen bei der Herde sind für
ihn Arbeitszeit.

Aber es gibt ein realistisches und gleichzeitig viel faszinieren-
deres Schäferbild, nämlich das eines Menschen, der mit seinen
Schafen, für seine Schafe und von seinen Schafen lebt und dabei
einen zähen Überlebenskampf führt. Man könnte man sagen:
Ein Schäfer ist jemand, der es trotzdem macht. Der für seine
Herde nicht nur Arbeitszeiten auf sich nimmt, die andere, ohne
zu zögern, als einen Verstoß gegen die Menschenrechte bezeichnen würden, der dabei nicht nur bis ans Ende seiner Kräfte geht,
sondern der auch mehr als das übliche Maß an Unerschrocken-

heit, Beharrlichkeit und Einfallsreichtum aufbieten muss, weil es ihn sonst nämlich gar nicht mehr gäbe.

Eins kommt ihm dabei zugute: Das Tier, mit dem der Schäfer eine Verbindung eingegangen ist – eben das Schaf. Schäfer und Schaf bilden zusammen eine erstaunlich erfolgreiche Widerstandsgruppe, seit Jahrtausenden bewährt. Mit allen Veränderungen haben sie es aufgenommen, jeden wirtschaftlichen und technischen Wandel haben sie überdauert, bis heute. Nicht nur der Schäfer, auch das Schaf ist sozusagen ein Überlebenskünstler, und das Geheimnis ihres Erfolgs lautet: Überleben durch Anpassung. Durch Anpassung an die äußeren Umstände, auch die widrigsten – aber ohne das aufzugeben, was den Schäfer in seiner Eigenart und das Schaf in seinem Wesen ausmacht. Vielleicht kann man bei Schaf und Schäfer tatsächlich von einer einzigartigen Kooperation sprechen. Auf jeden Fall steht das Schaf heute ziemlich einzigartig da, verglichen mit dem Schicksal anderer Nutztiere.

Wenn wir uns umschauen – manche Nutztiere sind heute gänzlich verzichtbar. Sie haben ihre Schuldigkeit getan und durften abtreten. Das Pferd gehört dazu, es spielt nur noch in der Freizeitgestaltung eine Rolle. Hunde und Katzen gibt es zwar immer noch in größeren Mengen, sie sind aber in den meisten Fällen zu einem ewigen Feierabend verurteilt und müssen sich ihren Menschen vollkommen anpassen. Der Esel ist fast ganz aus unseren Breiten verschwunden, auch die Ziege wird in Deutschland kaum mehr gehalten.

Andere Nutztiere werden nach wie vor gebraucht, sind aber sozusagen industrialisiert worden, im Grunde von Maschinen kaum noch zu unterscheiden. Hühner, Schweine, Kühe, Puten – neunzig Prozent dieser Tiere leben in Europa in Tierfabriken, wo keiner nach ihnen als Lebewesen mit eigenem Charakter und eigenen Bedürfnissen fragt. Eine Ausnahme bildet das Schaf. Als einziges Nutztier darf es noch sein, wie es möchte, wie es seiner Art und seinem Wesen entspricht und hat insofern das größte Glück gehabt: Gebraucht wird es noch, und als Geschöpf respektiert wird es auch. Woran liegt das? Hat der Schäfer ihm sein artgerechtes Überleben gesichert?

Ja und nein. Zunächst einmal: Was sich mit anderen Tieren machen lässt, bringt bei Schafen nicht viel. Natürlich könnte man auch Schafe zu Hunderten oder Tausenden einsperren und mit Kraftfutter mästen, aber Schafe zeigen bei dieser Haltung nicht ihre gewünschten Fähigkeiten. Das Schaf liebt seine Freiheit, es lässt sich in Anbindehaltung oder in engen Boxen schlecht halten. Außerdem ist mit Schafen nicht das große Geld zu verdienen. Der Markt für Lammfleisch ist klein, und die Investitionen, die sich bei Kühen und Schweinen lohnen, würden sich bei Schafen kaum rentieren. Darüber hinaus aber haben Schafe eine Funktion, die sie nur in Freiheit erfüllen können: Sie leisten der Allgemeinheit unbezahlbare Dienste in der Landschaftspflege.

Denn Schafe erhalten nicht nur die Heide als offene Landschaft, sie haben auch das, was wir den Goldenen Tritt nennen. Golden deswegen, weil Schafe das ideale Gewicht haben, um Böden zu stabilisieren. Und das Schaf tut dem Erdreich, über das es läuft, gleich in mehrfacher Hinsicht gut. Mit seinen Klauen ebnet es den Boden gleichmäßig ein und tritt ihn fest, als ob eine leichte Walze darüber hinwegginge. Auf den Wiesen schließt es Mauselöcher und massiert gleichzeitig herumliegenden Samen ein. Nicht ohne Grund werden Schafe bei der Deichpflege eingesetzt. Natürlich könnte man Deiche auch mähen, aber dort, wo Schafe weiden, ist die Grasnarbe deutlich fester und der Deich folglich dem Ansturm der Wogen wesentlich besser gewachsen.

Dazu kommt der Samentransport. Wandernde Schafherden tragen die Samen von Blumen, Kräutern und Gräsern über weite Strecken mit sich und sorgen so für die Ausbreitung verschiedenster Arten – die Samen haften am Fell und werden irgendwann, irgendwo wieder abgeschüttelt. Andere Samen wandern durch den Verdauungstrakt. Aber auch Insekten gelangen auf diese Art und Weise von einem Ort zum anderen. Auf unserer kleinen Wachholderheide in Sontheim zum Beispiel wächst eine Orchidee, die in Württemberg nur in ganz wenigen Exemplaren vertreten ist, und ich vermute stark, dass unsere Schafe dahinterstecken.

Mit anderen Worten: Dieses Tier, das oft als einfältiges, gefügiges und schicksalsergebenes Geschöpf belächelt wird, ist mit etlichen Talenten gesegnet. Es erweist seine Nützlichkeit nicht nur, indem es Fleisch und Wolle liefert – den früher hochgeschätzten Dünger nicht zu vergessen –, es betreibt auch Landschaftspflege, sorgt für Biodiversität und stabilisiert das Erdreich – und es sind immer die schönsten Landschaften, die Schafherden erschaffen und erhalten. Kein anderes Tier ist dazu fähig; es wäre deshalb nicht nur sinnlos, die Massentierhaltung auf Schafe auszudehnen, es wäre auch unklug. Das sind schon zahlreiche Gründe, weshalb ausgerechnet das Schaf bis heute artgerecht und in Freiheit leben darf.

Ein weiterer Grund ist die bereits erwähnte Anpassungsfähigkeit. Ein Schaf kommt zum Beispiel überall hin, sein Trumpf ist die Geländegängigkeit. Diese Fähigkeit ist Teil seines genetischen Programms, denn Schafe sind wehrlos und daher Fluchttiere; im Augenblick der Gefahr bleibt ihnen nichts anderes übrig als der schnelle Rückzug aus der Ebene in ein Gelände, in dem Verfolger das Nachsehen haben. Schon das Urschaf, das Mufflon, suchte bei einem Angriff sein Heil in unzugänglichem Terrain, am besten steil und zerklüftet. Rascher Geländewechsel ist die einzige Überlebensstrategie, die ein Schaf kennt, ein schroffer Steilhang der einzige Ort, von dem es sich Sicherheit verspricht, darum laufen Schafe bis heute gern bergauf. An die Kletterkünste der Ziegen reichen sie zwar nicht heran, brauchen sich vor ihnen jedoch keineswegs zu verstecken. Mit derselben Leichtigkeit aber bewegen sie sich auch auf einem Stoppelacker, auf Feuchtwiesen oder dem weichen Boden des Moors.

Dazu kommt, dass sie ganz unterschiedliches Futter verwerten können. Während der 365 Tage, die Schafe auf der Weide verbringen, ändert sich das Futter ja ständig, und auch, wenn sie ihre Vorlieben haben und ihnen eine saftige Wiese mit jungem Gras sicherlich lieber ist – mit kargem Futter, selbst mit verdorrtem und trockenem Futter, kommen sie genauso zurecht; es dürfen natürlich auch die Ähren auf einem Stoppelacker sein, die der Mähdrescher fallen gelassen hat. Kurz gesagt: Das Schaf lebt von dem, was es vorfindet. Und es macht vieles mit. Es hat ein dickes Fell. Dass es sich manches gefallen und vieles bieten lässt, ist seine Stärke. Und dass es sich auf neue Situationen schneller einstellt als andere Tiere, macht es zum Überlebenskünstler. Und nun kommt der Schäfer ins Spiel.

Denn alle diese Stärken kommen erst im Zusammenspiel mit dem Schäfer voll zur Geltung. Der Schäfer kennt seine Schafe. Er weiß, was sie brauchen, was sie leisten und was er ihnen zumuten kann. Er versteht es, die erstaunlichen Fähigkeiten seiner Tiere auszuschöpfen. Und weil sein Schicksal mit dem seiner Schafe verknüpft ist, so wie umgekehrt auch die Schafe auf ihn angewiesen sind, haben Schäfer sich seit jeher die Überlebensstrategie ihrer Tiere zueigen gemacht und dieselbe Anpassungsfähigkeit bewiesen wie sie. So oft sich die Welt durch die Jahrtausende hindurch gewandelt hat, die Schäfer haben sich den veränderten Gegebenheiten angepasst, und selbst von den zunehmend extremen Wetterbedingungen in Zeiten des Klimawandels lassen sie sich nicht unterkriegen – auch damit werden ihre Tiere fertig.

Das also sind die Gründe dafür, dass Schafe bis heute so leben, wie sie wollen: Schafe bringen die besten Voraussetzungen für ein Leben in Freiheit mit, und im Schäfer finden sie einen

Menschen, der ihnen dieses Leben selbst dann noch ermöglicht, wenn die Verhältnisse sich so drastisch ändern, als habe sich alles gegen sie verschworen. Von einem Relikt aus grauer Vorzeit kann beim Schäfer also gar keine Rede sein. Auch wenn kein anderer Beruf eine längere Ahnenreihe als der des Schäfers aufweist – er ist ultramodern. Und dasselbe behaupte ich vom Schaf.

Dies alles hat wenig mit Romantik zu tun, zumal der Schäfer seine Schafe nicht allein aus purer Tierliebe hält. Grundsätzlich stimmt natürlich, dass jeder Tierbesitzer die Verpflichtung hat, sich um das Wohl seiner Tiere zu kümmern. Es kommt aber noch hinzu, dass wir von unseren Tieren etwas wollen. Als Schäfer leben wir eben nicht nur mit unseren Schafen und für unsere Schafe, sondern auch von unseren Schafen.

Ein Beispiel: Ich könnte mir meine Arbeit erleichtern und meine Herde im Sommer schon um acht Uhr abends in den Pferch sperren, anstatt sie bis neun Uhr zu hüten. Aber das mache ich nicht, denn ich will für meine Tiere so gut wie irgend möglich sorgen. Jeder, der Schafe hält, ist für sie verantwortlich – folglich sollte er alles tun, was in seiner Kraft steht, damit sie es so gut wie möglich haben; anderenfalls sollte er lieber seine Finger davon lassen. Denn wenn ich schludrig arbeite, erhalte ich früher oder später die Quittung – meine Lämmer gedeihen dann nicht so gut, es kommt zu Krankheiten in der Herde, ich habe Fehlgeburten und tote Mutterschafe. Ihr Bestes geben mir meine Schafe nur dann, wenn auch ich ihnen mein Bestes gebe.

Es Hunderten von Schafen recht zu machen ist allerdings eine Herkulesaufgabe. Schafe sind ein Fulltime-Job; Kompromisse habe ich trotzdem nie gemacht, und meine Kinder wären vermutlich die Ersten, die das betätigen würden. Rückblickend habe ich jedenfalls das Gefühl, die beiden am Handy erzogen zu haben, vom Stall oder von der Weide aus. Haben sie sich vernachlässigt gefühlt? Als ich sie später einmal danach fragte und mit niederschmetternden Antworten rechnete, erfuhr ich zu meiner größten Erleichterung: durchaus nicht. Vielmehr haben sie Haus und Stall als einen einzigen, großen Abenteuerspielplatz empfunden.

Da erinnerte ich mich: Ja, die Nachbarsmädchen und meine Jungen waren unzertrennlich gewesen, und wenn sie nicht mit mir beim Hüten waren, spielten sie stundenlang bei den Lämmern im Stall oder oben auf dem Heuboden, wo sie mit den Heuballen immer neue Verstecke bauten. Nach einer Weile besaßen auch die Nachbarskinder ihre besondere Stallkleidung, die dreckig werden durfte, und bei ihnen daheim gab es sogar einen Platz, wo sie die Kleider wechseln konnten, denn natürlich war alles voller Stroh und Heu, wenn sie abends aus dem Stall kamen. Außerdem hatten wir Meerschweinchen und Hasen und dazu Enten und Gänse, die man in der Badewanne schwimmen lassen konnte – ich wurde wahrscheinlich nicht sonderlich vermisst. Nur Felix reklamiert, dass er bei uns im Haus früher immer auf Nahrungssuche gewesen sei, und es stimmt: Kühlschrank und Speisekammer waren zwar voll, aber regelmäßig gekocht wurde nicht. Dafür war einfach keine Zeit. Doch die Kinder scheinen es genossen zu haben, und ein bisschen Romantik war hier wohl doch im Spiel. Nun ja, meinetwegen.

Ganz oder gar nicht

Etwas außergewöhnlich ist er schon, der Beruf des Schäfers. Ausgefallen sowieso, jedenfalls in unseren Tagen, und dann vielleicht auch etwas geheimnisvoll – was mag ein Schäfer da draußen so alles denken und erleben? Welche Geheimnisse mag er der Natur und seinen Tieren ablauschen? Oder fällt auch das unter romantische Spinnerei?

Ja, das mag schon sein. Aber beginnen wir vielleicht lieber mit den Fakten. Schäfer – oder, wie es in trockenem Amtsdeutsch heute heißt: Tierwirt, Fachrichtung Schaf – ist ein ordentlicher Lehrberuf, und die Ausbildung besteht sowohl aus einem theoretischen wie einem praktischen Teil. Ich habe die Schäferschule in Hohenheim besucht, sie hatten dort eine Versuchsherde, und wenn wir in der Schule waren, brauchten wir für den praktischen Unterricht nur vor die Tür zu gehen. Neben dem Unterricht in allgemeinkundlichen Fächern gab es natürlich auch den fachspezifischen Unterricht, wo solides Schäferwissen vermittelt wurde: Woran erkennt man ein gutes Schaf, welche Merkmale zeichnen einen guten Bock aus, wie berechne ich eine Futterration, worauf kommt es bei der Zucht an? – und so weiter. Schäferromantik war jedenfalls kein Unterrichtsstoff.

Doch selbst mit dem solidesten Schulwissen wird man nicht automatisch ein guter Schäfer. Abgesehen von der Erfahrung im Hüten, die sich mit der Zeit einstellt, wird er die stumme Sprache der Schafe und die seiner Hunde erlernen und ein Gespür entwickeln müssen, das ihn notfalls warnt und alarmiert, ohne dass er sich überhaupt in der Nähe seiner Herde aufhält.

Soll man es Intuition nennen? Etwas zwischen Ahnung und sicherem Gefühl jedenfalls; es macht einen Schäfer für Signale empfänglich, die der normale Mensch nicht mitbekommt. Mir zum Beispiel geht es so: Ich kann zu Hause am Schreibtisch sitzen und plötzlich unruhig werden. Es ist noch gar nicht an der Zeit, nach den Schafen zu sehen, also eigentlich kein Grund zu Nervosität, aber – wenn ich dann rausfahre, ist oft tatsächlich etwas vorgefallen, um das ich mich schleunigst kümmern muss. Erklären kann ich dieses Phänomen nicht.

In der Gesellenprüfung wurde ich gefragt: Woran erkennen Sie, dass ein Schaf krank ist? Der Prüfer wollte eigentlich nur, dass ich ihm sichtbare Symptome aufzähle, das hätte ich wohl auch gekonnt, nur – damit wäre seine Frage trotzdem nicht vollständig beantwortet gewesen. In Wahrheit nämlich reicht mir ein Blick, um Bescheid zu wissen, oder noch weniger. Ich gehe durch die Herde und weiß in kürzester Zeit, was mit jedem einzelnen Tier los ist. Ich brauche keine sichtbaren Symptome abzuwarten, ich spüre, was sich anbahnt, noch bevor ein Schaf die Ohren hängen lässt oder ermattet der Herde hinterherläuft.

Und genauso weiß ich, wann meine Tiere Salz brauchen oder das Gras, das sie gerade rupfen, nicht gehaltvoll genug ist. Natürlich schreien sie manchmal lauthals, wenn ihnen etwas nicht passt. Das hundertfache Geblök, das sie dann anstimmen, ist ihre Art, Wünsche mit Nachdruck zu äußern – bisweilen geht es ihnen einfach nicht schnell genug. Aber ein Schaf, das wirklich leidet, gibt meist gar keinen Laut mehr von sich; trotzdem zieht es meine Aufmerksamkeit auf sich.

Es muss also noch andere Formen der Nachrichtenübermittlung geben, unsichtbare, unhörbare. Wie sich meine Tiere mit mir verständigen, weiß ich natürlich auch aus Erfahrung, aber obendrein kommunizieren sie mit mir über einen sechsten Sinn, den man weder erlernen noch erklären kann – alles, was ich weiß, ist: Er stellt sich durch meine Verbundenheit mit der Herde von selbst ein. So ganz abwegig ist es also nicht, beim Schäfer Übersinnliches zu vermuten. In der Vergangenheit freilich sind die Leute mit ihren Vermutungen noch viel weiter gegangen, und es gab Schäfer, die als Wunderheiler sehr gefragt waren – der Peterswörther Schäfer aus unserem Nachbarort Gundelfingen war so einer.

In den ersten Jahrzehnten des 20. Jahrhunderts soll er ein viel gesuchter Mann gewesen sein. Die Schweine wollen aus unergründlichen Gründen nicht gedeihen, der prächtige Ackergaul siecht ohne erkennbare Ursache dahin? In der bäuerlichen Welt jener Tage kamen reihenweise rätselhafte Krankheitsfälle vor, beim Menschen wie beim Tier, und stets wusste der Peterswörther Schäfer ein Heilmittel oder auch wertvollen Rat – geholfen hat es immer. Handfeste Naturheilkunde und übersinnliche Praktiken waren bei ihm aufs Engste miteinander vermischt, und sein Erfolg rührte wohl nicht zuletzt daher, dass es eben ein Schäfer war, dem man in solchen Angelegenheiten größeres Vertrauen schenkte als dem Arzt. Seine profunde Kenntnis der pflanzlichen und tierischen Kräfte, die sowohl heilende wie auch schädliche Wirkungen haben können, machten ihn zu einem wahrhaftigen Heilkundigen.

Derartige Geschichten sind jedenfalls nicht gerade selten, aber ich halte es in diesem Fall doch eher mit meinem Vater, der für die wunderbaren Fähigkeiten des Peterswörther Schäfers nur die Bemerkung übrighatte: »Er konnte nicht zaubern, weil kein Mensch zaubern kann.« Bei der Intuition aber bleibe ich.

Doch selbst, wenn Wissen und Intuition zusammenkommen – es reicht dem Schäfer nicht zum Überleben. Nicht in unserer Zeit. Nicht einmal sein unermüdlicher Arbeitseifer würde ihn retten. Was er zu allem anderen braucht, ist das Durchhaltevermögen eines Marathonläufers. Ich will einmal kurz zusammenfassen, welche Veränderungen, Umschwünge und Einschnitte wir im Zeitraum der letzten dreißig Jahre erlebt habe.

Bertrand und ich haben uns 1989 selbständig gemacht. Bis dahin war es möglich, von der Schafhaltung zu leben. Mit dem Geld vom Verkauf der Lämmer konnte ich meine Ausgaben und die Lebenshaltungskosten bestreiten. Damals hatte auch ein Schaf noch einen Wert. Dann kam die Wende, und 1990 gingen die Preise in den Keller. Die LPGs in der ehemaligen DDR lösten sich auf, ihre Schafe wurden verramscht, und der Wert eines Schafs sank auf zehn bis zwanzig D-Mark, ein Zehntel des bisherigen Preises. Ich erinnere mich, wie ich mit meinen hundert Schafen dastand, verunsichert und ratlos, ohne eine blasse Ahnung, wie es weitergehen sollte. Wenigstens blieb der Preis der Lämmer einigermaßen stabil.

In den folgenden Jahren jedoch stiegen die Betriebskosten kontinuierlich. Was nicht nach oben ging, war der Preis für Lammfleisch; er liegt heute noch auf dem gleichen Niveau wie vor etwa 25 Jahren. Es gab Prämien und Programme zur Unterstützung der Schäferei, doch die Kosten stiegen schneller als die Subventionen. Was haben die Schäfer gemacht? Sie erhöhten die Kopfzahl ihrer Herden. Wer vorher vierhundert Mutterschafe hatte, verdoppelte die Stückzahl. Ich selbst besaß jahrelang 450 Schafe, mehr ließen meine Weiden nicht zu; andere Schäfer stockten auf sechshundert, achthundert oder gar tausend Mutterschafe auf. Deutlich mehr Schafe bedeuten deutlich mehr Arbeit, das versteht sich von selbst, aber es ging ja ums Überleben, also haben wir mehr gearbeitet.

Irgendwann war der Punkt völliger Erschöpfung erreicht. Der Mensch will ab und zu schlafen, er muss auch gelegentlich essen, von Freizeit und Ferien reden wir gar nicht. Jetzt hieß es: optimieren! Den Betrieb besser organisieren! Also habe ich mich informiert, habe überlegt, gerechnet, das Management und vieles mehr verbessert. Dann gab es nichts mehr zu optimieren, körperliche Schwerstarbeit aber wurde nach wie vor verlangt, und schließlich kam der Moment, in dem sich mein Körper weigerte, die ganze Arbeitssteigerung weiter mitzumachen. Meine Knochen meldeten sich. Und nachdem alles ausprobiert, optimiert und durchorganisiert war, wusste ich mir keinen anderen Rat mehr als eine große Weide, die einfacher zu hüten wäre als dieser Flickenteppich kleiner Weiden, den ich hatte. Allerdings wären wir dann gezwungen gewesen, aus Sontheim fortzuziehen, weil unsere Gegend nun mal keine großen Weiden hergibt, die nicht schon von jemand anderem genützt werden. Da habe ich mir gesagt: Nein, du bist jetzt fünfzig Jahre alt, du gibst nicht alles auf, was du dir aufgebaut hast, um anderswo noch einmal ganz von vorn anzufangen. Was tun? Den umgekehrten Weg einschlagen und wieder reduzieren. Die Weideflächen habe ich auf die Hälfte verkleinert, die Zahl der Schafe auch, und es ist gut gegangen. Wir leben noch – mit nur zweihundert Mutterschafen allerdings am Existenzminimum.

Mit anderen Worten: Unter den heutigen Bedingungen muss man Vollblutschäfer sein und viel Idealismus mitbringen. Mittlerweile gehört dazu auch, in jeden sauren Apfel zu beißen, den einem die Bürokratie zuwirft. Halbherzig oder mit halber Kraft lässt sich die Schäferei jedenfalls nicht betreiben, und für den, der sich drauf einlässt, ist sie eine bittersüße Sache, wie jede Leidenschaft. Der Spaziergänger, der mich an einem strahlend schönen Sonntagnachmittag im Donauried bei meiner Herde stehen sieht, ahnt von alledem nichts; für ihn runde ich das Bild eines schönen Sommertags ab, was ihm gegönnt sei. Aber auch junge Schäfer machen sich oft keine Vorstellung von der Verantwortung, die sie mit einer Herde übernehmen, und wie schnell sich Nachlässigkeiten und Fehler auch finanziell rächen, wenn man es, wie in unserem Fall, mit Lebewesen zu tun hat. Diese

Erfahrung habe ich jedenfalls mit unseren Aushilfen gemacht. Es waren lehrreiche Erfahrungen, wie die drei folgenden Fälle zeigen.

In seinen ersten Jahren in Deutschland verbrachte Francesco den Sommer über stets einige Wochentage in seiner italienischen Heimat, um in seinem alten Beruf als Bauleiter weiterzuarbeiten. In dieser Zeit war ich mit der Herde allein, arbeitete noch mehr als sonst und sah mich schließlich gezwungen, einen Mitarbeiter einzustellen. Eine Aushilfe. Gab es denn nicht genug junge Leute mit Schäferausbildung?

Doch, die gab's. Und wir haben bis auf eine rühmliche Ausnahme auch so unsere Erfahrungen damit gemacht. Die erste war Iris, eine ausgesprochen selbstbewusste junge Schäferin mit zwei sehr temperamentvollen Hunden.

Nun hatte ich auf der Alb ein schwieriges Gehüt, weil die Flächen klein und die Wege dazwischen schmal waren, und nach kurzer Zeit gewann ich den Eindruck, das meine Weiden sie überforderten. Iris hatte diesen Eindruck nicht, obwohl die Schafe bei ihr oft abgehetzt wirkten – vermutlich, weil ihre temperamentvollen Hunde zu viel Druck gemacht hatten. Den einen ihrer Hunde hatte sie schlichtweg nicht unter Kontrolle, außerdem schickte sie ihn auch dann, wenn es nicht nötig war, was die Schafe beunruhigte. Besonders schwieriges Gelände haben wir dann gemeinsam gehütet, aber das war gar nicht in ihrem Sinne, das kratzte an ihrer Ehre, und so trennten wir uns bald wieder. Nun ja, es hätte schlimmer kommen können, wie sich bald zeigen sollte.

Sven kam aus dem Norden. Wir telefonierten zunächst. Was für ihn an einer neuen Stelle das Wichtigste sei, wollte ich wissen. »Dass ich bezahlt werde«, entgegnete er. Nun, daran sollte es nicht scheitern.

Sven fuhr mit einem Leihwagen vor, der außer seinen beiden

Hunden den ganzen Hausrat enthielt. Zu einer ersten Verstimmung kam es, weil er seine Hunde im Haus haben wollte, aber bei uns ist das Haus für die Menschen gedacht, und für die Tiere gibt es Stall und Zwinger; außerdem möchte ich nach einem langen, arbeitsreichen Tag die kurze Zeit des Abends gern hundefrei verbringen. Gut, Sven bezog ein Zimmer in unserem Souterrain, seine Hunde den Zwinger, und dass er mit Sack und Pack angerückt war, beruhigte mich zunächst – dann läuft er uns nicht so bald wieder weg, dachte ich.

Francesco merkte schneller als ich, dass Arbeiten nichts Svens Sache war. Jedenfalls kam unsere neue Aushilfe abends vom Hüten zurück, und immer hatte alles gepasst, immer war alles glatt gelaufen – stets waren alle satt geworden, trotzdem würde das Gras auf der Weide für den nächsten Tag noch reichen, und auch das Wasser ging nie aus, weil die Schafe angeblich keinen Durst gehabt hatten. Ich wurde misstrauisch, wollte ihn aber nicht gleich auf Schritt und Tritt kontrollieren und kaufte ihm seine beruhigenden Erzählungen zunächst ab.

Irgendwann aber klang mir alles doch zu schön, um wahr zu sein. Bei diesem sommerlichen Wetter mussten die Schafe Durst haben, so viel war mir klar. Ich begleitete ihn auf die Weide – und seine Hunde sprangen als Erstes in die Badewannen. Als Wassertröge benutzten wir damals noch nicht die schwarzen Mörtelkübel aus dem Bauhaus, sondern alte Zinkbadewannen, in denen sich nach dem Krieg die wöchentliche Badezeremonie am Samstagnachmittag abgespielt hatte. In allen diesen Wannen wälzten sich nun seine Hunde – und daraus sollten die Schafe dann trinken? Das machen sie nicht, daran ist gar nicht zu denken. Und was mir schon nach ein paar Tagen aufgefallen war: Einige Lämmer hatten Wunden. Darauf angesprochen, nahm er seine Hunde in Schutz – das mussten meine Hunde gewesen sein. Aber ich kannte meine Hunde. Noch nie hatte ich am Tag drei Lämmer gehabt, deren Verletzungen versorgt werden mussten. Aber nein, Svens Schuld war es nicht. Und dann starb ein Schaf an Bissverletzungen.

Tatsächlich waren seine Hunde zu scharf. Und weil sie den Schafen Angst machten, fraßen sie auch schlecht; sie standen nur dicht zusammengedrängt und brachten vor Angst kaum einen Bissen herunter. Am Ende wogen meine Lämmer etliche Kilo weniger als sonst, wobei ich noch Glück hatte, dass sie nicht längst verdurstet waren. Eine meiner Erinnerungen an Sven aber ist die Sache, die ihm am Vogelherd passierte; so kurios, dass ich heute noch den Kopf schütteln muss.

Vogelherd ist der Name eines Ortes auf der Alb, der für seine archäologischen Funde berühmt geworden ist. Dort führte die Strecke, die man von einer Weide zur anderen nehmen musste, durch einen Wald, was mir immer sehr lieb war, weil es hier gefahrlos und ohne Probleme durchging. Am Waldrand wären wir an den Getreidefeldern der Bauern entlanggelaufen, dort hätte ich unablässig den Hund schicken müssen, aber auf diesem Waldweg hatte der Schäfer seine Ruhe, die Schafe hatten ihre Ruhe und die Hunde auch. Und ich weiß nicht, wie er es fertiggebracht hat, jedenfalls – als ich auf seinen Hilferuf hin am Ort des Geschehens eintraf, trat mir ein Sven mit hochrotem Kopf und zwei Hunden, aber ohne Schafe entgegen. Die Herde hatte sich zerstreut, war zwischen den Stämmen hindurch entwischt und stand inzwischen meterweit schmausend im Getreide. Keine Ahnung, wie er das geschafft hatte.

Sven ist vorzeitig und freiwillig gegangen. Anschließend habe ich mich hingesetzt und gerechnet und herausgefunden: Der Schaden, den er verursacht hatte, entsprach ziemlich genau der Summe, die ich ihm als Lohn ausgezahlt hatte. Da verstand ich, warum ihm bei unserem ersten Telefonat so sehr daran gelegen gewesen war, bezahlt zu werden.

Um es kurz zu machen: Die dritte Aushilfe war Sibylle. Beim Hüten hatte sie die Kopfhörer auf und las Zeitung. Eines Tages fiel ihr ein wunderschönes, schlachtreifes Lamm um – von ihrem Hund zu Tode gehetzt. Dann kam es zu Frühgeburten, zu unterentwickelten Lämmern und Mutterschafen, die keine Milch hatten, alles aufgrund von Hütefehlern, und am Ende war ich ein nervliches Wrack.

Das Kapitel »Aushilfen« war für mich vorerst beendet.

Die Kunst des Hütens

Ja, man kann viel falsch machen. Schafehüten ist nicht so leicht, wie es aussieht. Viele Fehler ergeben sich daraus, dass man die Hunde falsch einsetzt. Wo lasse ich den Hund laufen, an welcher Grenze? Wie schicke ich ihn im Engweg richtig, wie im Verkehr? Wo stelle ich ihn hin? Wo stehe ich selbst in der Herde? Das alles gehört zum Handwerk. Die Kunst des Hütens umfasst aber mehr, vieles davon ist für den Laien gar nicht wahrnehmbar, weil er das Verhalten einer Herde nicht beurteilen kann, das Fressverhalten vor allem. Wer als zufälliger Zuschauer einen Schäfer mit seiner Herde beobachtet, ahnt daher nicht, dass es sich bei der Tätigkeit – oder augenscheinlichen Untätigkeit – eines Schäfers um eine Kunst handeln könnte. Ich bin aber sehr wohl dieser Meinung. Wobei wir sorgfältig zwischen Schäfer und Hirte unterscheiden müssen.

Bevor in der Weihnachtsgeschichte der Bibel der Engelschor auftritt, heißt es: »Es waren aber Hirten auf dem Felde.« Also Schäfer? Die Frage ist berechtigt, denn Hirte und Schäfer ist nicht dasselbe. Jeder Schäfer ist auch ein Hirte, aber das gilt nicht umgekehrt. Ein Hirte beaufsichtigt seine Tiere, und das können Schafe, es können aber auch andere Tierarten wie Rinder, Ziegen, Schweine, Rentiere, Pferde, Kamele oder Yaks sein. Wenn sich seine Herde bewegt, geht der Hirte inmitten seiner Tiere oder treibt sie von hinten vor sich her. Ein Schäfer dagegen hütet Schafe, und wenn sie weiterziehen, setzt er sich an die Spitze und führt seine Herde an. Bei Menschen, die des Nachts mit ihrer Herde im Gelände lagern, kann es sich grundsätzlich sowohl um Hirten als auch um Schäfer handeln, aber Martin Luther trifft mit seiner Übersetzung wohl ins Schwarze: Es müssen dort bei Bethlehem Hirten gewesen sein. Warum, werden Sie gleich sehen.

Doch zunächst: Was genau bedeutet Hüten? Angenommen, eine Weide ist viele Hektar groß, sie reicht, so weit das Auge reicht, und auf allen Seiten verhindern Hecken, dass Tiere ausbrechen können. Der Schäfer öffnet seinen Schafen morgens den Pferch, lässt sie fressen wo immer sie wollen, überlässt sie mittags für zwei Stunden sich selbst und nimmt seinerseits etwas zu sich, kommt dann zurück und sperrt sie abends wieder ein – hat er die Schafe gehütet? Nein. Er hat mit dieser weitläufigen, geschützten Weide Idealbedingungen angetroffen und sich deshalb auf die Arbeit eines Hirten beschränken können, die im Beaufsichtigen besteht.

Aber wo findet man derartig riesige Weideflächen? Allenfalls im Norden und Osten Deutschlands, bei uns im Süden jedenfalls nicht, wir können davon nur träumen. Hier sind die Flächen bekanntlich erheblich kleiner, und allein diesem Umstand ist es zu verdanken, dass in Württemberg vor Jahrhunderten das entstand, was man mit Hüten meint.

Nun besteht die Aufgabe des Schäfers ja zunächst einmal schlicht und einfach darin, seine Schafe 365 Tage im Jahr satt zu bekommen, bei jedem Wetter und egal, wie das Futter beschaffen ist. Das klingt wie eine Selbstverständlichkeit, ist es aber nicht. Denn der berittene Schäfer, der in Georgien mit seiner Riesenherde von zweitausend bis dreitausend Schafen durch menschenleere Gegenden über Berghänge von strotzendem Grün zieht, kennt das Problem, seine Tiere satt zu bekommen, gar nicht. Er braucht sich nicht den Kopf darüber zu zerbrechen, wie er das vorhandene Futter einteilt, ob es für einen Tag oder die ganze Woche reichen wird, wann eine Wiese sauber abgehütet ist und wann es an der Zeit ist weiterzuziehen. Er schöpft aus dem Vollen, seine Schafe schwimmen gewissermaßen im Überfluss, und seine Aufgabe ist daher die eines Hirten, nicht eines Schäfers.

Der Unterschied zwischen diesem georgischen Hirten und den Schäfern unserer Gegend könnte größer nicht sein. In den 70er-Jahren wäre er am stärksten ins Auge gesprungen, als ich noch selbst Wegränder abgehütet habe – da stand mir ein Grasstreifen von zwei bis höchstens vier Metern Breite links und rechts der Straße zur Verfügung, dahinter begann das Kornfeld, der Acker mit den verbotenen Feldfrüchten des Bauern. Ab und zu näherte sich ein Traktor, dann musste ich meine Herde aus dem Weg räumen, um ihn vorbei zu lassen. Das war jeweils der Augenblick, in dem meine Hunde zeigen durften, was sie konnten: Um die Straße frei zu bekommen, musste der eine von dort her ordentlich Druck machen und die ganze Herde auf wenige Meter Breite zusammenstauchen, gleichzeitig wehrte der zweite Hund auf der anderen Seite, um die Ackerfrucht vor Schafen zu schützen, die die Gelegenheit zu einer Zwischenmahlzeit witterten.

Die Tiere auf einem so engen Gehüt am Fressen zu halten, war schwierig genug, und die Unruhe, die jedes Ausweichmanöver in die Herde brachte, machte mir meine Aufgabe nicht leichter, aber rückblickend würde ich sagen: Es war eine hervorragende Grundausbildung zum Schäfer, weil die Bedingungen mich zu Genauigkeit, Konzentration und Geistesgegenwart gezwungen hatten. Natürlich war es anstrengend gewesen. Als ich später größere Wiesen hüten durfte, war ich froh, meine Schafe nicht mehr eng halten zu müssen, und gab grundsätzlich sofort die ganze Wiese zum Abgrasen frei.

Was nicht unbedingt immer das Klügste ist. Denn Merinos rennen gewöhnlich erst einmal bis zum anderen Ende einer Wiese, egal, wie groß sie ist, um sich dann umzuwenden und einen interessierten Blick zurück zu werfen – war das Futter am

Anfang nicht vielleicht doch schmackhafter? Also wieder zurückgerannt. Nachdem sie aber zweimal über ihr Futter getrampelt sind, ist es natürlich nicht mehr ganz so frisch, und schon sind meine Merinos mit dieser Wiese unzufrieden.

Vor Jahren beobachtete ich eine Schäferin, die einen Teil der Weidefläche zunächst zurückhielt. Ich wäre nicht drauf gekommen, aber es leuchtete mir sofort ein. Lasse ich meinen Schafen ihren Willen, laufen sie los, zertreten viel Futter und fressen dann nur noch hier etwas und dort etwas. Habe ich aber eine nahrhafte Wiese zu hüten, sollen die Schafe auch alles fressen – eine solche Weide ist ja ungemein wertvoll –, da mag dann auch weniger Schmackhaftes dabei sein. Folglich stehe ich als Schäfer vor demselben Problem wie eine Mutter, die ihren Kindern eine Mahlzeit aus Vorspeise, Hauptgang und Nachtisch gleichzeitig vorsetzt und den Nachwuchs frei entscheiden lässt – alle werden vermutlich gleich zum Schokoladenpudding oder zum Vanilleeis greifen und anschließend kaum noch dazu zu bewegen sein, auch die Suppe und den Spinat zu essen. Und zwei Stunden später wird der Erste schon wieder Hunger anmelden. Mit anderen Worten: Ich muss meine Schafe dazu bringen, die ganze Weide ungeachtet ihrer Vorlieben und Abneigungen nach und nach sauber abzugrasen – aber wie?

Das kann man bei erfahrenen Schäfern sehen. Sie lassen ihre Schafe nicht nach Lust und Laune ausschwärmen. Sie hüten auch auf großen Flächen immer in Formation, wobei sie die Herde halbkreisförmig oder auch als Dreieck in breiter Front aufstellen; der Hund wehrt dann vorne, und zwar mit so viel Gefühl, dass er den Vorwärtsdrang der Tiere bremst, ohne sie zum Stehen oder gar zum Umkehren zu bringen. Hund und Schäfer müssen dabei Präzisionsarbeit leisten, aber jetzt steht Schaf an Schaf, und die Weide wird ohne Hast fein säuberlich abgehütet.

Nicht ganz einfach. Vor allem, wenn man bedenkt: Stelle ich sie zu eng, fressen sie nicht mehr – auf ein gewisses Maß an Bewegungsfreiheit legen sie schon wert. Stelle ich sie aber zu weit, laufen sie zu schnell. Dazu kommt: Je nasser das Wetter, je feuchter die Weide, desto mehr Platz brauchen sie. Darauf muss ich mich einstellen und an trockenen Tagen die kleineren Stücke, bei Regen die größeren hüten. In jedem Fall bekomme ich sie dann am besten satt, wenn ich die Herde morgens auf ein schon abgegrastes Stück führe und ihr am Ende des Tages, als Schokoladenpudding sozusagen, das frischste Futter vorsetze. Das gilt für Frühjahr, Sommer und Herbst; im Winter, wenn alles unter einer Schneedecke liegt, hilft allerdings nur noch ein guter Riecher oder der sechste Sinn.

Es kommen aber auch Hütefehler mit tödlichen Folgen vor, oft genug gerade dann, wenn man es zu gut mit seinen Schafen meint. Eine Spezialität meines Vaters war das übergällige Hüten im Frühjahr. In diesem Fall vergrößert sich die Galle, weil die Leber den hohen Eiweißgehalt von jungem Gras nicht verarbeitet, bisweilen mit tödlichem Ausgang. Wenn mein Vater nun von der Höri kam, wo seine Schafe nach einem langen, harten Winter viel trockenes, kurzes Gras gefressen hatten, und eine milde Gegend am Ufer des Bodensees erreichte, stand quasi von einem Tag auf den anderen handlanges, frisches Gras zur Verfügung, und er wäre kein guter Schäfer gewesen, hätte er seinen Tieren dieses Festmahl vor der beschwerlichen Heimreise nicht gegönnt. Regelmäßig kam es dann zu Todesfällen, vorzugsweise unter den schönsten Lämmern, die am besten gefressen hatten. Natürlich wusste mein Vater um diese Gefahr, aber er brachte es nie übers Herz, seine Herde rechtzeitig von solchen Wiesen abzuziehen – ihm waren sie ja genauso paradiesisch erschienen wie seinen Tieren.

Ich kenne das. Ich habe auch schon erlebt, dass zu viel Wohlwollen sich rächen kann. Man freut sich ja, wenn man seinen Schafen einmal Raps, Klee oder jungen Getreideaufwuchs bieten kann. Die Komplikationen, die eintreten können, sind ja bekannt, und ich war immer vorsichtig gewesen – zwanzig Minuten, nicht länger, sonst kommt es wegen des hohen Eiweißgehalts womöglich zu Schaumgärung, der Magen bläht sich auf, drückt auf Lunge und Speiseröhre, und das Schaf erstickt. Ja, man weiß es, aber dann passiert es doch.

An jenem Tag hörten sie plötzlich auf zu fressen. Bei einigen wölbten sich die Bäuche schon, als wären es Luftballons. Ich stellte sie vorsichtig zusammen, denn in diesem Zustand kann jede heftige Bewegung tödlich sein. Was sollte ich machen? Die sicherste und hässlichste Methode wäre, die Magenwand von außen mit einem spitzen Metallrohr zu durchstechen und die Luft abzulassen, aber ich hatte keins dabei, und außerdem kann es lange dauern, bis die Wunde heilt; der Mageninhalt läuft dann wochenlang an der Seite herunter. Auch eingeflößtes Speiseöl reduziert die Schaumbildung im Magen – wenn denn welches zur Hand ist. Blieb also nur ein drittes Verfahren: Ich schnappte mir das erste aufgeblähte Lamm und versuchte es mit »Fausten«. Nahm mit der linken Hand sein Maul und bewegte es hin und her, um es zum Kauen zu bringen – Kauen regt den Speichelfluss an, was wiederum der Gasbildung entgegenwirkt –, drückte mit der rechten Hand in den aufgeblähten Bauch, um es zum Rülpsen zu bringen – auch das hilft, weil dadurch Luft aus dem Magen entweichen kann –, und hatte Erfolg. Bei diesem Lamm. Aber bei vielen anderen nicht. Eins nach dem anderen fielen meine schönsten Lämmer um, und wir mussten mehrmals mit dem Transporter kommen, um sämtliche toten Schafe und Lämmer von der Weide zu holen.

Glücklicherweise sind solche dramatischen Hütefehler selten. Meist geht es nicht um Leben und Tod, aber auch wenn man die Weiden wechselt, kann allerhand passieren.

Der Schäfer vorweg, setzt sich die Herde in Marsch, Hunderte von Tieren, nach wie vor mit Appetit gesegnet, kommen in Bewegung, und jetzt wird es mit der Kontrolle schwierig. Rechterhand liegt die gute Wiese eines Bauern, die für die Schafe genauso tabu ist wie die Mais- und Weizenfelder linkerhand, und wenn nun das Getreide reif, die Schafweiden ausgetrocknet und die Schafe entsprechend hungrig sind, ist es schon ein Kunststück, Fehltritte zu verhindern. Es kommt dann alles auf die Hunde an. Immer wieder müssen sie eingreifen und sich Respekt verschaffen, denn – gehen sie zu zaghaft vor, fressen die Schafe völlig unbeeindruckt dort, wo sie nicht sollen, packen sie eins aber zu grob an, kommt es zu Verletzungen, die selbstverständlich zu vermeiden sind. Unterwegs, dann besonders, braucht man Hunde, auf die hundertprozentig Verlass ist. Und dies alles, die strategisch kluge Einteilung des Futters, die weise Voraussicht bei willkommener, aber nicht unbedenklicher Nahrung, der wirksame Einsatz der Hunde und das sichere Führen der Herde durch eine moderne und dicht besiedelte Kulturlandschaft, all das gehört zur Kunst des Hütens.

Das liebe Wetter

Es war bei Albeck, einem Dorf auf der Alb. Wir hüteten an einem abgelegenen Wacholderheidehang, ziemlich steil, und abends bat ich Francesco, den Pferch nicht unten in der Senke, sondern oben aufzubauen, auf der Hügelkuppe, wo sie bei Regen im Schutz der Bäume trocken stehen würden. Warum er den Pferch trotzdem unten hinstellte? Keine Ahnung, was er sich dabei gedacht hatte, abgemacht war es jedenfalls nicht. Als ich kam, um die Herde einzupferchen, beließ ich es aber bei dieser Lösung – wer weiß, vielleicht hatte er einer Intuition gehorcht.

Kaum hatten wir uns im Auto auf den Heimweg gemacht, brach ein orkanartiger Sturm los, der bis heute unvergessen ist. Er warf Bäume um, riss sie regelrecht aus der Erde; nur mit Mühe erreichten wir Sontheim und fühlten uns selbst im Haus nicht sicher. Und meine Schafe? Zerfetzte der Sturm gerade die Elektronetze? Wirbelte er gerade meine Schafe durch die Luft? Kaum hatte der Sturm sich tief in der Nacht gelegt, saßen wir schon wieder im Auto, Richtung Albeck. Es regnete in Strömen. Kurz vor dem Ziel nahmen wir den Feldweg durch eine kleine Ansammlung von Aussiedlerhöfen, liefen dann den Hang hinunter in die Senke und machten uns schon auf den schlimmsten Anblick gefasst: Ist die Herde überhaupt noch da, oder sind die Schafe vom Orkan in alle Winde zerstreut? Liegen sie womöglich tot am Boden, von Bäumen erschlagen. Was sahen wir? Meine Herde, vollzählig innerhalb eines intakten Pferchs – sie hatten dort unten genau im Windschatten gestanden. Alles, was nicht niet- und nagelfest gewesen war, hatte dieser Orkan mitgenommen und hinweggefegt, mit Ausnahme unserer Herde.

Ja, wenn ich das Wetter vorhersehen könnte … Mir als Schäferin wird das von vielen zugetraut. Es wäre ja auch zu schön, wenn meine Schafe klüger wären als die Wettersatelliten im All, aber zu Wetterpropheten taugen sie nur bedingt. Das heißt: Langfristige Prognosen sind nicht ihr Fall, aber einen bevorstehenden Wetterumschwung kann man an ihrem Verhalten manchmal doch ablesen.

Wenn die ganze Herde im Sommer zäh wie Gummi ist, kann man sicher sein, dass ein Gewitter im Anmarsch ist. Dann ist ihnen jede Bewegung zu viel – wenn man sie lockt, kommen sie nicht, und wenn man den Hund schickt, behandeln sie ihn wie Luft. Schauen doch welche freundlicherweise in meine Richtung, wenden sie die Köpfe gleich wieder ab und stecken sie zusammen wie eine eingeschworene Bande. Es wäre ja von Vorteil, wenn wir rechtzeitig eine geschützte Stelle erreichen könnten, eine Gruppe von Sträuchern zum Beispiel, wo jeder von uns vor heftigen Windböen und Hagel geschützt wäre, oder das Auto, in dem mein Regenmantel liegt, aber da machen meine Schafe nicht mit, kein Gedanke dran.

Im Winter hingegen, wenn Schneefall bevorsteht, schlagen sie sich am Vortag den Bauch voll und wollen gar nicht mehr aufhören zu fressen. Wobei sie im Prinzip gegen Schnee nicht viel haben. Ideal ist eine dünne Schneeschicht bei leicht gefrorenem Boden und Sonnenschein, weil das Futter dann sauber bleibt, so wie sie es lieben; ist das Gras aber nass und der Boden aufgeweicht, treten sie in den Hungerstreik, denn was sie da an Erde und Kot ins Futter getreten haben, passt ihnen überhaupt nicht. Richtige Kälte aber macht ihnen nichts aus, viel weniger auf jeden Fall als dem Kamerateam, dass mich einmal im Januar draußen bei der Herde filmen wollte.

Sie waren sich wohl sicher, warm genug angezogen zu sein. Aber seit Tagen blies ein eisiger Wind, so heftig, dass ich mich kaum auf den Beinen halten konnte, und der Tonmann des

Teams lief nach einer Viertelstunde bereits blau an, bekam dann Schüttelfrost und machte mir ganz den Eindruck, als würde er in absehbarer Zeit erfrieren. Eine weitere Viertelstunde später zog das ganze Team schon wieder ab, und ich blieb mit der Gewissheit zurück, dass es diesmal schwer werden würde, ein verklärtes Bild vom Leben des Schäfers zu geben.

Auch bei Nebel und Nieselregen werden die Stunden lang, wenn sich die feuchte Kälte allmählich durch alle Kleiderschichten frisst. Es wäre noch auszuhalten, wenn ich mich bewegen dürfte, aber die Schafe würden von meiner Unruhe vom Fressen abgelenkt. Sobald ich anfange, hin und her zu laufen, tun sie es auch, und ich will ihnen keinen Anlass dazu liefern. Bin ich nicht warm genug angezogen? Der Rat meines Vaters lautete stets: Zieh dich so dick an wie möglich, aber nie so dick, dass du nicht wieder auf die Beine kommst, wenn du hinfällst. Wenn man lange Zeit steht, ist man allerdings nie warm genug angezogen, und wenn man läuft, weite Strecken läuft, was ja vorkommt, ist man immer zu warm angezogen und hinterher nass geschwitzt. Meine Schafe kennen dieses Problem nicht.

Bei großer Hitze wiederum ist die Kleidung kein Problem, wohl aber das Hüten. Ich fange früh morgens an, stelle die Herde mittags in den Schatten, lege eine ausgedehnte Mittagspause ein, lasse sie abends wieder raus und hüte bis zum Einbruch der Nacht. An solchen Tagen verlangen sie vor allem nach Schatten, Wasser und Salz. Ist das Gras der Wacholderheiden auf der Alb ausgetrocknet, kann ich das Wasserfass mehrmals am Tag auffüllen, weil eine Herde von mehreren hundert Schafen bei sengender Hitze Unmengen von Wasser trinkt, Tausende von Litern. Falls das Gras frisch ist, brauchen sie viel weniger Wasser, ist es obendrein nass, decken sie ihren Flüssigkeitsbedarf vollständig über das Gras, und die mühsame Wasserbeschaffung entfällt.

Ideal ist im Hochsommer eine Weide, die an einen der Baggerseen hier im Donauried grenzt, wo die Schafe das Wasser gleich vor der Nase haben. Die Ufer dort sind mit Schilf und Sträuchern bewachsen, und zusätzlich zum Gras finden sie hier als willkommene Abwechslung grüne Blätter und Stängel vor. Was ein Spaziergänger eines Tages zu dürftige Kost fand und meinte, im Namen meiner Schafe protestieren zu müssen: »Gibt es für Ihre Schafe nichts anderes als dieses trockene Zeugs?« Der Mann hatte recht. Ich hätte besser daran getan, jedem Schaf zehn Euro zu geben und alle in die nächste Pizzeria zu schicken.

Aber so schön es am Baggersee ist, an feuchtheißen Tagen geht die Belagerung von Schafen und Schäfer los. Den Anfang machen die Bremsen, die jeden unbedeckten Körperteil, jedes Stück freie Haut wieder und wieder angreifen. Dann kann der Stoff meines Hemds nicht dick genug sein; wenn sie mich schließlich aber zu Hunderten umschwirren, hilft nur noch ein Tuch und unablässiges Wedeln. Gegen Abend werden sie von den Mücken abgelöst, die sind noch lästiger, sie finden jedes Schlupfloch, sie bohren sich durch die Knopflöcher, sie kommen von unten durchs Hosenbein, sie versuchen es im Ohr, hinterm Ohr, auf der Nase und in der Nase …Und dann die Gewitter.

Draußen bei der Herde sind mir Gewitter, die unverrichteter Dinge über mich hinwegziehen, die liebsten. Nur tun sie das leider nicht immer. Manche entladen sich genau über uns, bisweilen folgen mehrere aufeinander. Aus meiner Lehrzeit ist mir eine besonders heftige Gewitterfront in Erinnerung geblieben. Ich hütete zwischen Baggerseen, und überall, auch in nächster Nähe, schlugen Blitze ein. Es krachte fürchterlich, der Donner ließ keine Sekunde auf sich warten, und es schüttete. Es schüttete wie aus Kübeln, fette Regentropfen zerplatzten auf dem Schotterweg, die Pfützen warfen faustgroße Blasen. Schließlich floss das Wasser gar nicht mehr ab, es stand zentimeterhoch, Seen und Straße waren kaum noch zu unterscheiden, und um mich herum schlugen knallend die Blitze ein. Ich war mir sicher: Beim nächsten Blitz bist du dran. Da ließ ich die Schafe stehen und rannte um mein Leben, kilometerweit, bis ich zu Hause war. Später fuhren wir mit dem Auto raus und stellten zu unserer großen Erleichterung fest: Alle Schafe lebten noch, keins war vom Blitz getroffen worden, und die Herde hatte geduldig auf ihrer umtosten Wiese ausgeharrt. Sie hätten ja auch – nur zum Beispiel – auf die nahegelegene Bundesstraße laufen können.

Normale Schauer dagegen sind einigermaßen erträglich, sieht man davon ab, dass Schafe nasses Gras nicht mögen und deshalb lustlos fressen. Zu schaffen macht ihnen der Regen zwar nicht, aber auch Schafe werden am Kopf nass und finden ein triefendes Gesicht genauso unangenehm wie Menschen im Büro. Als Schäferin, die den ganzen Tag im Freien steht, hätte ich mehr Grund zum Klagen, wenn mir der Regen Stunde um Stunde auf den Hut prasselt, die Tropfen vom Hut auf den Mantel kullern und sich von dort in kleinen Bächen den Weg ins Gras suchen. Dann stehe ich da, und der Regen hüllt alles ein, die Landschaft, die Herde, die Hunde und mich. Die ganze Welt verschmilzt zu einer Einheit.

Die drei Musketiere

Wer meine Herde etwas gründlicher mit den Augen absucht, wird sie bald entdeckt haben – meine Ziegen. Im Getümmel der großen Merinoschafe gehen sie leicht unter, es sind ja auch nicht viele, mal acht, mal zehn, aber dann stechen aus der Masse der Schafspelze plötzlich gekrümmte Hörner heraus, oder eine meiner Ziegen richtet sich am Rande des Gehüts in einem Gesträuch auf, macht den Hals lang und beginnt mit sichtbarem Vergnügen Blätter abzuzupfen – aha, sagt sich der Beobachter, da gibt es also noch etwas anderes als Schafe in dieser Herde, und ist von seiner Entdeckung meist außerordentlich angetan. Schafe sind ja auch schön, aber Ziegen …

Die drei Musketiere, so hat Nicola, meine – damals zukünftige – Schwiegertochter unsere Ziegendrillinge genannt. Deren Mutter war Clara, und wie Ziegen es ganz generell immer wieder schaffen, so setzte mich auch Clara in Erstaunen. Allein, wie energisch sie ihre Kinder bewachte und beschützte und zusammenhielt! Schon bald habe ich die Mutter mit ihren Kleinen in die Herde getan, mit zwei Wochen, viel früher als üblicherweise die Lämmer, denn Ziegen im Stall, ob groß oder klein, strapazieren die Nerven. Dort draußen ließ Clara anfänglich keins ihrer Kinder aus den Augen und achtete streng auf Disziplin – und wehe, ein Schaf oder ein Lamm kam ihnen zu nahe, sofort war sie in Angriffsstimmung.

Ziegen verhalten sich anders als Schafe, und das kämpferische Selbstbewusstsein ihres ursprünglichen Charakters, verbunden mit großer Individualität, schlägt immer wieder durch.

Oft habe ich beobachtet, dass sie sich einen Großteil ihres natürlichen Instinkts bewahrt haben. Einmal, es war im Winter, im Januar, war eine meiner Ziegen hochträchtig. Eigentlich hatte ich vor, sie rechtzeitig in den Stall zu bringen, zumal es ausgesprochen ungemütlich auf der Weide war, kalt, windig und regnerisch, doch anders als bei Schafen gibt es bei Ziegen keine eindeutigen Anzeichen für eine bevorstehende Geburt, das kann sehr schnell gehen, und so war es auch jetzt. Kaum war mir aufgefallen, dass es bald losgehen würde, rief ich Nicola an und sagte ihr Bescheid, weil sie unbedingt einmal bei der Geburt eines Zickleins dabei sein wollte. Sie setzte sich gleich ins Auto, aber die Ziegenkitze waren schneller. Hinter einem dicken Baumstamm, eingebettet in zwei Wurzeläste, wohl der einzige trockene und windgeschützte Platz weit und breit, kamen sie zur Welt, und als Nicola eintraf, hatten die beiden Neugeborenen bereits das Euter gefunden und getrunken.

Ziegen haben viel engere Familienbande als Schafe. Sie halten zusammen wie Pech und Schwefel. In der Herde bewegen sie sich meist als Gruppe und wühlen sich manchmal wie ein Stoßtrupp durch die Schafe, und im Pferch machen sie ebenfalls ihr eigenes, separates Lager auf – vorausgesetzt, sie sind miteinander verwandt. Vor vielen Jahren – wir hatten eben unsere ersten Ziegen angeschafft – erstanden wir von einem Nachbarn Gertrude. Stolz führten wir sie an einem Strick nach Hause, ohne Transportzulassung, ohne Begleitpapiere, ohne Ohrmarke – das waren noch Zeiten! Sie war eine gute Ziege, doch akzeptiert war sie als Dazugestoßene im Kreis ihrer Artgenossen nie. Es scheint ihr nichts ausgemacht zu haben. Von allen gemieden und immer für sich allein unterwegs, wurde sie trotzdem sehr alt.

Bei aller Bewunderung jedoch sind Ziegen aus Sicht des Schäfers eigentlich unmöglich. Wie Schafe hüten lassen sie sich jedenfalls nicht, dafür sind sie zu ausgeprägte Individualisten, weswegen Ziegen nur einen geringen Prozentsatz der Herde

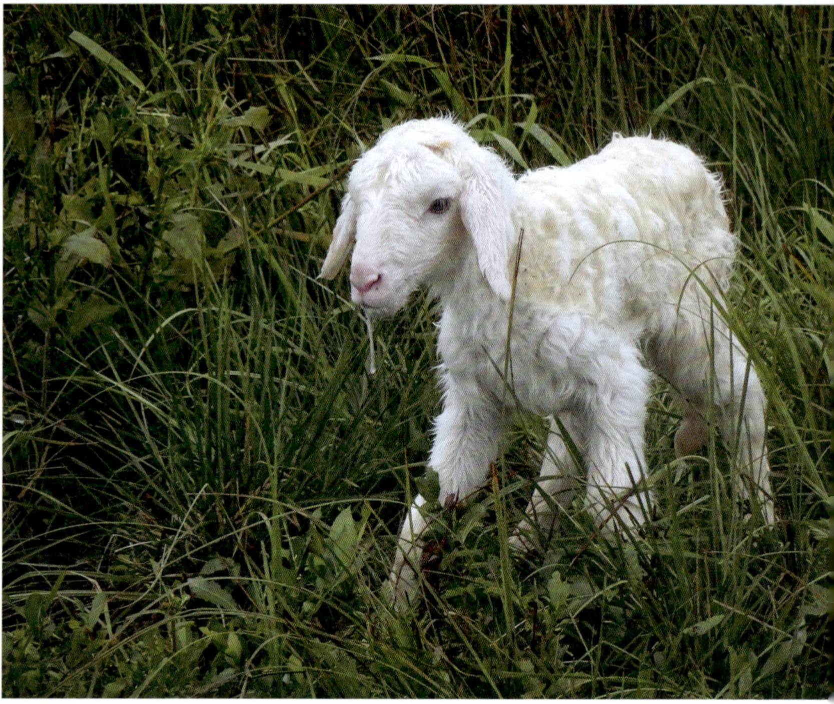

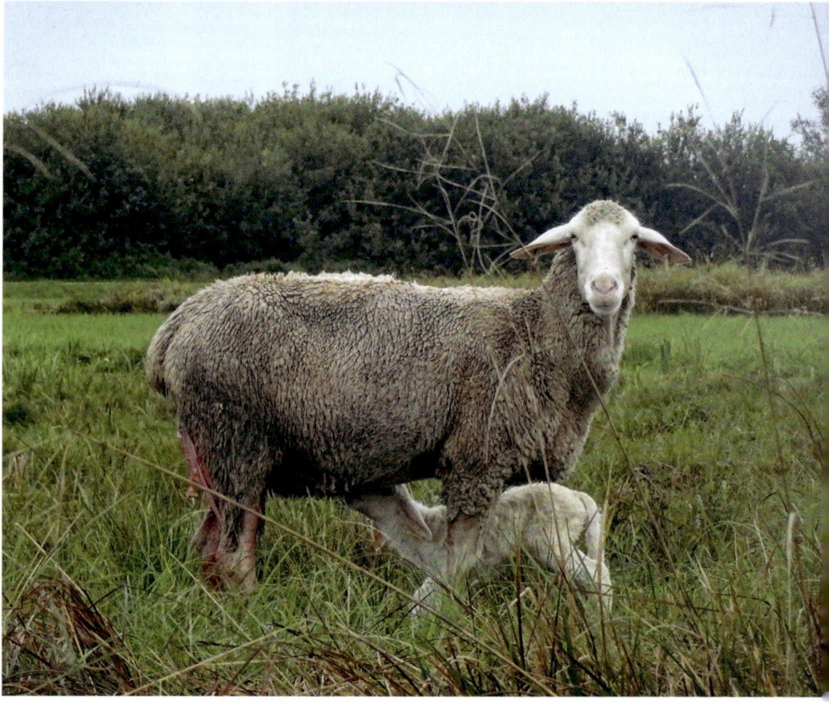

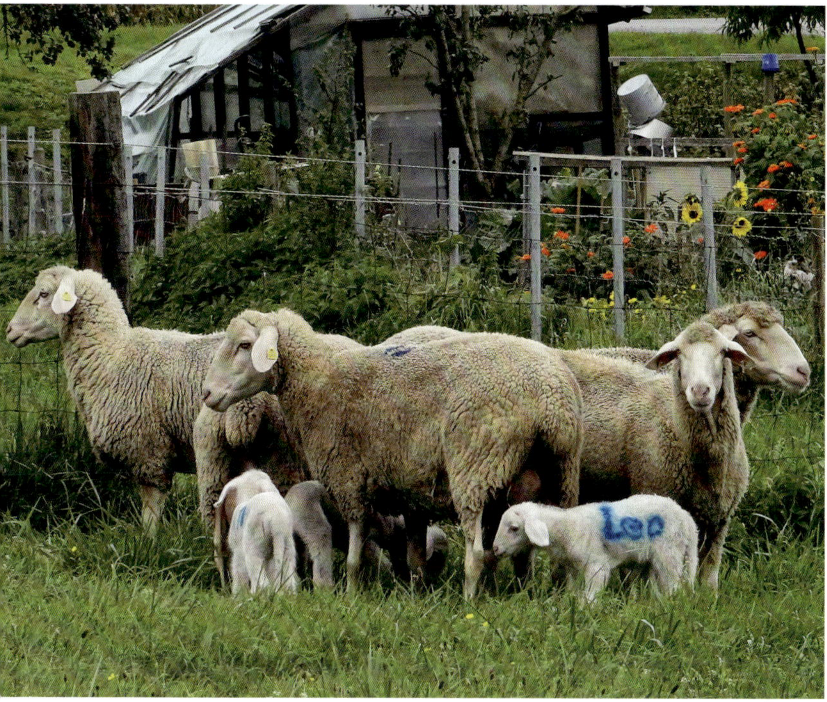
Leo

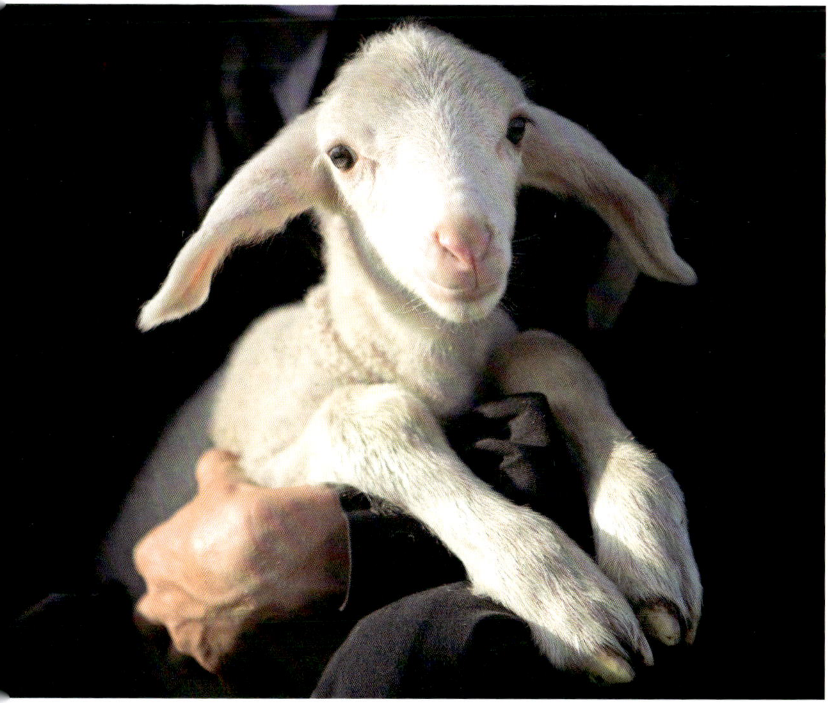

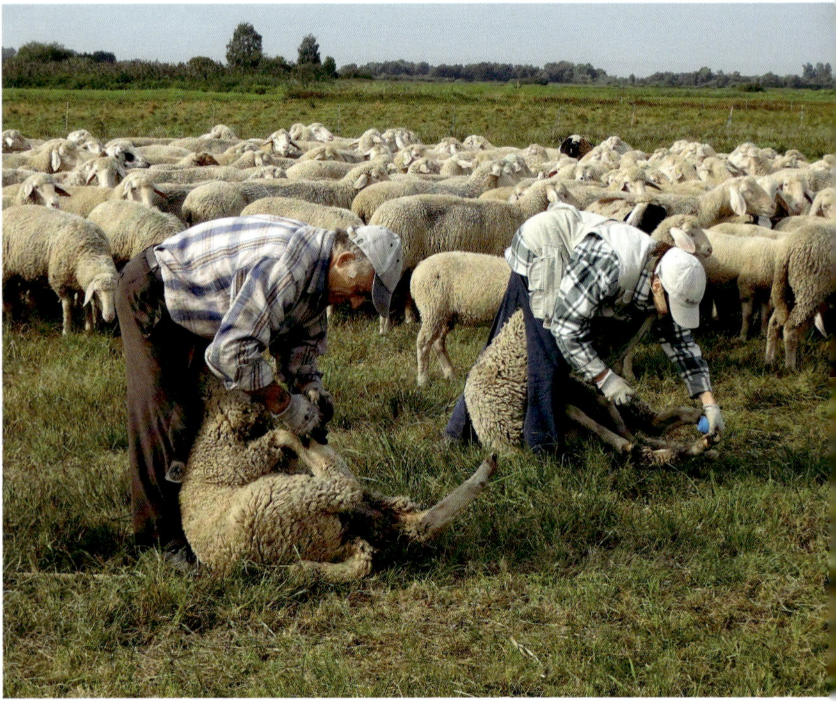

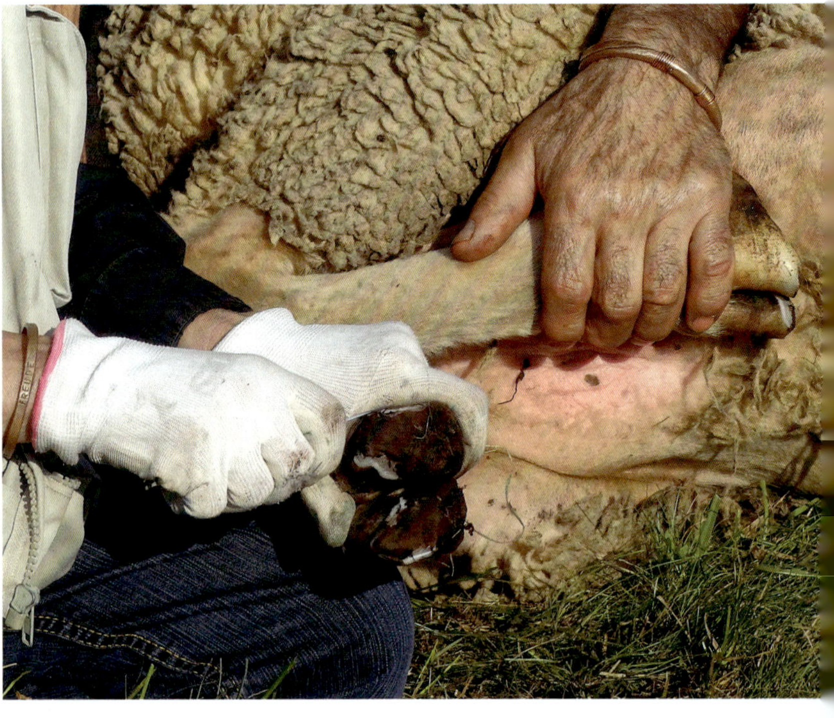

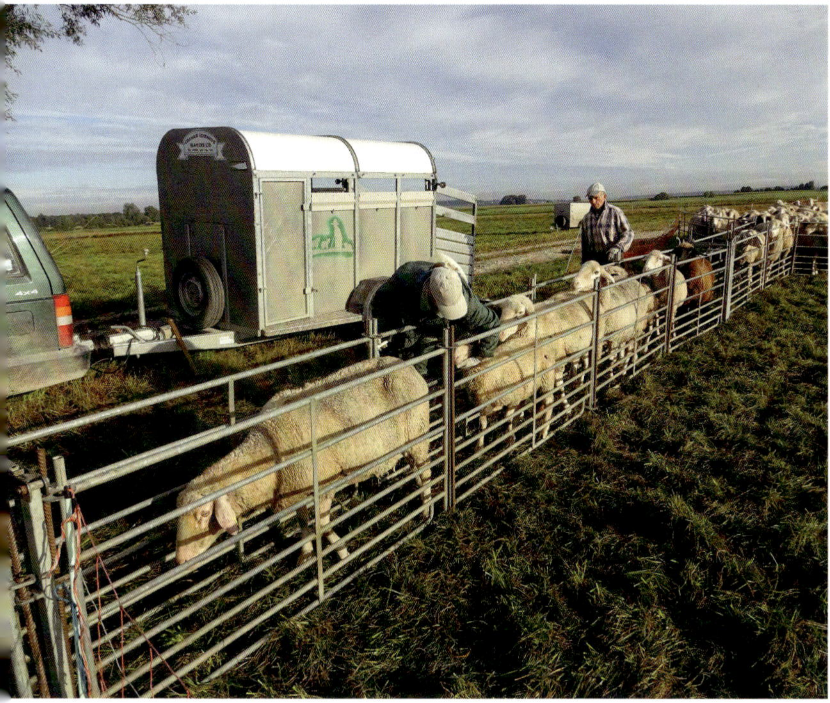

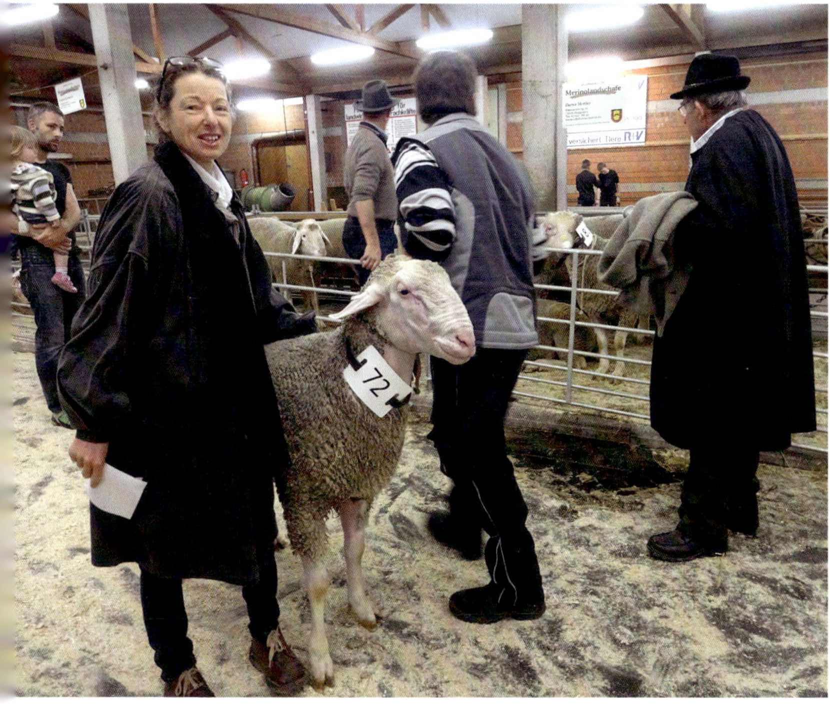
Merinolandschafe
versichert Tiere R+V
72

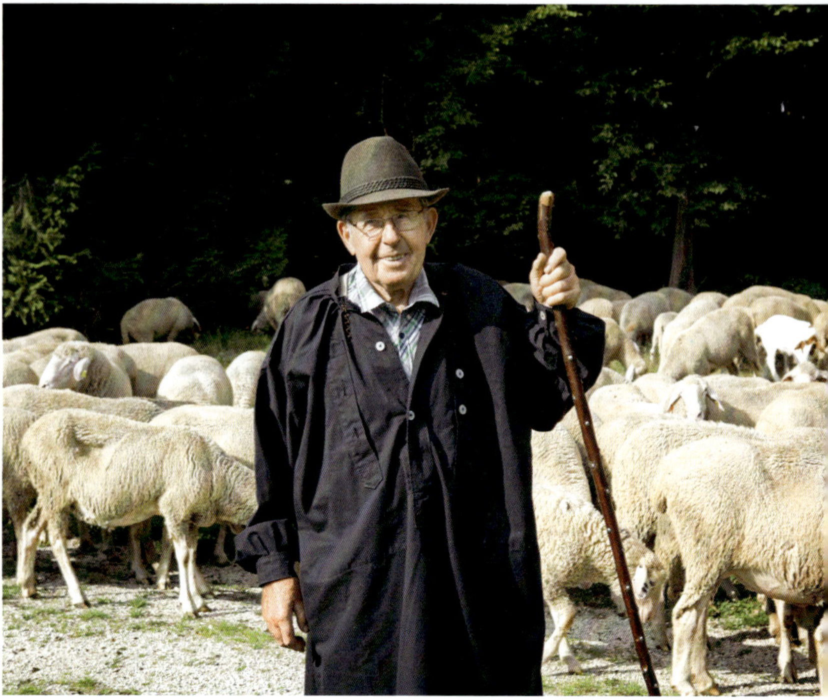

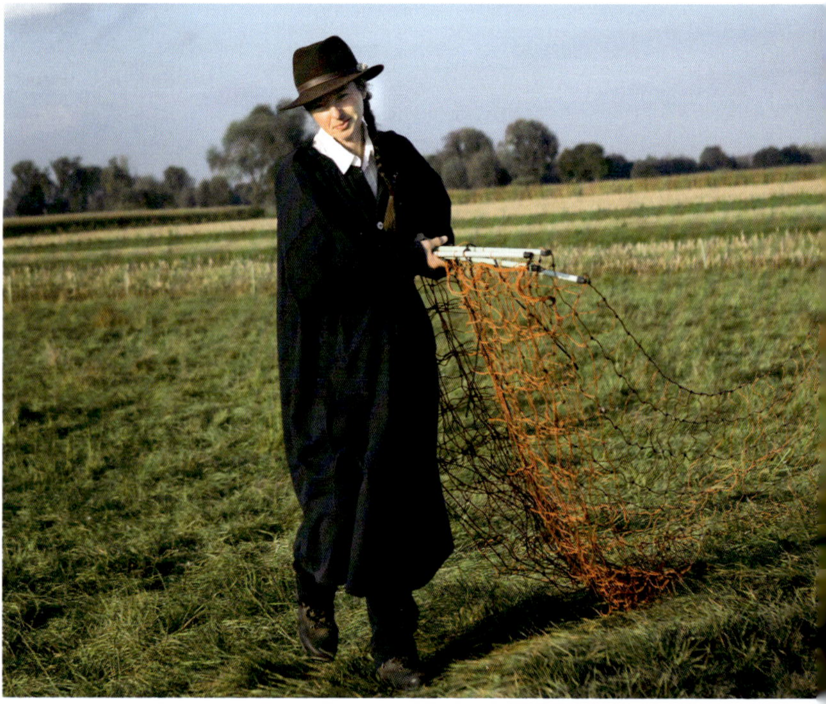

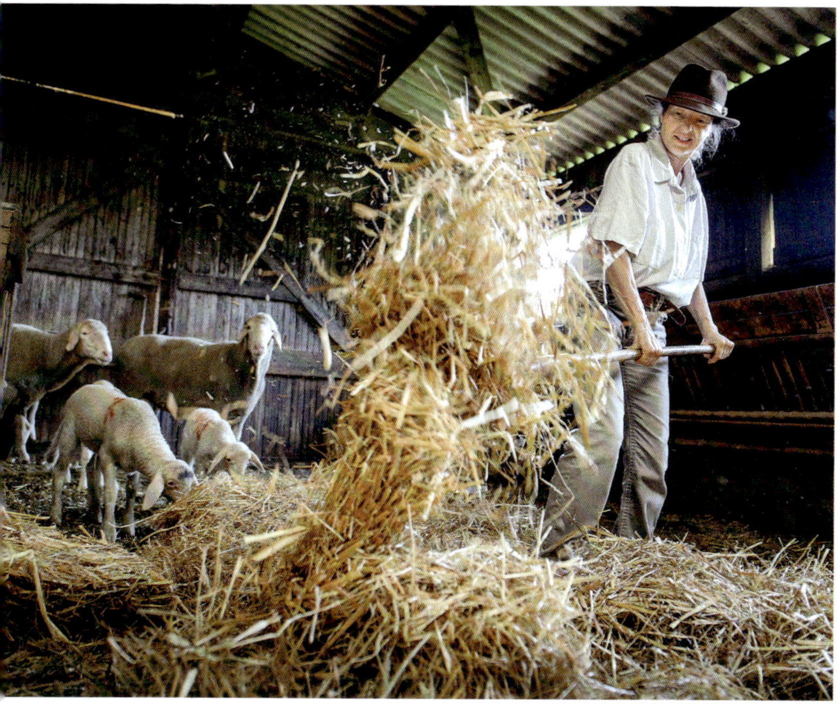

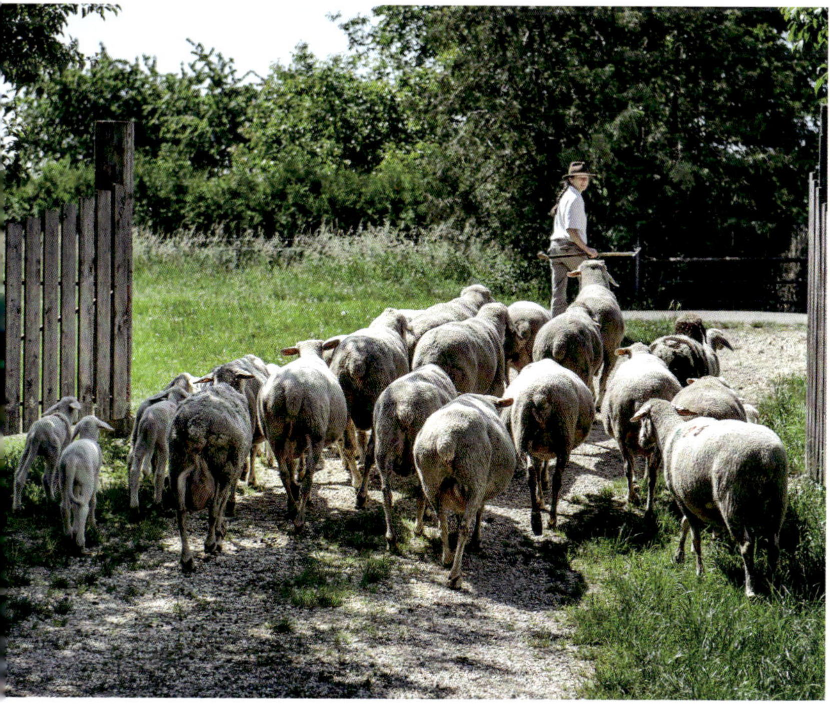

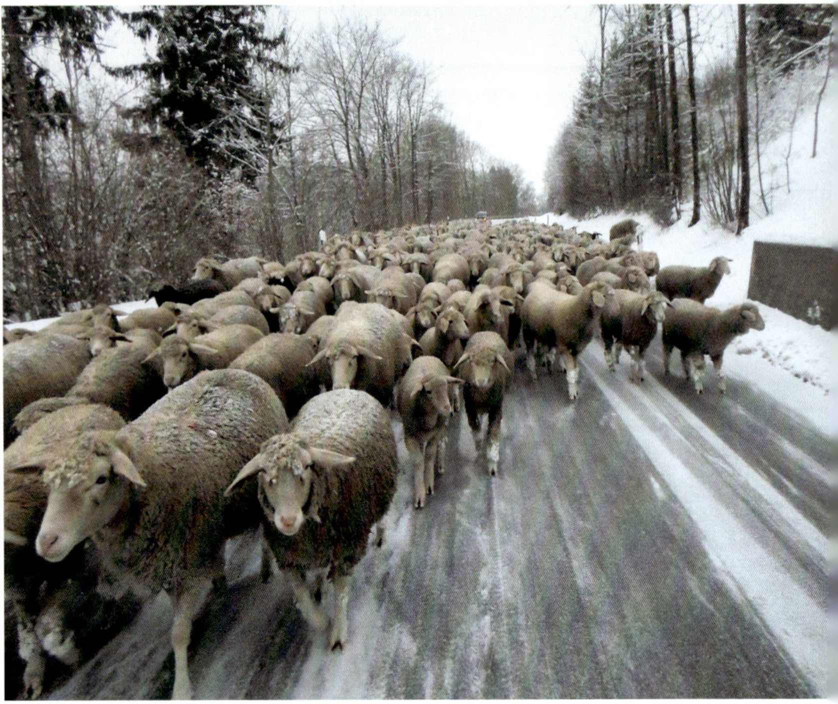

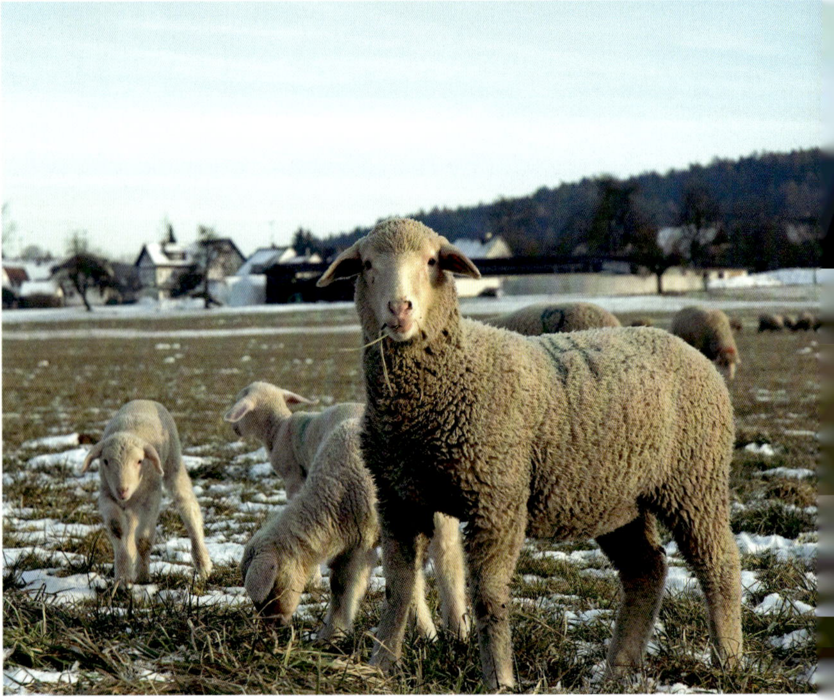

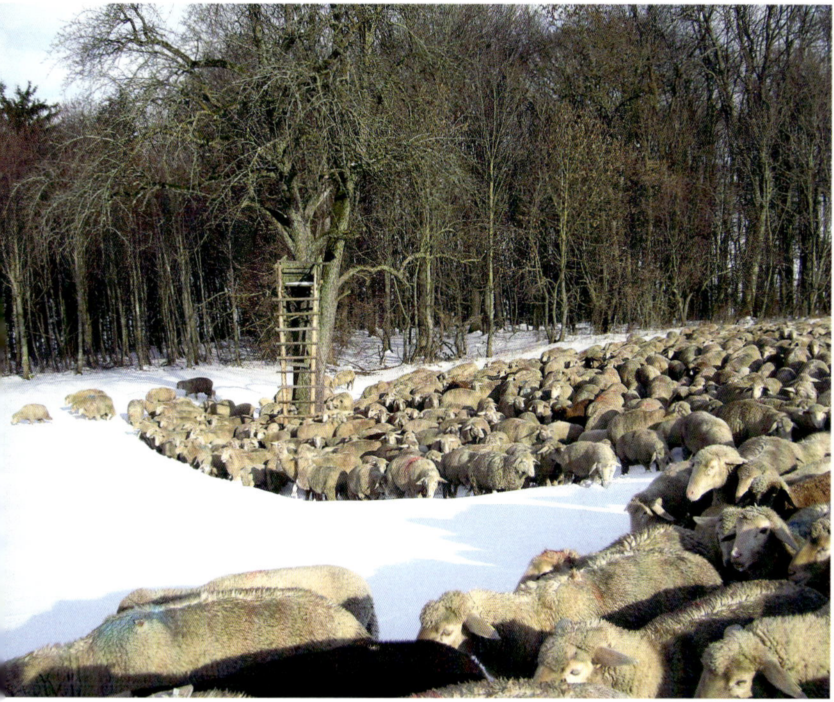

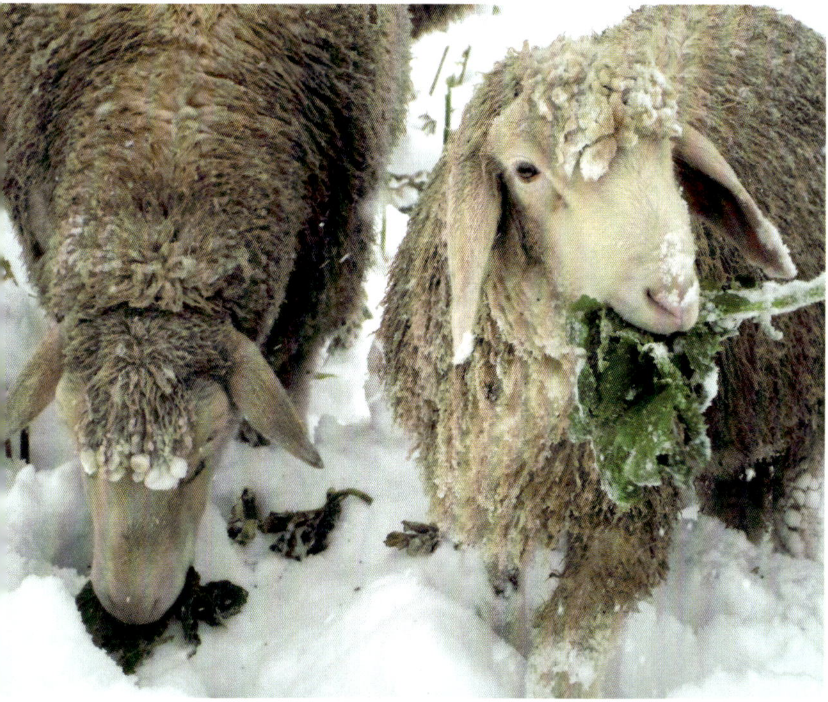

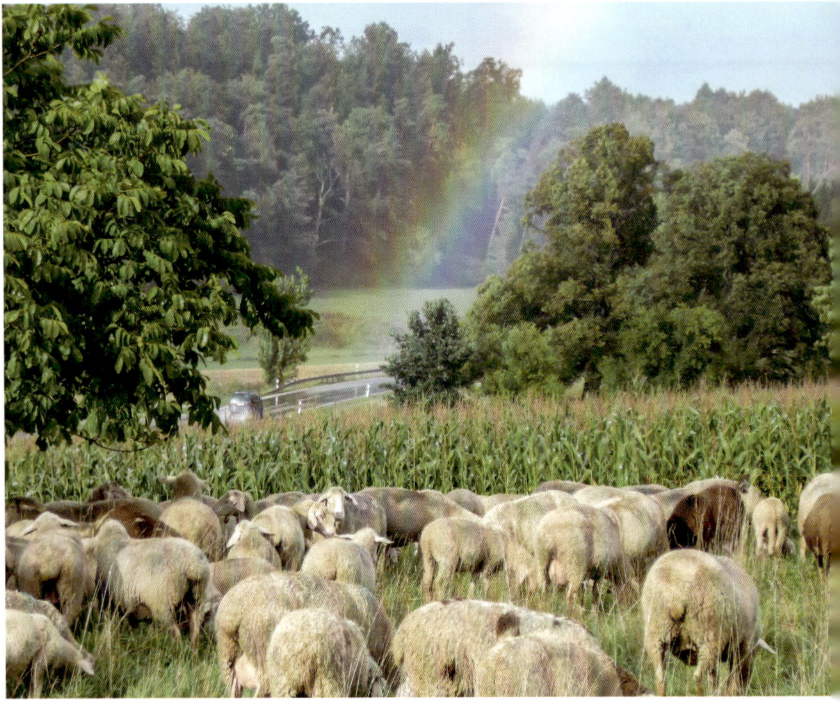

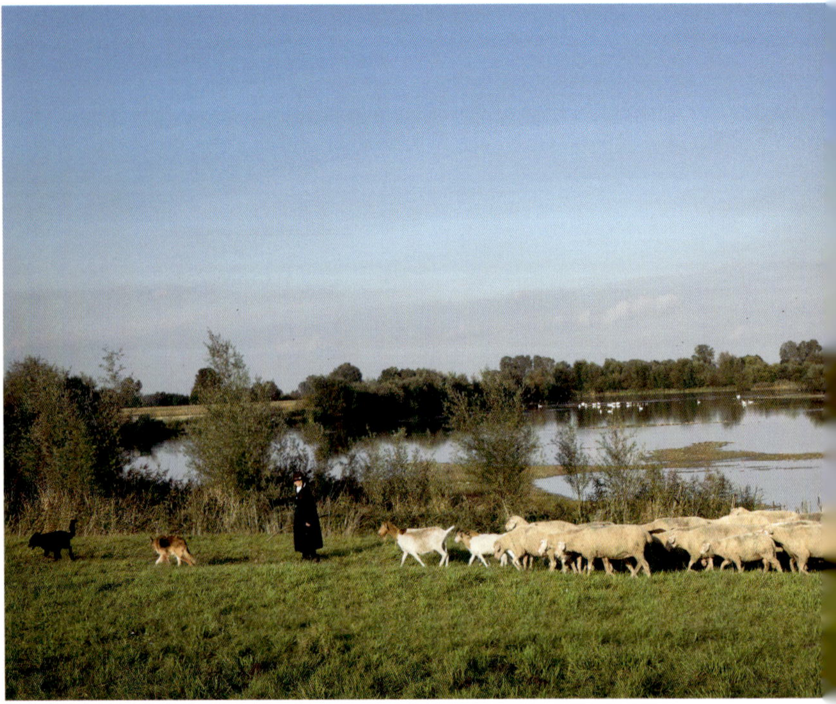

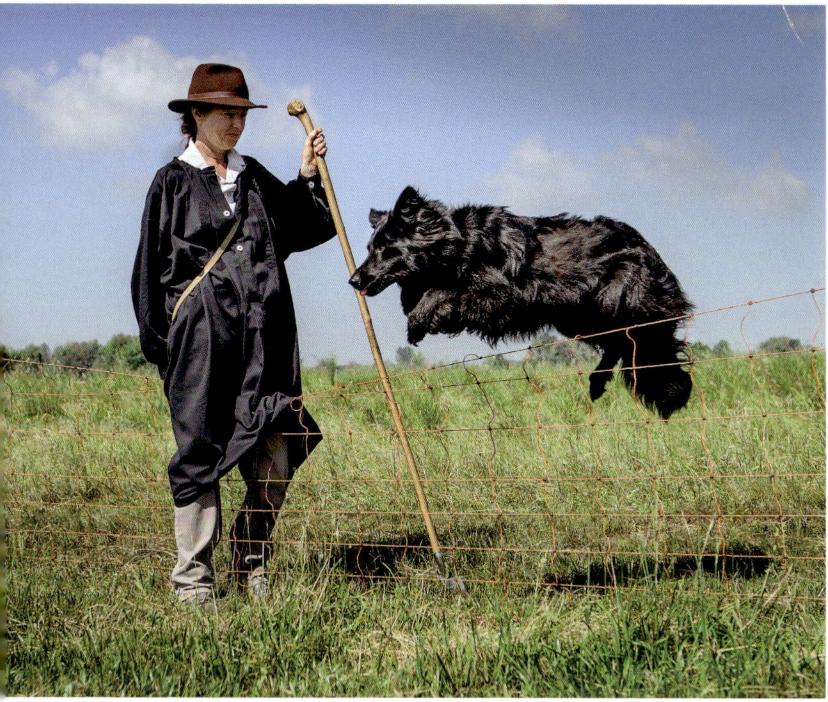

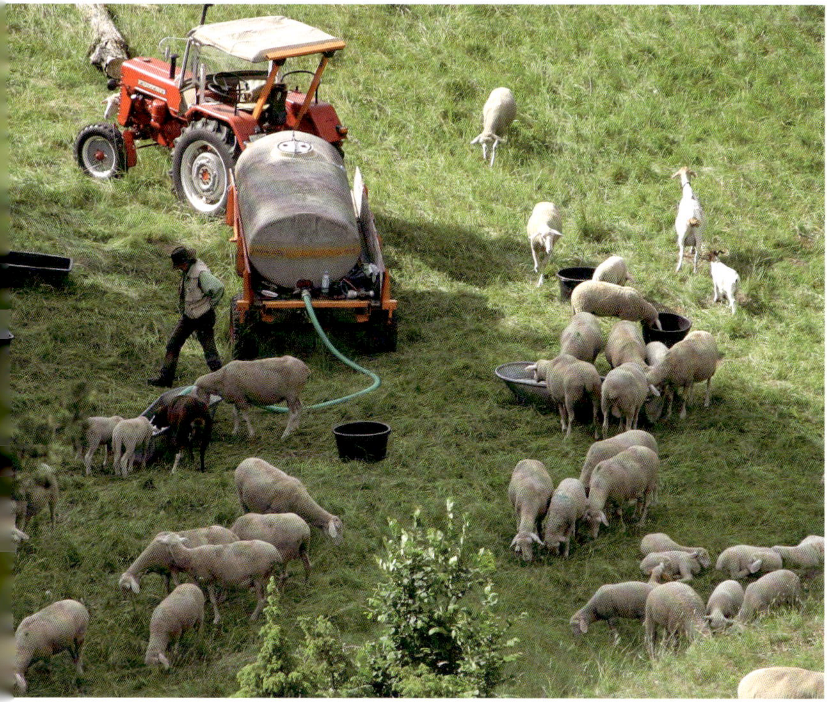

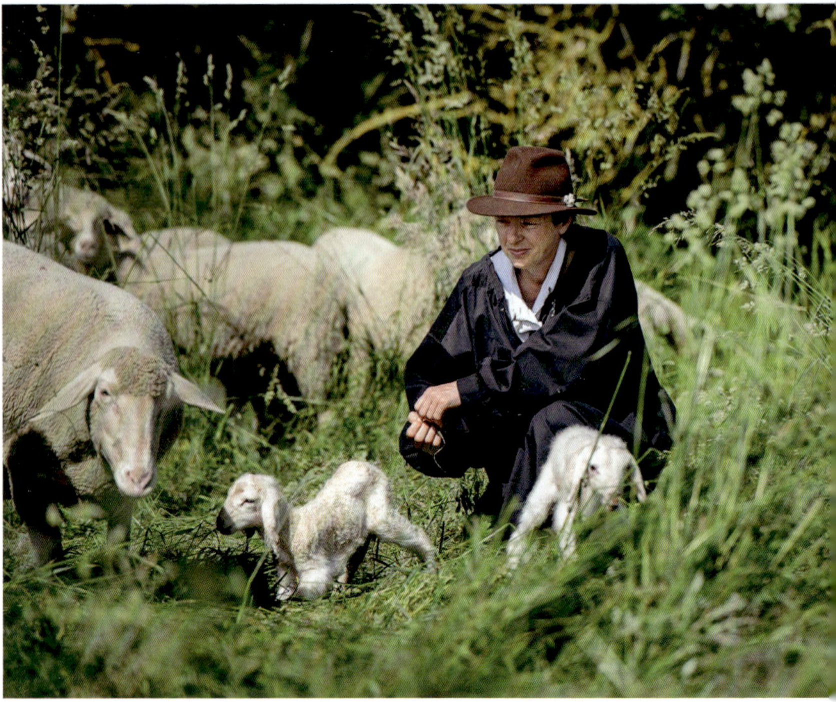

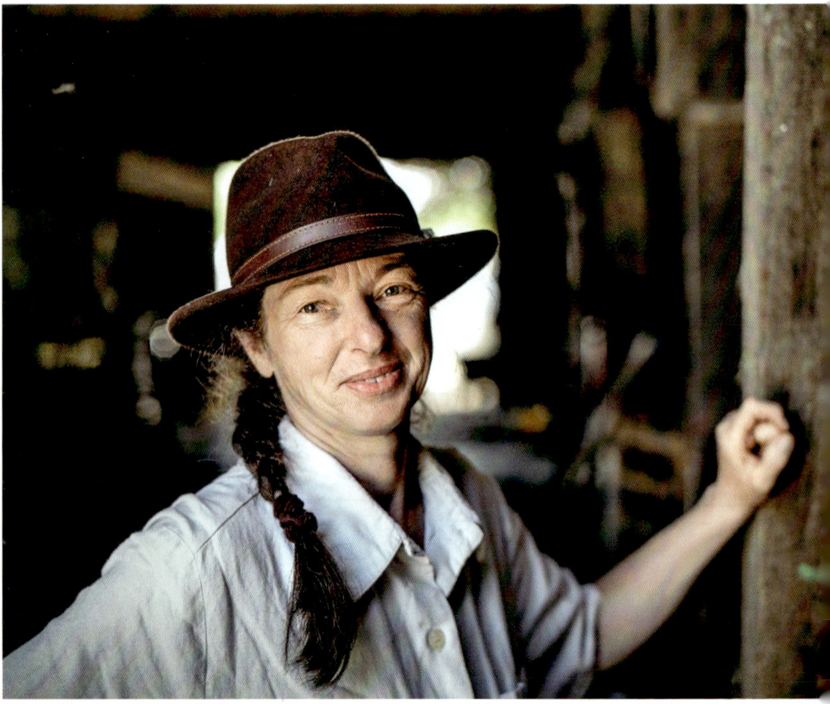

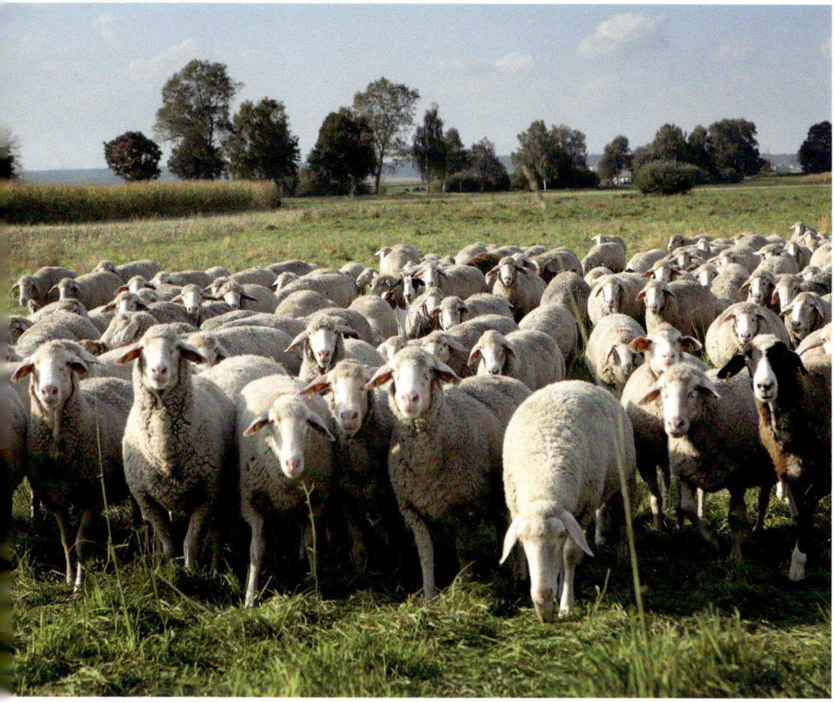

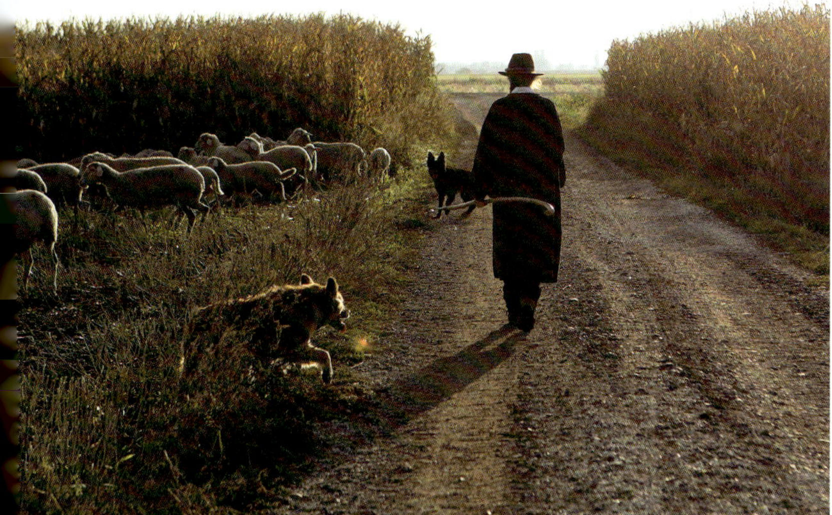

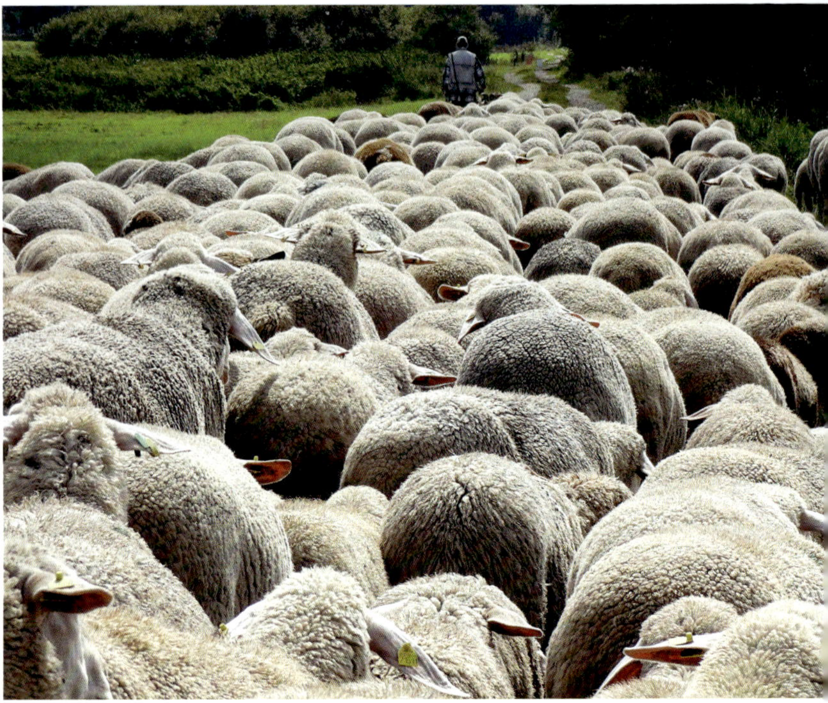

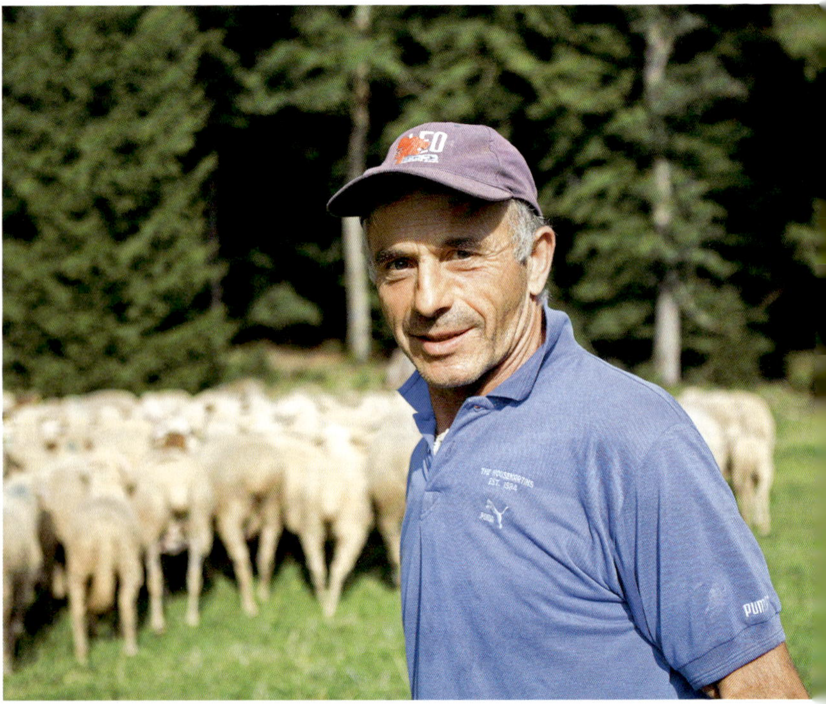

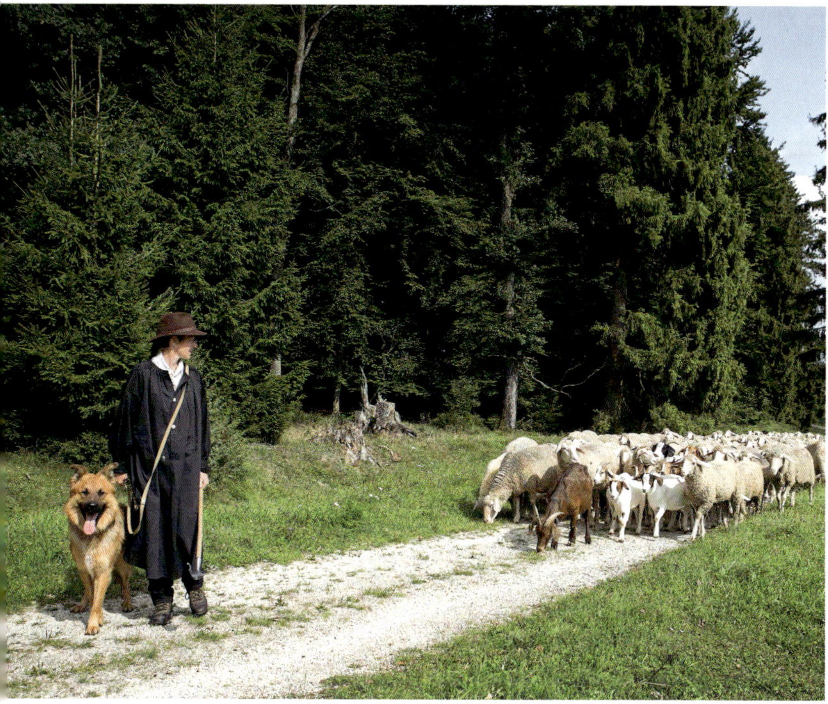

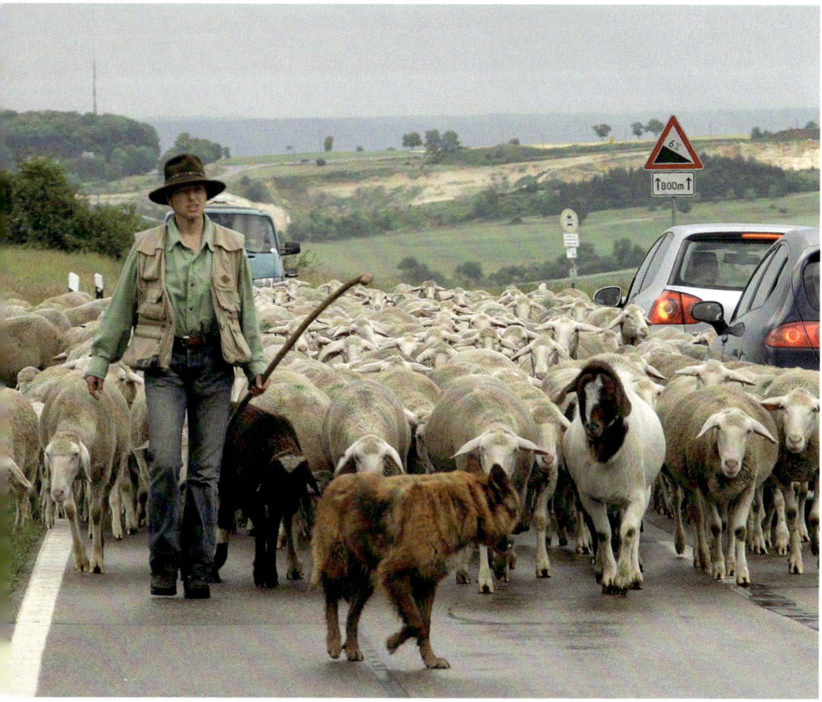
6%
↑800m↑

ausmachen sollten – wird er überschritten, muss man sich auf einiges gefasst machen. Schon deshalb, weil die meisten Hunde oft nur auf Schafe spezialisiert sind und Ziegen dann links liegen lassen, was diese wiederum als Freibrief verstehen, sich alles herauszunehmen und ständig aus der Reihe zu tanzen – ruckzuck sind sie draußen und auf Nachbars Wiese. Außerdem haben sie Hörner; nicht alle, aber einige. Das macht nichts, solange sie in verträglicher Stimmung sind, aber wenn sie schlechte Laune oder den Eindruck haben, sich verteidigen zu müssen, stoßen sie Schafe weg oder rammen ihnen womöglich ihre Hörner in den Bauch. Das geht natürlich entschieden zu weit.

Doch sie entschädigen einen auch für den gelegentlichen Ärger. Was mich jedesmal Mal wieder verblüfft und auch amüsiert, sind die Kletterkünste der Ziegen. Auf den flachen Wiesen des Donaurieds können sie ihr Talent natürlich nicht zeigen, aber auf der Alb mit ihren Steilhängen, mit ihren Felsvorsprüngen und Klippen erlebt man ständig, dass einer Ziege nichts zu steil, nichts zu hoch und nichts zu tief ist – liegt ein Baumstamm herum, ist ein Felsblock in Reichweite, prompt sind sie alle oben, augenblicklich. Auch im Stall ist es mit ihnen gleichzeitig faszinierend und zum Wahnsinnigwerden. Kaum dreht man sich um, sind sie schon wieder ihrer Box entsprungen, da muss man das Unmögliche für möglich halten. Ein Zicklein ist, wenn es zur Welt kommt, deutlich kleiner als ein Lamm, aber weil Ziegenmütter enorm viel Milch haben, wachsen sie schnell, und in kürzester Zeit können diese kleinen Viecher dreimal so hoch springen, wie ihre Körpergröße beträgt. Zwei Wochen nach der Geburt habe ich sie schon auf dem einen Meter hohen Betonvorsprung an der Stallwand stehen – man übertrage diese phänomenale Leistung einmal auf ein Pferd oder den Menschen! Ich sorge im Stall deshalb für Klettermöglichkeiten, damit sie sich austoben können.

Überhaupt macht sich im Stall ihr Temperament auf jede erdenkliche Weise bemerkbar. Sie sind längst nicht so verträglich wie Schafe, sind auch untereinander nicht zimperlich, und als Teil der Herde beansprucht jede Ziege im Stall so viel Raum wie mehrere Schafe zusammen, an den Fressplätzen zum Beispiel – wo fünf Schafe bequem Platz finden würden, verteidigt eine einzige Ziege ihr Futter. Und wenn es dann raus auf die Weide geht …

Auch ihr Fressverhalten unterscheidet sich von dem der Schafe. Ein Schaf frisst hauptsächlich Gras, und zur Abwechslung mal ein Laubblatt. Ziegen aber gehen immer zuerst ans Laub, und sollte es gerade mal keins geben, machen sie sich über die Blattpflanzen der Weide her. Mitunter beobachte ich eine Ziege dabei, wie sie eine Distel in sich hineinstopft, eine gewöhnliche, kratzige Ackerdistel, als wäre sie eine Delikatesse. Das Laub von jungen Obstbäumen würden sie allerdings jederzeit vorziehen. In schlechtester Erinnerung ist mir der Tag, an dem meine Herde ausbrach. Gertrude setzte sich an ihre Spitze und zog von einem Obstgarten zum anderen, kreuz und quer durchs hohe Gras, nur um die frischen Spitzen der jungen Obstbäume abzufressen – und alle Schafe brav hinter ihr her. Die Wiesen standen kurz vor der Heuernte, und ich durfte anschließend fünfzehn Bauern Schadenersatz leisten. Das habe ich Gertrude nie verziehen.

Aber warum halte ich überhaupt Ziegen, wenn sie für jede Überraschung, auch für die unerfreulichste, gut sind?

Diese Frage wurde mir eines Tages von einem Nachbarn gestellt. Der Mann war Psychologe. Er hatte noch einen zweiten Nachbarn dabei, einen Bauern, und wir kamen auf meine Ziegen zu sprechen. Warum ich sie mir überhaupt zugelegt hätte, wollte der Psychologe wissen. »Ziegen sind für die Seele«, antwortete ich spontan, und anders als der Psychologe verstand der Bauer sofort. »Das will ich glauben«, sagte er. »Mit Ziegen ist doch nichts zu verdienen.«

Ja, es stimmt. Es gibt keine nennenswerte Kundschaft für Ziegenfleisch. Im Grunde unbegreiflich, denn das Fleisch der Ziege ist köstlich, aber die Leute wissen es nicht mehr. So wie Ziegen vom Charakter her eigen sind, so sind sie es auch vom Geschmack her, das mag eine Ursache dafür sein, dass sie auf deutschen Speisezetteln nicht mehr vorkommen, aber welche erfreuliche Abwechslung würde Ziegenfleisch in das Einerlei von Steak und Schnitzel bringen! Nach Lage der Dinge gibt es jedoch keinen wirtschaftlichen Grund, Ziegen zu halten. Bleibt nur noch eine Erklärung: Sie tun der Seele gut.

So wird auch Bertrand gedacht haben, als er die ersten Ziegen anschaffte. Sie waren eine Liebhaberei von ihm. Rationale Motive wurden erst später nachgeschoben: Man könnte sie als Leihmütter benützen und ihnen mutterlose Lämmer geben, Milch produzieren sie ja im Überfluss, und vielleicht würden sie auch bei der Entbuschung von Wacholderweiden gute Dienste leisten – weshalb die Ziegenhaltung übrigens heute von der Landschaftspflege wieder sehr gefördert wird. Aber damals waren das übertriebene Hoffnungen, und letztlich blieb von allen guten Gründen nur ein ganz unvernünftiger übrig: Ziegen machen Freude. Sie bringen frischen Wind in die Herde, sie steuern sozusagen ein abenteuerliches Element bei, und außerdem – junge Ziegen sind noch süßer als Lämmer. Und wenn man dann mitkriegt, wozu sie fähig sind, welche Kunststücke sie fertigbringen, welchen Wagemut und welche Geschicklichkeit die kleinsten schon an den Tag legen … ja, welches andere Tier könnte die Herzen wohl so mühelos erobern?

Das dachte sich auch mein älterer Sohn David. Nicola, seine Verlobte, erwartete seinerzeit einen formvollendeten Heiratsantrag von ihm und rechnete fest damit, als David sie eines Abends zu einem romantischen Candle-Light-Dinner ausführte. Merkwürdigerweise kam sie davon mit einem Gesicht wie drei Tage Regenwetter heim. Was war geschehen? David hatte ihr den

Antrag nicht gemacht. Er hatte sich etwas noch Besseres, noch Romantischeres ausgedacht, ging jetzt mit ihr in den Stall, wo just zwei Zicklein zur Welt gekommen waren, und machte ihr seinen Antrag in der Ziegenlammbox – Nicola hielt unterdessen ein frischgeborenes, noch feuchtes Zicklein im Arm und war – nun, was wohl? – überglücklich.

Lammzeit im Winter

Ich schalte das Licht im Stall ein. Nichts bewegt sich, alle liegen genüsslich wiederkäuend im gelben Stroh. Ganz langsam gehe ich durch die Gänge und über die Raufen, kein Schaf soll sich gestört fühlen und aufstehen. Sie bleiben liegen. Von ganz hinten höre ich ein leises Meckern, eine Art Brummeln. Ja, da steht eine, neben ihr zwei Lämmer, gerade eben geboren. Ich nehme die Lämmer und bringe sie in die Ablammbox, wo ich gestern Abend schon frisches Stroh eingestreut, den Wassereimer aufgefüllt und für Heu in die Futterraufen gesorgt habe. Das Schaf folgt mir gänzlich unaufgeregt. Ich drehe eine weitere Runde.

Da ist noch eine, sie ruft nach ihrem noch ungeborenen Lamm und dreht sich im Kreis. Die Fruchtwasserblase ist noch nicht geplatzt. Mit zwei kleineren Hurden trenne ich sie von den anderen. Sie wird in den nächsten Stunden lammen, und so kann ich mir sicher sein, dass im Fall einer Zwillingsgeburt nicht das erste auf der Suche nach dem Euter wegläuft, während das zweite gerade zur Welt kommt. Gestern Abend hatte ich noch eine weitere Ablammbox hergerichtet, doch dahin werde ich sie erst nach dem Ablammen bringen – vorläufig soll sie mehr Platz haben.

Sehr komfortabel das alles.

Früher hätte man es anders gemacht. Mein Vater zum Beispiel wäre nie auf die Idee gekommen, seine Schafe schon vor dem Ablammen in den Stall zu tun. Da musste es auf der Weide schon sehr ungemütlich sein, da musste schon eine Nacht mit Minustemperaturen bevorstehen, ehe er jene Schafe, die kurz vor dem Ablammen standen, am Vorabend in den Hänger lud und in den Stall fuhr. »Das ist besser«, lautete sein Kommentar, und dabei hatte er nicht mein Wohlergehen im Auge, sondern das der Schafe. Deren Wohl stand grundsätzlich an erster Stelle, dann kam das der Hunde, dann lange Zeit nichts, und dann erst das des Schäfers.

Natürlich konnte man nie ganz sicher sein, die richtigen eingeladen zu haben. Also sind wir abends um 22 Uhr, kurz vor dem Zubettgehen, nochmals zur Herde rausgefahren – vielleicht hatten wir doch welche übersehen. Und damit nicht genug – dasselbe wiederholte sich nachts um zwei Uhr, und dann noch einmal um sechs Uhr morgens. In einem Winter fiel das Thermometer auf zwanzig Grad minus. Bei solcher Kälte ist besondere Eile geboten, weil Lämmer, die draußen zur Welt kommen, nur dann eine Chance haben, wenn die Mutter sie umgehend trocken leckt und sie sofort das Euter finden – schon die ersten Schlucke Biestmilch enthalten ja alles, was zum Überleben nötig ist. Einmal kamen wir gerade dazu, als ein Schaf mit dem Lammen begann. Ich konnte der Mutter das Neugeborene abnehmen, bevor es auf den eiskalten Boden fiel; gleich darauf lag es im trockenen Stroh des Hängers, und die Nachgeburt fror an der Hängerwand fest.

Man soll es nicht glauben, aber die Verluste waren selbst unter extremsten Wetterbedingungen nicht höher als bei Geburten im Stall. Dennoch habe ich später alle trächtigen Tiere schon vor der Lammzeit im Stall untergebracht – nicht der Schafe wegen, sondern um mir selbst diese arbeitsintensive Zeit zu erleichtern. Tagtäglich die schweren, hochträchtigen Schafe eins nach dem anderen einladen, das war mir einfach zu anstrengend.

Natürlich sollte man meinen, dass für Mutterschafe und neugeborene Lämmer nichts über einen geschützten Stall geht. Nach meinen Erfahrungen stimmt das aber nicht generell. Immer wieder habe ich beobachtet, dass Schafe, die erst im letzten

Moment hereingeholt werden, ihre Kleinen schneller und leichter zur Welt bringen. Das hat einen einfachen Grund: Im Stall bewegen sie sich weniger als draußen, der Kreislauf ist weniger in Schwung und die Geburt folglich mühsamer. Und was die Lämmer angeht: Im Stall kann man zwar zunächst das Leben von Lämmern retten, die draußen verenden würden, etwa, weil sie von der Mutter verstoßen wurden. Doch in diesem Zustand, ohne die Biestmilch der eigenen Mutter getrunken, ohne ihre Fürsorge erfahren zu haben, fangen sie sich viel schneller Infektionen ein. Der Stall kann noch so sauber sein – wo viele Tiere sind, da gibt es zahlreiche Krankheitskeime, und die Infektionsgefahr ist hoch. In einem Krankenhaus ist es ja ähnlich.

Nein, der Stall ist keine Garantie. Mitunter gebe ich alles, um ein Lamm zu retten, doch früher oder später erkrankt es und stirbt. Dann wieder erscheint mir jede Hilfe sinnlos, und ich gebe ein Lamm auf, doch mit seinem unbändigen Überlebenswillen kommt es davon. So oder so – das Zepter über Leben und Tod habe ich nicht in der Hand.

Ablammen auf der Winterweide und bei jedem Wetter – früher war es gang und gäbe. Ich erinnere mich an einen Schäfer, der seine Herde so wie wir im Winter auf der Höri hatte und dort zweihundert Schafe ablammen ließ. Ihm stand ein kleiner Stall für zehn Schafe zur Verfügung, und dann stand er des Nachts alle zwei Stunden auf, schaffte die neuen Lämmer mit ihren Müttern in diesen Stall und holte sie, kaum dass die Lämmer trocken waren, wieder heraus. Zwei Tage hatten die Neulinge Zeit, sich hinter einem Windschutz aus Strohballen mit dieser unwirtlichen Welt anzufreunden, dann kamen sie zur Herde, und die Schonzeit war vorbei.

Im Dorf war dieser Mann nicht sonderlich beliebt. Nicht, weil seine Schafe dem einen oder anderen etwas weggefressen hätten, sondern weil er unrasiert und ungekämmt, mit Lehmklumpen an den Schuhen und blutbeschmierten Händen in der Bäckerei und im Supermarkt aufzutauchen pflegte. Aber für seine Schafe gab er alles, da blieb keine Zeit, sich zu waschen oder umzuziehen. Im Frühjahr trat er dann die Heimreise mit zweihundert Schafen und 250 gesunden, schönen und kraftstrotzenden Lämmern an.

Was meine Schafe angeht, habe ich es immer so gehalten: Die meisten lammten im Stall, aber nicht alle. Auch auf der Winterweide kamen jedes Jahr Lämmer zur Welt, die von Anfang an mit dem raueren Leben im Freien klarkommen mussten. Und die Lämmer im Stall entwickelten sich zunächst prächtig. Kein Wunder: Sie hatten allen Komfort, bekamen stets genug Futter und blieben von allen Wetterunbilden verschont. Doch dann kommt die Stunde der Wahrheit.

Das erste Gras sprießt, die Tage werden wärmer, und jetzt dürfen sie raus, jetzt müssen sie raus, und damit beginnt das echte Leben, inklusive Futtersuche und längeren Märschen und Regenwetter – all jenen Unbequemlichkeiten eben, denen die Lämmer auf der Winterweide von Anfang an ausgesetzt waren. Tag und Nacht an der frischen Luft, jeden Tag neue Weideplätze, jede Nacht ein frisches Nachtlager – sie kennen es nicht anders. Und wenn man diese Winterweidenlämmer dann dabei beobachtet, wie sie sich an einer sonnenbeschienenen Böschung versammeln, plötzlich losrennen, regelrechte Wettläufe veranstalten, immer ausgelassener werden und selbst Mutterschafe zu wildesten Bocksprüngen animieren – ja, dann weiß ich, dass sie die Vorzüge dieses freien Lebens genießen. Die Stalllämmer dagegen brauchen Wochen, bis sie die Umstellung verkraftet haben.

Im Sommer, wenn alle in einer Herde vereint waren, sah ich mir unsere Lämmer genauer an, und dann erschienen mir diejenigen, die Winterstürme erlebt und die Wintersonne genossen hatten, immer etwas vitaler und kräftiger als diejenigen, die wohlbehütet im Stall aufgewachsen waren und auf all dies verzichten mussten. Ich bin mir sicher: Die Unannehmlichkeiten der harten Tage wiegen weit weniger schwer als die Vorzüge eines Lebens unter freiem Himmel in der freien Natur. Ich könnte mir vorstellen, dass diese Wahrheit nicht nur auf Schafe zutrifft.

Der Lämmerich

Dreimal im Jahr verwandeln sich Stall und Weide in eine große Entbindungsstation mit angeschlossenem Kindergarten: von Januar bis Anfang Februar, dann wieder im Mai und Juni, und dann ein weiteres Mal im September und Oktober. Ich habe es so gewollt, ich habe ja Einfluss darauf. Ich entscheide, zu welchen Zeiten und für wie lange die Böcke in die Herde kommen. Fünf Monate später kommen die Lämmer – genau dann, wenn es mir in meinen Betrieb passt. Früher zum Beispiel haben wir es so eingerichtet, dass wir auf der Reise keine Lämmer hatten, weder im Winter auf der Hinreise noch im April auf dem Rückweg. Heute gibt es von Oktober bis einschließlich Dezember bei mir keine Geburten, weil ich in dieser Zeit viel mit der Herde unterwegs bin.

Mein Vater pflegte den Bock immer dabei zu haben, also gab es bei ihm das ganze Jahr über Lämmer. Ein moderner Schäfereibetrieb ist anders organisiert. Während der festgesetzten Lammzeiten fällt dann natürlich sehr viel Arbeit an, vornehmlich im Januar, wenn über die Hälfte aller Lämmer eines Jahres zur Welt kommt. Im September ist die Zahl der Geburten erfahrungsgemäß am geringsten, aber diese Lämmer sind die wertvollsten, weil sie zu Ostern schlachtreif sind, der Zeit der höchsten Nachfrage – und der besten Preise.

Natürlich müssen die Tiere mitspielen. Was die Böcke angeht, ist das keine Frage, die sind jederzeit bereit und gewillt, ein Schaf zu decken. Komplizierter wird es bei den Schafen, denn längst nicht alle Rassen lammen das ganze Jahr über; die sogenannten saisonalen Schafe werfen nur im Frühjahr, sodass man die Lämmer im Herbst oder Winter verkaufen kann, den Rest des Jahres aber gar keine Lämmer hat. Das Merinoschaf allerdings gehört nicht dazu. Es ist außerordentlich fruchtbar, es bringt häufig Zwillinge zur Welt, und seine Fortpflanzung ist asaisonal, es lammt also, wenn ich es so will, ganzjährig. Das ist aus Sicht des Schäfers ein großer Vorteil.

Ein Merinoschaf wird alle drei Wochen brünstig und ist innerhalb dieser Frist für ein bis zwei Tage fruchtbar; die Böcke riechen das und decken dann. Ich kann den Nachwuchs mit Merinos also tatsächlich sehr gut planen.

In der Regel sieht man eine Geburt ein bis zwei Tage vorher kommen. Das Euter wird groß und prall, das Hinterteil rötet sich, und etwa eine Stunde vor der Geburt wird das Mutterschaf unruhig und beginnt, nach ihrem Lamm zu rufen. Sie wendet den Kopf nach hinten und blökt, als wolle sie das Lamm herauslocken.

So fängt es immer an, mit einer gewissen Aufregung seitens der werdenden Mutter. Dann platzt die Fruchtblase, und im selben Moment verändert sich ihre Stimme – aus dem Blöken wird ein tiefer, leicht gurgelnder Laut, einem Brummen nicht unähnlich, und von nun an hat sie diese ganz eigene Sprache, in der sich Mutter und Lamm noch vor der Geburt verständigen. Als Nächstes riecht sie an dem vergossenen Fruchtwasser, schleckt etwas davon auf und weiß bereits jetzt, wie ihr Lamm riechen wird. Noch bevor das Lamm überhaupt zur Welt kommt, ist der Kontakt also schon hergestellt, und eigentlich kann man ihr von nun an kein fremdes Lamm mehr unterschieben – Mutterschaf und Lamm sind aufeinander eingeschworen.

Dann setzen die Wehen ein. Meist legt sich das Schaf dann hin, und wenn alles gut geht, zeigen sich zuerst die Vorderfüße, dann das Schnäuzchen, dann der Kopf, der ganze Leib und die Hinterbeine, es taucht gewissermaßen wie ein Turmspringer kopfüber in die Welt ein. Ist der Kopf einmal draußen, kann nichts mehr schiefgehen, und in aller Regel braucht ein Schaf bei dem ganzen Geburtsvorgang keinerlei Hilfe, in den allermeisten Fällen läuft dieser glatt und zügig und problemlos ab. In der Nähe sein und ein Auge darauf haben sollte man aber trotzdem, denn natürlich kann es immer zu kleineren oder größeren Verwicklungen kommen, und es ist selbstverständlich, dass der Schäfer dann Geburtshilfe leistet.

So kann zum Beispiel ein junges Schaf mit einem großen Lamm überfordert sein; dann muss ich nachhelfen, weil bei einer stundenlangen Geburt für beide, für Mutter wie Lamm, Lebensgefahr besteht. Was aber auch gelegentlich vorkommt: Das Lamm hat nicht die richtige Lage. Ein Vorderfuß ist nach hinten geklappt, vielleicht sogar beide, oder der Kopf hat sich nach hinten gedreht. In einem solchen Fall bleibt mir nichts anderes übrig, als in die Gebärmutter zu greifen und die erforderliche Anordnung mit der Hand herzustellen. Das ist für mich nicht schön, oft ist es auch nicht einfach, und manchmal habe ich mehr zu kämpfen als das Schaf, denn in dem Augenblick, in dem ich mit der Hand hineingehe, um das Ungeborene in die richtige Position zu bringen, setzt womöglich die nächste Presswehe ein, und da sind unvorstellbare Kräfte am Werk – man hat das Gefühl, die Hand würde einem zerquetscht.

Das Schlimmste ist eine Steißlage. Von Glück kann man noch sprechen, wenn die Hinterbeine zuerst kommen, denn diese Geburt kann das Schaf allein bewältigen, auch wenn hier die Gefahr besteht, dass das Lamm erstickt. Annähernd aussichtslos aber ist eine reine Steißlage, das Hinterteil voraus. In diesem Fall muss ich die Füße nach vorn holen, was für mich wie auch für das Schaf extrem anstrengend ist. Und schließlich kann es passieren, dass bei einer Zwillingsgeburt beide Lämmer gleichzeitig rauswollen. Dann erscheinen womöglich drei oder vier Füße auf einmal, oder zwei weiße Schnäuzchen ohne Füße, und auch dann muss ich schlichtend eingreifen – eins nach dem anderen, denn sonst funktioniert es nicht.

Doch wie gesagt, Problemfälle kommen gottlob selten vor. Und während das Lamm jetzt den ersten Atemzug tut, erhebt sich die Mutter, beugt sich über das Neugeborene, beriecht es und schleckt es unverzüglich trocken. Vorsichtshalber kontrolliere ich regelmäßig, ob es noch Schleim vor der Nase hat, denn für den ersten Atemzug kann es schnell zu spät sein.

Inzwischen ist man miteinander bestens vertraut. Die Mutter weiß, wie ihr Lamm riecht, und das Lamm kennt ihre Stimme, denn die brummelt und meckert leise immer weiter vor sich hin, während sie schleckt, sie redet sozusagen in der Babysprache mit ihrem Kleinen, und keine zehn Minuten später richtet sich das Lamm auf, stemmt sich hoch und steht zum ersten Mal auf seinen langen, staksigen Beinen. Es wackelt ein bisschen, es torkelt ein wenig, fängt sich aber wieder, und siehe da: Weitere fünf Minuten später steht es schon ziemlich fest auf allen vieren, macht jetzt versuchsweise die ersten, zögerlichen Schritte, setzt in Nullkommanichts gekonnt ein Bein vor das andere, und als Nächstes sucht es das Euter, stößt mit dem Kopf unter den Bauch der Mutter, wird fündig und tut den ersten langen Zug. Da ist so ein Lamm also noch keine halbe Stunde auf der Welt und macht schon alles richtig.

Es ist jedes Mal ein Wunder – auch wenn es längst nicht immer so mustergültig abläuft. Denn neugeborene Lämmer verhalten sich durchaus nicht alle gleich, und es ist faszinierend zu beobachten, wie sich die einen bald aufrappeln und das Euter im Handumdrehen entdeckt haben, die anderen sich nicht so geschickt anstellen und für den ersten Schluck Biestmilch länger brauchen, und die dritten ewig herumsuchen und nach Stunden noch nicht kapiert haben, wo bei der Mutter das Euter sitzt. Eilt man ihnen dann zu Hilfe und hält ihnen die Zitze vors Maul – können sie nichts damit anfangen; schiebt man ihnen die Zitze ins Mäulchen – spucken sie sie wieder aus! Andere aber kommen anscheinend schon wissend zur Welt und steuern das Euter so zielstrebig an, als hätte sie jemand vorher instruiert, als wüssten sie längst Bescheid!

Nun gut, auf der Welt ist es jetzt jedenfalls, unser Lamm, doch selbst bei so viel Selbständigkeit hat man mit ihm doch noch allerhand Arbeit. Bleibt es bei einem einzigen Lamm, kommen Mutter und Kind kurz in den Stall oder zu der kleinen Gruppe auf der Babywiese. Hat ein Schaf Zwillinge, werden alle drei vorübergehend von den anderen getrennt in der Ablammbox gehalten, denn wenn das Gewimmel der Lämmer zu groß wird, verlieren auch Schafe manchmal den Überblick und finden die eigene Nachkommenschaft nicht wieder. Nach ein oder zwei Tagen in der Ablammbox aber hat sich die Beziehung gefestigt, dann gibt es kein Vertun mehr, und die drei können sich unter ihre Artgenossen mischen. Gleichwohl bringt die geburtenreiche Zeit enorm viel Arbeit mit sich, und wenn sich vorhersehen lässt, dass die Lämmer gehäuft kommen, steht man auch des Nachts für sie auf, zur Not mehr als einmal.

Die gewöhnlichen Aufregungen der Lammzeit werden aber noch überboten, wenn sich mehrere Mütter zum Ablammen zusammenstellen, alle gleichzeitig lammen und am Ende ein neugeborenes Lamm mit einem Mal ohne Mutter dasteht. Eine solche Notlage kann unterschiedliche Ursachen haben. So kommt es vor, dass ein Schaf Zwillinge zur Welt bringt, aber nicht genug Milch für beide hat. Oder aber ein Lamm verliert sich in dem Gedränge, das entsteht, wenn sich mehrere lammende Mütter zusammenstellen und womöglich Zwillinge zur Welt bringen – dann weiß am Ende keiner mehr, weder Mensch noch Schaf, wer zu wem gehört.

Auch eine weitere Situation ist denkbar: Ein Mutterschaf hat Zwillinge und schleckt das erste Lamm ab. Bald darauf kommt das zweite; jetzt widmet sich die Mutter dem neuen Lamm, und währenddessen irrt das erste auf der Suche nach dem Euter herum, entfernt sich immer weiter und verirrt sich in der Herde. Nach einer Weile findet es zurück, aber jetzt will die Mutter nichts mehr von ihm wissen, duldet es nicht mehr an ihrem Euter, und wir haben ein verstoßenes Lamm. Das sollte nicht vorkommen, aber auch ein Schäfer kann seine Augen nicht überall haben. Was macht man also?

Nun kann es sein, dass gleichzeitig ein anderes Schaf ein totes Lamm zur Welt gebracht hat. Das passt, sollte man meinen – das überzählige Lamm könnte doch unauffällig an die Stelle des toten treten. Ja, wenn das Schaf nicht bereits den Geruch seines eigenen, totgeborenen Lamms in der Nase hätte! Der Neuzugang riecht aber anders, und das Schaf schaltet auf stur. Deshalb muss der Schäfer zu einem Trick greifen: Er zieht dem toten Lamm das Fell ab und stülpt es dem verstoßenen Lamm über. Dabei geht es nicht um Verkleidung, sondern der Geruch soll überdeckt werden. Auch Schafe fallen nicht auf jeden Trick herein, aber wenn es gut und sorgfältig gemacht ist, lässt sich das Schaf hinters Licht führen – die Mutter schnuppert an dem Adoptivlamm, nimmt einen vertrauten Geruch wahr, und schon lässt sie das Kleine trinken. Wobei ein junges Schaf sich eher ein fremdes Lamm unterjubeln lässt als ein erfahrenes. Es gibt auch Schafe, die richtig böse werden, die überhaupt nicht mitspielen und das fremde Lamm gnadenlos und geradezu erzürnt wegstoßen. Doch in der Regel funktioniert es.

Wenn dieser Trick nicht hilft oder gar nicht machbar ist, bleibt nur das Babyfläschchen mit dem Nuckel. Dann muss eben ein Mensch die Rolle der Leihmutter übernehmen und ihm die Flasche geben. Womit das Lamm im Prinzip genauso glücklich wäre; es macht nämlich keinen Unterschied zwischen Mutter und Milch und folgt jetzt seinem Menschen genauso bedenkenlos überallhin, wenn's sein muss auch in den Supermarkt.

Nur – ob ich Kuhmilch nehme oder Milchpulver, es geht ins Geld, und der Arbeitsaufwand ist enorm. Ich muss die Milch besorgen, ich muss fünfmal am Tag zu trinken geben, ich muss das Fläschchen auswaschen und reinigen, und dann soll die Milch sommers wie winters die richtige Temperatur haben, das Ganze über mehrere Monate hinweg. Und dann: Biestmilch kann ich dem Lamm auf keinen Fall bieten. Aber da sind die Abwehrstoffe drin. Das ist die erste Milch, die ein Lamm trinkt, und sie enthält das gesamte Gesundheitsprogramm, das ein Mutterschaf im Normalfall seinem Nachwuchs mit auf die Lebensreise gibt. Ohne Biestmilch erkranken Lämmer viel schneller. Eine Zeitlang geht es gut, und plötzlich …

An mein letztes Flaschenlamm erinnere ich mich noch gut. Es war ein Böckchen, hatte ein schönes Gesicht, war kugelrund und sah rundum zufrieden aus. Oftmals waren meine Kinder dabei, wenn ich ihm die Flasche gab, und später sind wir mit ihm alle zusammen im Hof spazieren gegangen – ein Traum von einem Lamm und ganz zutraulich. Es war schon ein paar Monate alt, hatte auch ordentlich zugenommen, da fanden wir unser Böckchen eines Tages tot im Stall liegen. Ob es die letzte Flasche zu schnell getrunken hatte? Ich weiß es nicht. Aber wenn ein so schönes Lamm stirbt, geht es einem durch und durch, und seinerzeit beschloss ich: nie wieder. Seither wanderten meine Flaschenlämmer samt und sonders zu einem alten Bauern, der noch Kühe hatte und sich gerne um meine Sorgenkinder kümmert. Alle, bis auf den Lämmerich.

Dieser kleine Kerl war im Januar bei zwanzig Grad minus zur Welt gekommen, und seine Mutter hatte nichts von ihm wissen wollen. Ausnahmsweise nahmen wir ihn mit zu uns nach Hause, zogen ihm ein Jäckchen über und legten dieses halberfrorene Etwas in einen Korb vor dem Ofen. Auch er war ein hübscher, ein schwarz-weißer, und die Nachbarskinder, die sich ständig bei uns aufhielten, tauften ihn Lämmerich, obwohl es ein Mädchen war. So weit, so gut, aber – Lämmerich weigerte sich zu trinken. Er wollte das Fläschchen, das ich ihm hinhielt, einfach nicht annehmen. Mit dem Nuckel konnte er nichts anfangen, und die Milch, die ich ihm ins Maul goss, wollte er nicht schlucken. Es war zum Verzweifeln. Am Ende geriet ich in großen Zorn. Ich nahm ihn, schüttelte ihn und brüllte ihn an: »Wenn du nicht trinkst, wirst du sterben!« Was ihn genauso wenig beeindruckte.

Ich brachte ihn in den Keller und rechnete damit, dass er die Nacht nicht überleben würde.

Am anderen Morgen steht der Lämmerich vor mir, schaut mich an und schreit. Ich laufe los, hole sein Fläschchen, gebe es ihm – und er trinkt! Trank seither, war stets gesund, gehörte fortan zur Familie und blieb uns lange Zeit erhalten.

Muss ein Bock schön sein?

Autos, die Schäfern gehören, sind anders. Ich erkenne sie jedenfalls sofort. Der große Parkplatz vor der Tierzuchthalle ist voll
mit ihnen, man sieht die verschiedensten Modelle, Kombis wie
Geländewagen, einige mit Hängern, neuere Modelle und solche
mit Rost, und doch haben sie für mich alle etwas gemeinsam,
nämlich deutliche Spuren einer Arbeit unter freiem Himmel.
Von Ausnahmen abgesehen, klebt an jedem eine mehr oder weniger dicke Schicht Erde von Geländefahrten bei nassem Wetter,
und ein Blick in den Innenraum verrät endgültig die Bestimmung dieser Fahrzeuge: Man entdeckt Schäferschippe und Fang-
hacken, Farbmarkierungsstifte, Jodsprays, Pullis, Jacken, Regen-
schutz, volle und leere Getränkeflaschen, außerdem Erdklumpen
auf den Fußmatten und über den ganzen Innenraum verteilt
eine dicke Staubschicht. Schäferautos sind Nutzfahrzeuge im
engsten Sinne des Wortes.

Vor dreißig Jahren hätten hier vor allem VW-Busse gestanden, grün oder in einer anderen Tarnfarbe gestrichen, damit der
Bauer einen nicht sogleich entdeckte. Und noch früher, als man
schon froh war, überhaupt einen fahrbaren Untersatz zu besitzen, wurden auch in gewöhnlichen Pkws ganz selbstverständlich Hunde oder mal ein Schaf im Kofferraum transportiert. Es
gab da eine bestimmte Technik, um Schafe zu fixieren; man
band einen Vorderfuß zwischen die Hinterfüße, und schon lagen sie still. Bei meinem ersten VW-Käfer war der Beifahrersitz
ausgebaut, wahlweise zum Transport der Hunde, eines Schafs
mit Lamm oder des Kinderwagenoberteils. Diese Zeiten sind
natürlich längst vorbei. Heute sind die Behörden für solche

pragmatischen Lösungen nicht mehr zu haben und verlangen eine Transportzulassung für Fahrer und Fahrzeug und Papiere für jeden einzelnen Transport.

Direkt vor der Halle bieten Händler ihre Waren an. Es ist alles zu haben, was ein Schäfer benötigt: Heuraufen, Futterbänder, Behandlungsanlagen, Klauenwannen, Elektronetze, Weidezaungeräte, Schermaschinen, Hundeleinen, Klauenmesser, Hüte, Regenmäntel, Schäferhemden … Aber dafür bin ich nicht hergekommen. Heute ist Bockmarkt, Bockauktion, da sind die Kollegen wichtiger und die Neuigkeiten, die man mit ihnen austauschen kann. Noch wichtiger sind jedoch die Böcke. Wenn ich heute Mittag die Heimreise antrete, sollen zwei im Hänger stehen. Zwei, die meinen Vorstellungen entsprechen.

Aus der Auktionshalle dringt Stimmengewirr, aus dem Stallbereich daneben steigt der Geruch von Sägemehl in die Nase. Böcke der verschiedensten Rassen warten in ihren Buchten auf den Verkauf, Merinos, Suffolk, Schwarzkopf, Texel-Schafe, Heidschnucken, Île-de-France-Schafe. Gestern wurden sie gerichtet und gekört, also beurteilt und bewertet und tauglich befunden für die Zucht, heute werden sie versteigert, und jetzt muss ich mir als Erstes einen Überblick über das Angebot verschaffen. Der Zuchtwertindex eines jeden Bocks setzt sich aus einer Vielzahl von Informationen und Daten zusammen, dem Abstammungsnachweis, den Leistungen der Eltern und Großeltern, der Bemuskelung, der Wollqualität und der äußeren Erscheinung, wozu Fußstellung und Gebiss gehören, und das ganze Register der Eigenschaften ist nachzulesen in den Unterlagen, die ich, von Box zu Box gehend, fleißig konsultiere.

Papiere sind wichtig. Aber für mich zählt auch, was ich sehe, und das sind prachtvolle weiße Merinoböcke mit edlen Köpfen. Ich weiß, Schönheit tut bei einem Bock eigentlich nichts zur Sache. Aber welcher Schäfer würde sich nicht von wohlgeformten, langen Ohren beeindrucken lassen, auch wenn es meiner

Meinung nach auf die Länge der Ohren nun wirklich nicht ankommt …

Auch ich kenne Gefallen und Abneigung auf den ersten Blick. Wenn zwei Böcke die gleiche Bewertung haben, werde ich mich für den entscheiden, an den man sein Herz verlieren könnte, weil er so blendend aussieht. Natürlich nützt der schönste Bock nichts, wenn er kein guter Vererber ist. Einmal war einer dabei, der hatte hässliche Falten im Gesicht, und als er am Ende der Versteigerung übrig blieb, da wusste ich, dass auch die anderen aufs Aussehen achten. Verständlicherweise, wie ich finde, denn – wenn man dieses Tier auf der Weide den ganzen Tag vor Augen hat, soll es einem auch gefallen. Auf meine Lammkoteletts kann ich zwar wegen Schönheit des Bocks nichts aufschlagen, aber … Auch schöne Frauen sind begehrter, obwohl sie nicht zwangsläufig besser kochen oder günstiger im Unterhalt sind.

Als ich die Versteigerungshalle betrete, habe ich meine Wahl getroffen – zwei Merinoböcke mit hervorragendem Zuchtindex und dem gewissen Etwas. Auch die Wolle gefällt mir an ihnen. Die Wollqualität spielt heutzutage zwar eine untergeordnete Rolle, aber ich möchte die hohe Qualität meiner Herde trotzdem erhalten. Wollfehler sollen sich nicht einschleichen.

In aufsteigenden Rängen sitzen Schäfer aus ganz Deutschland in der Halle. Unten präsentieren die Züchter ihre Tiere. Und der Auktionator legt sich ins Zeug: »Ein Bock der Wertklasse eins! Mit bestem Abstammungsnachweis! Der ist 1000 Euro wert!« Er hat den Zuchtleiter und einen Züchter an seiner Seite, damit ihm kein Gebot entgeht, und da er selbst Züchter ist, preist er jeden Bock so an, als wäre es sein eigener. Am Ende habe ich tatsächlich den Zuschlag für meine beiden Wunschböcke bekommen, die Aufregung legt sich, und ich bin ganz beglückt – mit je knapp 1000 Euro waren sie nicht ganz billig, doch als ich sie hinterher aus der Box herausführe, bereue ich nichts.

Einmal habe ich auf einer Auktion einen Bock zum Anschlagpreis von vierhundert Euro genommen, den wollte keiner haben, der war den anderen zu mickrig gewesen. Hinter meinem Rücken belächelten mich die Kollegen, als würde ich bei einer Tombola mit dem Trostpreis abziehen. Was sie nicht wussten: Ich war gerade geschieden und führte den Betrieb allein – was sollte ich da mit einem Bock, der mehr als doppelt so viel auf die Waage bringt wie ich? Heute aber lasse ich mir die schönsten und größten Böcke des Tages vom Züchter zum Hänger bringen.

Was zeichnet einen guten Bock aus? Das ist mit einem Satz gesagt: jene Eigenschaften, die ihn befähigen zu decken und Lämmer zu machen, die dem Zuchtziel entsprechen. Wenn er dann noch ein schönes Profil und große Augen hat … Bei Schafen hat sich die künstliche Befruchtung nicht durchgesetzt. Man könnte natürlich die eigenen Böcke nehmen, aber dann wäre keine kontrollierte Zucht möglich, denn Böcke pfeifen auf Verwandtschaft und decken unterschiedslos Mutter und Tante, Schwester und Kusine. Um Inzucht zu vermeiden und den Zuchtfortschritt in der Herde sicherzustellen, übernehmen gekörte Böcke vom Bockmarkt das Vermehrungsgeschäft.

Allgemein geht man von einem Bock für 50 Mutterschafe aus. Wie viele Böcke man braucht, kommt aber auch auf die Rittzeit an. Bei einer kurzen Rittzeit von, sagen wir, drei Wochen würde ein einzelner Bock nicht reichen, da nimmt man mehrere in die Herde auf. Wenn ich also 100 Schafe habe, die innerhalb von drei Wochen gedeckt werden sollen, sind zwei Böcke überfordert, in diesem Fall brauche ich mindestens drei. Wenn ich hingegen bei derselben Menge von Schafen dreihundert Tage Zeit habe, reichen zwei Böcke völlig. Das wäre keine unzumutbare Aufgabe.

Ein Bock, den ich gerade einem Züchter auf dem Bockmarkt abgekauft habe, entspricht zwar meinen Vorstellungen, ist aber nicht sofort einsetzbar. Alle Böcke, die zur Versteigerung anstehen, sind bis zu diesem Tag im Stall mit Kraftfutter gemästet worden und haben noch nie ein Schaf gedeckt. Ich muss ihn also erst einmal an den Weidegang gewöhnen, ans Gras, an die neue Umgebung, auch ans Laufen über längere Distanzen. Kraftfutter gibt es jetzt keins mehr. Vom Bock wird also eine erhebliche Umstellung verlangt, und wenn ich ihm keine Zeit dafür gebe, geht ihm sein neues Leben dermaßen an die Substanz, dass er seinen Zweck nicht zu meiner Zufriedenheit erfüllen kann.

Irgendwann aber kommt er zu den Schafen, und dann wird er schier verrückt. Anfangs hat er keine Ahnung, wohin er sich wenden soll, welches Schaf zu decken ist und welches nicht, steht irritiert vor diesem Überangebot und sitzt wahllos auf alles auf, was nach Schaf aussieht. Er absolviert also zunächst eine Art Lehrzeit, und die strengt ihn ordentlich an, zumal er in den ersten Tagen kaum oder gar nicht zum Fressen kommt – schlimmstenfalls muss man ihn dann wieder rausnehmen, bis er sich von den Folgen seines Übereifers erholt hat. Nach einer gewissen Zeit aber geht das Zeugungsgeschäft glatt und professionell über die Bühne, dann weiß er sehr wohl, welches Schaf brünstig ist, und von nun an findet er genauso viel Zeit zum Fressen wie alle anderen. Die Erfahrung macht's eben, auch beim Bock.

In der Vergangenheit war es üblich, die Böcke permanent in der Herde zu behalten. Nun gab es schon damals Phasen, in denen der Schäfer keine Lämmer brauchen konnte, auf der Reise zum Beispiel – was hat er gemacht? Die Böcke geschwind heimfahren und im Stall abliefern ging damals noch nicht, deshalb entsann er sich einer zeitlosen Form der Verhütung und band ihnen fünf Monate vorher einen Lederschurz um; damit war das Problem gelöst. Heute wird man keinen Bock mit einem ledernen Lendenschurz mehr finden.

Nun ist es so, dass auch Böcke nicht nur ihren Pflichten nachgehen. Sie haben durchaus noch andere Interessen, und da stehen die Macht- und Rangkämpfe untereinander ganz obenan – Männer eben. Und früher hatten Merinoböcke Hörner! Man hat sie ihnen inzwischen weggezüchtet, aber in der Jugend meines Vaters hatten selbst die Schafe Hörner, wie das Urschaf, das Mufflon, sie seit jeher und bis heute besitzt. Und dass mit gehörnten Tieren nicht zu spaßen ist, weiß ich von meinen Ziegen – wenn eine nicht will, wenn sie sich wehrt, besteht Verletzungsgefahr. Der Umgang mit hornlosen Schafen ist doch erheblich leichter.

Aber mit Hörnern oder ohne – Böcke kämpfen um die Rangordnung. Sie rammen die Stirnen gegeneinander. Sie nehmen Anlauf und prallen im vollen Lauf mit den Köpfen aufeinander. Auch dann, wenn zum Beispiel eine Antwort auf die Frage gefunden werden muss: Wer von uns beiden darf dieses Schaf decken? Das muss ausgefochten werden, und dann passiert es nicht selten, dass der arbeitslose dritte Bock inzwischen das Rennen macht und das heißumstrittene Schaf deckt. Darum nehme ich stets mindestens drei Böcke in die Herde auf – wenn zwei sich streiten, gibt's immer noch einen, der tut, was getan werden muss.

Ganz abgesehen davon, dass diese Kämpfe nicht immer gut ausgehen. Auch der Schädel eines Bocks hält nicht alles aus. Da hat man einen alten Bock, der sich in der Rolle des Chefs wohlfühlt und gar nicht daran denkt zurückzutreten. Und obendrein hat man einen jungen Bock, der anfangs noch klein beigibt, sich dem alten aber irgendwann gewachsen fühlt. Nun ist der alte aber nicht gewohnt nachzugeben, obwohl der jüngere mittlerweile tatsächlich der stärkere ist – nur der Beweis steht noch aus, und jetzt kommt es zur Konfrontation. Jeder nimmt zwanzig Meter Anlauf, zweimal 150 Kilo bewegen sich mit Höchstgeschwindigkeit aufeinander zu, und dann prallen beide mit einer Wahnsinnswucht zusammen. Ein Wunder, dass nicht jedes Mal mindestens einer von ihnen tot zusammenbricht; gelegentlich aber kommt auch das vor. Oder, wie ich es auch einmal beobachtet habe … So schnell konnte ich gar nicht eingreifen. Zwei Böcke stellten sich weit voneinander entfernt auf, rannten los, und ein Lamm lief ihnen genau in die Schusslinie. Sekunden später war nur noch ein dumpfer Aufprall zu hören. Das Lamm war auf der Stelle tot.

Sie sind eben Böcke, also ganze Kerle und ungemein selbstbewusst. Es kommt sogar vor, dass einer sich mit der Zeit für den Chef des ganzen Ladens hält und auch vor dem Menschen jeden Respekt verliert. Es gibt welche, die sind überheblich genug, selbst den Schäfer anzugreifen, und wenn ein Bock von hinten kommt – da reichen zwei oder drei Meter Anlauf –, dann geht nicht nur eine Schäferin zu Boden. So ein Exemplar hatten wir vor einigen Jahren.

Einer unserer Böcke nahm sich wirklich alles heraus. Er ging auf meinen Vater los, er ging auf Francesco los – vermutlich hielt er sie für Konkurrenten –, und am Ende konnten wir uns nicht mehr in der Herde bewegen, ohne ihn ständig im Auge zu behalten. Da habe ich ihn mir geschnappt, ihm tief in die Augen geguckt und gesagt: »Hör zu, mein Lieber. An dem Tag, an dem du das bei mir versuchst, ist es aus mit dir.« Ob er wusste, dass ich eine Frau bin? Keine Ahnung. Jedenfalls hat er sich bei mir in den folgenden zwei Jahren keine Frechheiten erlaubt, und wir kamen bestens miteinander aus. Es kann eben helfen, mit Tieren vernünftig zu reden.

Esel Franz

Franz war meine Idee gewesen. Andere Schäfer hatten schon einen Esel, da kam ich auch auf den Geschmack. Der Esel war in Schäferkreisen vor nicht allzu langer Zeit erst in Mode gekommen, denn dazugehört hatte er nie – was hätte man mit ihm auch anfangen sollen? –, doch als in den späten 60er-Jahren die ersten Pferche aus Elektronetzen auftauchten, bot sich ein Esel plötzlich an.

Die schweren Holzhurden waren passé, mit einem Mal konnte man die Schafe abends dort einsperren, wo man sich gerade befand, und viele Schäfer legten sich nun einen Esel zu, der mit der Herde lief und ihr die neumodischen Elektronetze auf seinen Satteltaschen nachtrug, manchmal auch den Proviant. So war es doch viel komfortabler, als darauf angewiesen zu sein, vor Einbruch der Dämmerung einen bestimmten Hof zu erreichen, wo ein Holzpferch oder eine umzäunte Obstwiese auf die Herde wartete. Davon, dass wir mittlerweile ein Auto besaßen, ließ ich mich nicht beirren, das sprach in meinen Augen in keiner Weise gegen einen Esel, denn mit dem Esel kann man den Schafen auch in unwegsames Gelände folgen, mit dem Auto nicht. Kurz und gut, ich wollte meinen eigenen Esel.

Nun hatte ein Schäferkollege am Bodensee genau das Richtige für mich: ein Eselfohlen von einem halben Jahr. Ohne zu zögern, habe ich es genommen und Franz getauft. Es war ein kleiner Hengst, den wir als Erstes kastrierten, weil ein unkastrierter Esel sehr schwierig zu halten ist. Er ist weg, sobald ein Reiter auf einer Stute auftaucht, und mit ihm auch der Pferch – Eselhengste können sich zu ziemlich wilden Kerlen entwickeln. Damit war mein großer Wunsch in Erfüllung gegangen, und außerdem hatte mein Pferd Flocki jetzt endlich den Sommer über Gesellschaft.

Esel Franz wuchs heran. Als er an Statur gewonnen hatte, ließen wir beim Sattler ein Tragegeschirr für ihn anfertigen, ein spezielles Geschirr mit zwei großen Taschen für Batterie und Netze, in die auch ein neugeborenes Lamm hineingepasst hätte, und los ging's. Ans Geschirr gewöhnte er sich, an die Schafe gewöhnte er sich, doch erst jetzt kamen seine Charaktereigenschaften so richtig zur Geltung.

Er war nämlich ein sehr lebhafter Zeitgenosse. Das war so lange nicht weiter schlimm, wie er mich bei meinen Ausritten begleitete. Alles andere als langsam und behäbig, hielt er leicht und locker bei fast jedem Tempo mit dem Pferd mit. Erst auf dem Rückweg, kurz, bevor wir zu Hause gewesen wären, überlegte er es sich manchmal anders, blieb stehen, fraß in aller Ruhe und dachte nicht daran, uns zu folgen. In mancher Hinsicht war Franz ein typischer Esel: Was er nicht wollte, dazu konnte man ihn nicht bewegen. Eines Tages war mein Vater mit der Herde hinter Staringen unterwegs, wo sich ein weites Wiesental erstreckt. Um die Wildsauen davon abzuhalten, in den Wiesen Schaden anzurichten, hatte der Jäger am Waldrand zehn Zentimeter über dem Boden einen Draht gespannt und unter Strom gesetzt. Mein Vater kam mit der Herde an, schaltete den Strom aus, und seine Schafe liefen problemlos drüber. Nicht so Esel Franz. Für den stellte dieser Draht ein unüberwindliches Hindernis dar. Er dachte überhaupt nicht daran, auch nur ein Bein leicht anzuheben, um dieses Teufelszeug von Draht zu übersteigen. Mein Vater war verzweifelt – wie stimmt man einen Esel um? Franz weigerte sich jedenfalls standhaft. Schon damit konnte er mich zur Weißglut treiben, aber was nun gar nicht im Sinne des Erfinders war: Wenn er übermütig wurde, jagte er die Schafe kreuz und quer durch den Pferch. Und mit der Zeit häuften sich seine Unarten.

Nahm ich ihn sonntags morgens einmal nicht zum Ausritt mit, fing er an zu schreien und hörte nicht mehr auf. Esel haben ein mächtiges Stimmorgan – was Wunder, dass sich die Nachbarn in ihrer Sonntagsruhe erheblich gestört fühlten. Einer wusste sich nicht mehr anders zu helfen, als sein Schlafzimmer auf die abgewandte Hausseite zu verlegen, so weit von dieser gefürchteten Geräuschquelle namens Franz entfernt wie nur möglich. Dann wieder, wenn wir ihn auf die Winterweide mitnahmen, brauchte er ein Pferd nur von Weitem zu sehen – schon lief er hin, es zu begrüßen. Wovon die Pferde meist nicht entzückt waren. Was sie da auf sich zukommen sahen, schien ihnen wie ein Wesen aus einer anderen Welt mit langen Ohren und merkwürdigen Aufbauten, obendrein lärmend, weil die Eisenstäbe des Elektrozauns in den Satteltaschen klapperten. Ein solches Wesen kam in ihrem Erfahrungsschatz nicht vor, und so manches Pferd machte bei seinem Anblick auf der Hinterhand kehrt und galoppierte mitsamt Reiter davon.

Im Grunde machte Franz ständig, was er wollte. Vor den Hunden zum Beispiel hatte er keinerlei Respekt. Nun gut, die Hunde hatten ihrerseits erst gar nicht versucht, sich bei ihm Respekt zu verschaffen, Franz war nun mal kein Schaf, und somit gab es nichts und niemanden, der ihn gehindert hätte, sich jede Freiheit der Welt zu nehmen. Er fraß grundsätzlich dort, wo er nicht fressen sollte, also auch in Vorgärten mit Blumen oder Gemüse. Dann bildete er sich ein, in unserer Hierarchie an erster Stelle zu stehen, noch vor meinem Vater, und lief daher am liebsten vorneweg. Kam eine Straße, überquerte Franz sie, ohne links oder rechts zu schauen, und wenn wir neben einer Straße hüteten, spazierte er über die Fahrbahn – mein Vater rannte hinterher und bekam ihn nur mit Mühe eingefangen.

Und dann die Sache mit den guten Leuten, die meinten, dem armen Esel Brot geben zu müssen. Franz war natürlich begeistert. Er fraß ein Stück, er fraß das zweite Stück, dann ging den

Leuten das Brot aus, doch Franz bestand auf mehr. Mit der Zeit wurde es immer schlimmer, seine Uneinsichtigkeit wuchs unaufhörlich, er wurde immer aufdringlicher, und wenn nichtsahnende Spaziergänger auftauchten, die natürlich kein Brot für einen Esel dabei hatten, fand er das nicht nur unangebracht, sondern eine Unverschämtheit, und ging dann auch mal so weit, diese Spaziergänger zu bedrohen. Kurzum, es konnte mit seinen Allüren so nicht weitergehen, und ich beschloss, ihm ein anderes Betätigungsfeld zu suchen.

Den Rest seines Lebens verbrachte Franz im Wildpark von Bad Mergentheim, wo ihm eine neue Aufgabe bei Schauvorführungen mit anderen Tieren zugewiesen wurde. Ab und zu haben wir ihn dort besucht. Nach allem, was wir hörten, mied er die Gesellschaft anderer Esel und hielt sich grundsätzlich bei den Pferden auf. Offenbar hielt er sich für ein Pferd. Es fehlte ihm dort nichts, aber ich frage mich doch, ob er an einem Ort glücklich war, wo er kaum noch Gelegenheit fand, seine Freiheit zu genießen und den ganzen Blödsinn zu machen, den er sich früher geleistet hatte?

Meine Hunde Sammy und Joey

Eines Tages kam Bertrand mit einem Welpen vom Scheren zurück. »Schau mal, wie süß der ist. Seine Eltern sind beide gute Hütehunde, so verkehrt kann er nicht sein.« Ja, süß war er. Ein Gelbbacke, zottelhaarig, schwarzes Langhaar, gelbe Beine, gelbe Maske und als besonderes Merkmal eine weiße Schwanzspitze. »Den musst du aber selbst abrichten.« Denn eigentlich hatte ich keine Zeit, mich um den Neuling zu kümmern. Anderseits war er wirklich süß.

Wir nannten ihn Sammy. Jetzt gab es aber noch Joey, den Welpen vom letzten Jahr, auch noch nicht abgerichtet. Was in früheren Zeiten nichts Ungewöhnliches gewesen wäre. Denn damals ließ man sich Zeit, da ging man mit einem Welpen frühestens nach einem Jahr zu den Schafen, zumindest in der Welt, die ich kannte. Später fand ich heraus, dass man mit einem Welpen nicht früh genug anfangen konnte. Diese kleinen Wollknäuel lernen viel schneller und viel mehr, als man ihnen in der Vergangenheit zugetraut hatte. Auch kann man in diesem Alter schon den Grundstock für den späteren Gehorsam legen, und der sitzt dann für den Rest des Lebens. Mit einem halben Jahr können sie dann schon einfache Aufgaben erledigen, mit einem Jahr kann man mit ihnen hüten. Bei Joey hatte mir leider die Zeit gefehlt.

Außerdem war er nicht gerade als einfach zu bezeichnen. Als er ein Dreivierteljahr alt war, hatten wir es einmal mit ihm versucht und ihn zum Hüten mitgenommen. Die Schafe standen auf einer Weide, wo nicht viel schiefgehen konnte. Kofferraum auf, schon war Joey draußen, und im nächsten Augenblick fing er an, die Schafe zusammenzutreiben und die Herde zu umrunden, unaufhörlich, ein ums andere Mal, wie besessen. Jegliches Rufen war vergebens. Wir wollten ihn einfangen, liefen ihm nach, liefen ihm entgegen, verstellten ihm den Weg, alles sinnlos, Joey war schneller und viel zu beschäftigt – ha, Schafe, endlich … Kein Zweifel, das war ein richtig harter Hund, einer vom alten Schlag mit starkem Trieb. Danach verspürte keiner von uns mehr den Ehrgeiz, dieses Experiment zu wiederholen. Joey blieb bis auf Weiteres im Zwinger, später kam Sammy dazu, und jetzt musste eine Lösung gefunden werden.

An einem heißen Sommertag nahm ich Joey mit, angeleint. Ich hatte mir einen Plan zurechtgelegt. Ich hütete die Schafe satt und stellte sie anschließend in die pralle Sonne an einen Hang, weglaufen würden sie mir dort bestimmt nicht. Dann ließ ich Joey von der Leine, und sofort rannte er los, stürzte sich sozusagen kopfüber in die Arbeit und umkreiste die Herde in Höchstgeschwindigkeit, hangauf, hangab, wieder und wieder. Mit der Zeit wurde er müde, aber ich gönnte ihm keine Pause, ich schickte ihn so lange, bis er nicht mehr konnte, bis ihn seine Kräfte verließen, und von diesem Moment an war Joey wie verwandelt – er gehorchte, er kam, wenn er gerufen wurde, und anzuleinen brauchte ich ihn auch nicht mehr. Die Feinheiten arbeiteten wir nach und nach heraus, und mit der Zeit entwickelte sich Joey zu unserem besten Hund.

Und jetzt zurück zu Sammy, dem hübschen Gelbbacken. Bertrand nahm ihn eine Weile lang zum Hüten mit, der Hund aber war extrem eigenwillig und immer öfter musste er zu Hause bleiben. Aus dem süßen Welpen war ein selbstsicherer, triebiger Hund geworden. Es war offensichtlich, dass seine Ausbildung viel Zeit in Anspruch nehmen würde. Ich überwand meinen inneren Schweinehund und fuhr selbst mit Sammy raus.

Es ist ein leichtes Gehüt mit klaren Grenzen, und Sammy macht seine Sache anfangs gar nicht schlecht, er absolviert seine Kontrollgänge mit der Präzision eines Uhrwerks, dann aber vergisst er sich plötzlich und stößt in die Herde, um ein Schaf zu packen. Und diese Ausfälle wiederholen sich, nichts kann ihn davon abhalten. Ich schimpfe, schreie, tobe, laufe drohend auf ihn zu – völlig unbeeindruckt lässt er meine Wutausbrüche an sich abtropfen; sein Trieb ist stärker, er kann einfach nicht an sich halten. Manchmal treibt er ein Schaf weg, über die Weide oder bis in einen Wald hinein. Manchmal kommen beide zusammen wieder zurück, manchmal der Hund allein und das Schaf später, in einigen Fällen muss ich das Schaf suchen gehen.

Einmal verjagt er ein Schaf, als wir gerade durch eine Autobahnunterführung laufen. Als Sammy von der Verfolgung ablässt, sucht es wieder Anschluss an die Herde, doch statt die Unterführung zu nehmen, ersteigt es die Böschung und steuert die Autobahn an – Schafe laufen nun einmal am liebsten bergauf. Es kommt heil über die erste Fahrbahn, es überwindet den Mittelstreifen, es überlebt auch die Überquerung der zweiten Fahrbahn; jetzt steht es verzweifelt schreiend oben hinter der Leitplanke und läuft hin und her, während ich von unten bei der Herde wartend mitansehen muss, wie gleich hinter meinem Schaf die Autos vorüberrasen. Irgendwann wird es da oben ruhiger, und mit einem Mal sind gar keine Autos mehr zu sehen. Was ist passiert? Die Polizei hat die Autobahn in der einen Richtung gesperrt und kann das Schaf an der nächsten Behelfsausfahrt einfangen.

Solche Momente möchte man als Schäfer nicht erleben; mit Sammy konnte es also nicht so weitergehen. Ich entschloss mich zum Kauf eines Teleimpulsgeräts, und nach anfänglichen Schwierigkeiten funktionierte es wunderbar. Salopp gesagt, handelt es sich dabei um eine Fernbedienung für den Hund, bestehend aus Sender und Halsband – der Sender für mich, das Halsband für den Hund. Drücke ich den Knopf des Senders, empfängt der Hund ein Tonsignal oder einen leichten Reiz und weiß: Man beobachtet mich. Erziehen kann man einen Hund mit diesem Gerät nicht, der Grundgehorsam muss gegeben sein, aber in Erinnerung rufen kann sich der Schäfer damit, und auch auf die Ausführung seiner Befehle auf weite Entfernung bestehen. Bei Sammy jedenfalls wirkte es Wunder. Packte er sich wieder mal ein Schaf, konnte ich ihn jetzt im selben Augenblick abstrafen.

Er wusste, wann er das Gerät am Leib hatte. Er wusste, dass er dann zu gehorchen hatte. Er wusste auch, wann die Batterie leer war und dass er in diesem Fall über die Stränge schlagen konnte. Er kannte auch die Reichweite des Senders und nutzte dieses Wissen weidlich aus. Obendrein wusste er, wann er zu sehen war und wann nicht, und als ich einmal austreten ging und Sammy kurz aus den Augen verlor, leistete er sich sein größtes Bubenstück: Ich komme zurück und entdecke ein totes Schaf mit durchgebissener Kehle. Ich war fassungslos. Von diesem Tag an nahm ich ihn nicht mehr ohne Maulkorb mit.

Aber – wenn ein Hund so unberechenbar ist, kann man dann überhaupt mit ihm arbeiten?

Nun, Sammy sollte seinen Meister noch finden. Nachdem sich nämlich Francesco eingearbeitet hatte, nahm er sich Sammys an und schaffte mit unendlicher Geduld das Unmögliche: Die beiden wurden ein Traumpaar, und mit der Zeit brachte dieser unbeherrschte Hund eine nie gekannte Ruhe in die Herde. Sammy arbeitete alle vier Seiten allein, ohne die Schafe zu stören; ganz souverän machte er ab und zu seinen Kontrollgang, umrundete die ganze Herde, schaute nach, ob alles seine Ordnung hatte, und legte sich wieder hin. Er brauchte keinen zweiten Hund, er hätte auch keinen neben sich geduldet, und die Schafe kannten ihn genau, sie wussten, dass er irgendwo für sie unsichtbar im Gras lag und dennoch alles überblickte, alles unter Kontrolle hatte, und nie hätte eins gewagt, über die Grenze zu laufen, nie wären sie allesamt zu schnell vorgerückt, immer standen sie genau auf dem Stück, wo man sie hingestellt hatte und fraßen. Es erschien mir wie ein Wunder, in welchem Maße Sammy sich Respekt verschafft hatte. Traf ich dann mit meinen beiden Dauerläuferhunden auf der Weide ein, um Francesco abzulösen, wirkte Sammys unantastbare Autorität noch eine Weile nach, doch irgendwann kamen alle Schafe der Herde überein, dass Sammy endgültig abgezogen war, und kehrten zu ihren alten Unarten zurück.

Leider wurde Sammy nicht sehr alt. Verschiedene Leiden stellten sich ein, und die Schmerzen machten ihn bösartig. Erst griff er mich an, dann biss er sogar Francesco, und da beschlossen wir, ihn zu erlösen.

Und Joey? Unser temperamentvoller, aber ebenso exzellenter Hütehund Joey?

Es war so: Wir hüteten damals auf der Alb und hatten auf diesem Flickenteppich von Weiden bisweilen an die achthundert Schafe stehen. Jetzt lebte in einem Nachbardorf der Altschäfer Hackel, und der schaute nun immer häufiger bei uns auf ein Schwätzchen vorbei; er war ja bereits in Rente und hatte viel Zeit. Mit ihm freundeten wir uns an, und nach einer Weile sprang er auch für uns ein. Bis dahin waren wir nämlich jeden Morgen von Sontheim in die Alb gefahren, nur um uns davon zu überzeugen, dass die Schafe über Nacht nicht ausgebrochen oder womöglich von einem Hund hinausgetrieben worden waren. Aber unsere Weide lag sozusagen vor Altschäfer Hackels Haustür, und da man sich sympathisch war, nahm er uns irgendwann die morgendlichen Kontrollgänge ab, spazierte mit seinem Hund hinaus und warf einen Blick auf unseren Pferch. Später ging sein Entgegenkommen sogar so weit, ganze Tage für uns zu hüten, wenn wir mal freihaben wollten.

Er sprang also immer wieder für uns ein und machte seine Sache auch sehr gut, er war solche schwierigen Weiden ja gewöhnt – da starb sein alter Hund. Aber was ist ein Schäfer ohne Hund? In der Welt der Schafe zumindest ein Niemand. Also haben wir ihm unseren Joey ausgeliehen, für den Sommer zunächst, damit er weiterhüten konnte, doch da sich die beiden ganz außerordentlich gut verstanden, blieb unser Hund endlich ganz bei ihm. Wir brachten es einfach nicht übers Herz, die beiden auseinanderzureißen, auch weil wir Joey anmerkten, wie sehr er an diesem alten Schäfer hing, und so begann Joey ein neues Leben als Hund von Herrn Hackel.

Die beiden waren ein Herz und eine Seele. Joey war, wie gesagt, ein harter Hund, ein scharfer Hund, und Hackel ging auf die achtzig zu, aber so alt er war, er verstand sich auf Hunde und hatte auch diesen im Griff.

Nun kam Joey in die Jahre. Eines Tages fand Hackel heraus, dass sein Hund eine Vorliebe für die Garage hatte – vielleicht, weil der Weg zum Auto kürzer war –, und gestattete ihm den Umzug. Joey wechselte also vom Hundezwinger in die Garage, wo ein Regal stand, das er sich jetzt als Schlafplatz auserkor. Und offenbar hatten sich damit alle Wünsche für Joey erfüllt, denn dort, in diesem Regal, wohnte er bis ans Ende seiner Tage.

Das ist der Grund, weshalb dieser Hund nach seinem Tod nicht als Fell in meiner Wohnung landete, wie alle anderen außergewöhnlichen Hunde, die ich jemals besaß. So ganz vermag ich mich von ihnen nicht zu trennen und behalte deshalb ihre Felle. Sammy zum Beispiel liegt als Bettvorleger in meinem Schlafzimmer, den Kopf vom Bett abgewandt – sicherheitshalber.

Mit Hunden reden

Was denken die Schafe über die Hunde?

Man wird von denken wohl gar nicht reden können, aber eins ist sicher: Die Schafe kennen jeden Hund genau. Von jedem haben sie sozusagen einen Steckbrief im Kopf und wissen, was auf sie zukommt, sobald die Heckklappe unseres Jeeps aufgeht und der Hund von der Ladefläche ins Freie springt – ob sie sich zusammenreißen müssen, ob sie sich kleine Freiheiten nehmen dürfen, ob sie womöglich ihre Spielchen mit ihm treiben können. Es ist wie in der Schule – es gibt scharfe Lehrer, es gibt gemütliche Lehrer, und als Schüler weiß man, bei wem man sich was erlauben kann. So brauche ich beispielsweise nur »Bär!« zu rufen, den Namen eines meiner derzeitigen Hunde, schon reagieren die Schafe und reihen sich wieder in die Herde ein, ohne überhaupt abzuwarten, ob der Hund wirklich kommt. Es hätte nicht dieselbe Wirkung, »Susi!« zu rufen, denn die ist älter und gemütlicher und auch nachsichtiger. Was ihre Hundekenntnis angeht, darf man die Schafe also nicht unterschätzen. Mit jedem verbinden sie sehr genaue Vorstellungen.

Obendrein sind Schafe keineswegs die Unschuldsengel, für die sie allgemein gehalten werden. Gelegentlich erlauben sie sich nämlich, einen Hund zu ärgern. Aber fangen wir mit den Ziegen an, die dieses Spiel besonders gut beherrschen.

Manchmal habe ich einen Hund angeleint neben mir liegen, und dann bauen sie sich in einem gewissen Sicherheitsabstand ihm gegenüber auf, erst eine, dann zwei, drei oder vier Ziegen, und fixieren ihn mit den Augen, starren ihn an, machen das, was man bei Boxern als »staring down« bezeichnet, das Verunsichern des Gegners durch bohrende Blicke vor dem Kampf. Wäre der Hund jetzt nicht angeleint, würde er sofort wütend dazwischen gehen und für klare Verhältnisse sorgen; nicht einmal einem menschlichen Beobachter entgeht ja, dass dieser Ziegenblick abfällig gemeint ist. Selbstverständlich kann sich auch der angeleinte Hund Respektlosigkeiten dieser Art nicht bieten lassen und springt laut bellend auf, aber in diesem Fall drehen die Ziegen nur gelangweilt ab. Wahrscheinlich wissen sie, dass ein angeleinter Hund vorübergehend machtlos ist, bestimmt sogar, und zeigen ihm damit noch einmal ihre Verachtung.

Und die Schafe beteiligen sich ab und zu an diesem Spiel. Sie treiben es nicht ganz so weit wie die Ziegen, sie machen es nicht ganz so offensichtlich, aber sie finden an dieser kleinen Bosheit durchaus auch ihren Gefallen. Ich habe sogar Schafe, die Hunde angreifen. Das ist in der Herde nicht jedermanns Sache, aber einzelne Tiere sind tatsächlich so frech, einem Hund Kontra zu geben. Natürlich bekommen sie jedes Mal eins drauf, aber wenn ein Hund nicht wesensfest ist, wenn er da nachgibt, kann er einpacken. Dann hat er seine Autorität verspielt. Es sieht also beinahe so aus, als kreise das Denken von Schafen nicht zuletzt um die Frage, wie man Hunde austricksen – und wie man ihnen ihre Interventionen heimzahlen könnte.

Und was denken die Hunde von den Schafen?

Kurz gesagt: Sie lieben sie. Hunde haben Schafe nämlich zum Fressen gern. Leider ist ihnen bei uns Schafe fressen verboten, und so geben sie sich mit der zweitbesten Lösung zufrieden und machen es sich zur Lebensaufgabe, Schafe zusammenzuhalten und zu behüten. Anders gesagt: Wir lenken den Jagdtrieb, der jedem Hund zu eigen ist, in festgelegte, sinnvolle Bahnen, und das bereitet ihnen ein unbändiges Vergnügen. Schafe hüten ist ihr Lebensinhalt, und darin gehen sie voll und ganz auf, was man schon an der unglaublichen Lebensfreude merkt, die Hütehunde versprühen. Zu sagen, dass sie gern arbeiten, wäre also untertrieben – das ereignislose Leben eines gewöhnlichen Haushundes würde sie verkümmern lassen.

Wobei es Unterschiede zwischen den einzelnen Hunden gibt. Einige sind ganz und gar auf Schafe fixiert, andere mehr auf den Menschen, für den sie arbeiten. Caro zum Beispiel war völlig verrückt nach Schafen und wäre todunglücklich gewesen, wenn er nicht hätte hüten dürfen, aber solange er bei uns war, hörte er auf keinen anderen als mich. Selbst Francesco zeigte er die kalte Schulter. Schafe waren Caros Leidenschaft, aber mit Francesco arbeiten? Niemals.

Auch die Gelbbacke Lucy, einer meiner derzeitigen Hunde, ignoriert jeden außer mir, selbst Francesco, der sie jeden Tag füttert. Das gilt aber nur, wenn ich in der Nähe bin – ist Francesco allein mit ihr, erkennt sie ihn an. Bella und Susi hingegen ist völlig egal, mit welchem von uns beiden sie arbeiten, sie freunden sich auch mit jedem beliebigen anderen Menschen an und schmeicheln sich bei ihm ein. Macht sich hier vielleicht ein Unterschied zwischen Rüde und Hündin bemerkbar?

Geringfügige Unterschiede gibt es immerhin. Eine Hündin ist in der Regel gehorsamer, fügt sich besser ein und lässt sich eher von einem Befehl beeindrucken, ist folglich leichter zu handhaben als ein Rüde. Ein Rüde tritt selbstbewusster auf. Wenn man zum Beispiel die Geschwister Bär und Bella vergleicht … Bär hatte schon als Welpe die doppelte Größe seiner Schwester Bella. Er wiegt auch heute noch das Doppelte. Bei Bella reicht ein scharfes Wort, schon legt sie sich unterwürfig auf den Boden und fragt, was sie falsch gemacht hat – Bella muss man eher ermuntern. Bär dagegen geht einfach drauflos und zieht sein Programm durch, den muss ich bremsen, und bis er innehält und aufschaut, habe ich mich heiser geschrien. Aber wenn ich ihn brauche, ist er zur Stelle; dass Schafe davonlaufen, kommt bei ihm nicht vor. Mit anderen Worten: Bär darf ich keinen Augenblick aus den Augen lassen, sonst übertreibt er, aber verlassen kann mich auf ihn, hundertprozentig. Diese Unterschiede aber beziehen sich auf das unterschiedliche Temperament von Hündin und Rüde, nicht auf die Einstellung zu Menschen – der Rüde Caro und die Hündin Lucy unterscheiden sich in diesem Punkt zum Beispiel überhaupt nicht; der eine hing genauso an mir, wie die andere heute an mir hängt.

Jeder Hund hat sein eigenes Temperament, und ob er einen bestimmten Menschen besonders mag oder nicht, hat nichts damit zu tun, ob es sich um einen Rüden oder um eine Hündin handelt. Ich jedenfalls konnte nie einen Unterschied feststellen. Aber egal, ob ein Hund mehr auf Schafe oder eher auf Menschen bezogen ist, in die Lehre gehen muss er in jedem Fall. Er wird seine Aufgaben lernen müssen, die man grob vereinfacht als die eines lebendigen Zauns beschreiben könnte, und genauso wird er die Sprache des Schäfers erlernen müssen – wie umgekehrt der Schäfer mit der Sprache der Hunde vertraut sein muss. Und diese Sprache ist eine Körpersprache.

Ich erinnere mich noch ebenso gut wie ungern an bestimmte Szenen in meiner Anfangszeit: Ich rufe dem Hund etwas zu, und er reagiert einfach nicht. Die Schafe fressen, wo sie nicht fressen sollen, doch der Hund stellt sich taub, und ich weiß nicht mehr weiter, ich verzweifele schier. Ist er ungehorsam? Will er nicht, versteht er nicht? Man könnte aus der Haut fahren …

Mit der Erfahrung aber wächst das Verständnis füreinander. Hund und Schäfer legen sich eine gemeinsame Sprache zu, oder, genauer gesagt: Der Hund eignet sich bis zu einem gewissen Grad die Sprache des Menschen an, und der Schäfer lernt, sich der Sprache des Hundes zu bedienen. Das eine sind dann gesprochene Kommandos, bestimmte Worte, deren Sinn der Hund erfasst und danach handelt. Ich kann einen Hund dazu bringen, bis zu fünfzig Kommandos zu unterscheiden – wer bei einer solchen Vielzahl ins Schwimmen geraten würde, wäre ich. Grundsätzlich aber lässt sich ein Hund mit der Stimme dirigieren.

Das andere ist die Körpersprache, die ureigene Kommunikationsform des Hundes. Als Menschen bedienen wir uns zwar im Gespräch auch dieser Sprache aus Zeichen und Gesten, aber unbewusst, und das ist der springende Punkt: Da sich Hunde untereinander fast ausschließlich auf diese Art verständigen, achten sie permanent auf die kleinsten Bewegungen, die feinsten Signale des Schäfers. Nehmen wir meine Susi als Beispiel für die stumme Sprache von Hunden.

Sie ist eine dominante Hündin, sie lässt sich nichts gefallen, und sie bedient sich einer abgestuften Strategie, um ihren Willen durchzusetzen. Angenommen, ein anderer Hund versucht, ihr das Essen streitig zu machen, dann hält sie als Erstes inne und schaut ihn ruhig und konzentriert an. Das wäre Stufe eins, und meist zieht sich der andere Hund auf diesen Blick hin schon zurück. Wenn nicht, geht sie zu Stufe zwei über: Ihre Oberlippe hebt sich ganz leicht und entblößt das Weiß eines Eckzahns. Nein, nicht den ganzen Zahn! Als Hund weiß man ja, was gemeint ist, und sollte selbst das nicht helfen, folgt Stufe drei: Die Oberlippe zieht sich noch weiter nach oben und gestattet dem Kontrahenten einen Blick auf ihr Gebiss in seiner ganzen Pracht. Spätestens jetzt sollte der andere kapiert haben, dass es klüger wäre, auf dieses Abenteuer zu verzichten – wenn nicht, kommt Stufe vier: die Attacke, und dann agiert sie blitzschnell, dann hat sie den anderen im Handumdrehen am Wickel.

So funktioniert es unter Hunden. Und im Prinzip besteht gar kein Unterschied zum Menschen, der ja auch diese vier Stufen der Dringlichkeit kennt: Als Erstes wird freundlich angefragt, oder es erfolgt eine höfliche Aufforderung. Als Nächstes wird aus der Anfrage eine deutliche Ansage, wobei Nachdruck in die Stimme gelegt wird. Und im letzten Schritt wird die Ansage im Befehlston wiederholt, im Tonfall einer unmissverständlichen Warnung. Wenn das nicht reicht, sind Konsequenzen fällig, und zwar immer und ausnahmslos. Hier handelt es sich also um ein

Grundmuster der Kommunikation, und was nun die Erziehung von Hunden angeht: Wenn ich genau in diesen Schritten vorgehe, bekomme ich nicht nur einen gehorsamen Hund, ich bekomme auch einen selbstsicheren Hund, der die Regeln kennt und dankbar dafür ist, dass klare Verhältnisse herrschen. Erst dann, wenn die gemeinsame Sprache gefunden und die Rangordnung geklärt ist, fühlt sich der Hund wohl in dem kleinen Rudel, das er zusammen mit dem Menschen bildet. Eigentlich ist es wie im richtigen Leben: feste Regeln, eindeutige Ansagen, klare Verhältnisse, und das Zusammenspiel funktioniert.

Das vorausgesetzt, kann ich mir als Schäfer die gesprochenen Kommandos oft sparen. Wenn ich ständig mit einem Hund zusammenarbeite, reichen auch Gesten oder gar Blicke – vorausgesetzt, meine eigene Körpersprache ist mir jederzeit bewusst. Der Hund reagiert ja auf die kleinste Bewegung. Er beobachtet den Menschen ununterbrochen, schaut zu ihm hinüber und ist ständig auf dem Sprung – kaum bewege ich eine Hand, einen Arm, schon schießt er los. Auch deshalb kontrolliert der Schäfer seine Körpersprache; er fuchtelt nicht herum, er rennt nicht herum, er bewegt sich mit Bedacht, um seine Hunde nicht zu irritieren. Schwieriger wird's beim Abrufen, wenn der Hund seine Aktion einstellen und zurückkommen soll – das funktioniert mit Gesten allein selten, da ist manchmal ein Machtwort fällig. Es gibt allerdings auch Hunde, die völlig selbständig arbeiten, aber das sind die absoluten Profis, und die sind selten.

Entscheidend für das Verständnis zwischen Schäfer und Hund aber ist etwas anderes, viel Subtileres, nämlich ein grundsätzliches Einvernehmen, ein gewissermaßen seelischer Bezug zwischen Mensch und Hund. Es ist tatsächlich so, dass sich beide in den jeweils anderen hineinversetzen können. Wenn diese innere Verbindung fehlt, mögen die Kommandos stimmen, die Körpersprache mag stimmen, doch in der Zusammenarbeit wird es trotzdem zu Missverständnissen kommen.

Ich jedenfalls habe ständig eine drahtlose Verbindung zu meinen Hunden, ich stehe beim Hüten auch jederzeit auf diese Weise mit ihnen in Kontakt. Es braucht nur jemand hinzuzukommen und mich anzusprechen, ja, ein anderer braucht nur irgendwo im Gehüt zu stehen, schon ist diese Verbindung dort, wo er sich gerade aufhält, unterbrochen. Solange sich nichts Besonderes in der Herde tut, macht es mir nichts aus, aber wenn ich die Hunde schicken muss, empfinde ich diese Unterbrechung als äußerst störend. Kurzum: Werde ich abgelenkt, sei es durch einen Telefonanruf, sei es durch ein Gespräch, ist diese unsichtbare Verbindung blockiert, und der Hund macht, was er will.

Was sich zwischen Schäfer und Hund abspielt, ist sehr persönlicher, fast intimer Natur. Und natürlich bilden Schäfer ihre Hunde meist selbst aus. Niemand sonst wäre dazu in der Lage.

Das feine Zusammenspiel zwischen Schäfer, Hund und Herde ist etwas ganz Einzigartiges, denn hier dirigiert der Mensch mithilfe einer Spezies eine andere. Wer sich die Zeit nimmt, Hütehunden für ein, zwei Stunden bei der Arbeit zuzuschauen, wird aus dem Staunen nicht herauskommen. Er wird Hunde von sprühender Vitalität erleben, die mit Feuereifer bei der Sache sind. Am Ende wird er den Eindruck gewonnen haben, dass sie auf der Weide, bei der Herde, in ihrem eigentlichen Element sind, und wahrscheinlich wird er auch etwas wie Hochachtung dafür empfinden, wie selbständig und zuverlässig diese Hunde im Sinne des Schäfers arbeiten. Ist das alles angelernt, oder haben wir es hier einfach mit Naturtalenten zu tun?

Tatsächlich liegt einem Hütehund manches von dem, was er können muss, schon im Blut, sein Hütetrieb muss nur noch in Form gebracht werden. Anderes muss gründlich geübt werden, wie zum Beispiel, in der Furche zu gehen, wobei die Furche stets die Grenze zwischen erlaubter Weide und verbotenen Früchten markiert. Wieder anderes verlangt vom Hund ein hohes Maß an

Gehorsam, es ist nur durch intensives Training zu erreichen, und dazu gehört vor allem das, was wir in der Schäfersprache als kneifen bezeichnen: das Zupacken, ohne zu verletzen.

Hunde müssen Schafe, die den Verlockungen am Wegesrand erliegen, kneifen, um sich Respekt zu verschaffen. Ein Hund, der lediglich herumrennt, macht sich lächerlich und wird nicht mehr ernst genommen. Diesen Respekt muss er sich also verschaffen, und das gelingt ihm nur, wenn er kneift. Zubeißen aber darf er nicht.

Natürlich ist es nicht leicht, ihm den Unterschied beizubringen, und es wird immer Hunde geben, die dabei entweder zu heftig oder zu zaghaft vorgehen. Was die Sache für den Hund aber noch schwieriger macht: Der Schäfer erwartet vom Hund obendrein einen sauberen Griff, das heißt, an die Rippen, vielleicht auch den Nacken oder die Keule, dorthin jedenfalls, wo das Schaf durch seinen Pelz geschützt und die Verletzungsgefahr am geringsten ist – Beine und Ohren sind tabu, zubeißen und das Schaf festhalten darf er auf keinen Fall. Einmal kurz anfassen und sich gleich wieder zurückziehen, das hat er zu lernen. Ein scharfer, triebiger Hund braucht dabei eine gute und konsequente Führung.

Selbstverständlich fruchtet ein solches Training nicht bei Hunden jeder beliebigen Rasse. In ihre Ausbildung fließt ja viel Zeit, erst nach Jahren beherrschen sie ihr Handwerk wirklich, und so viel Mühe macht man sich verständlicherweise nur mit Hunden, die die besten Voraussetzungen für diese Arbeit mitbringen. In Deutschland sind das vor allem die Altdeutschen Hütehunde.

Der unbedarfte Beobachter würde sie für Mischlinge halten. Das ist nicht der Fall. Diese Hunde sind auf ihre Eignung zum Hüten gezüchtet. Sie stammen von guten Hütehunden ab, das Hüten von Schafherden liegt bei ihnen sozusagen in den Genen. Außerdem müssen sie robust sein, brauchen eine gute Gesundheit und einen strapazierfähigen Knochenbau, denn Arbeit wartet das ganze Jahr über auf sie, im Sommer, wenn es heiß ist, wie im Winter, wenn es kalt ist, und an langen Regentagen genauso – ganz abgesehen davon, dass ein Hütehund sechzig Kilometer am Tag, wenn's hoch kommt achtzig Kilometer läuft, das wären dann zwei Marathonstrecken. Und obendrein werden Gehorsam und Arbeitseifer von ihnen erwartet. Worauf man bei ihnen jedoch nie geachtet hat, ist ein einheitliches Erscheinungsbild. Wie sie aussehen, ist egal, da schlagen sich die verschiedensten regionalen Unterschiede nieder, wie diese Hunde auch vom Charakter und den Fähigkeiten her den jeweiligen regionalen Gegebenheiten Süddeutschlands, den deutschen Mittelgebirgen oder der Lüneburger Heide angepasst sind.

Zu den traditionellen Schlägen Württembergs gehört der Süddeutsche Schwarze. Bei uns sind aber auch die Gelbbacken verbreitet, Hunde mit schwarzem Fell, gelber Maske und gelben Beinen wie meine Lucy. Dann gibt es die Harzer Füchse, außerordentlich schlaue Tiere, einheitlich rot, die nicht grundlos im Verdacht stehen, Gedanken lesen zu können – mitunter sind sie schon fertig, bevor man das Kommando gegeben hat. Bei meinen Hunden Susi und Bär ist ein Harzer Fuchs eingekreuzt, Max wiederum ist ein Tiger und Bella eine Süddeutsche Schwarze, allein bei meinen fünf Hunden kommen also schon vier verschiedene Schläge zusammen, doch letztlich ist jeder von ihnen ein Altdeutscher Hütehund, und das ist immer ein harter, ausdauernder Bursche, der rackert, der sich verausgabt, ein echtes Raubein also, dabei ehrlich und verlässlich und sehr fleißig.

Dazu noch eine Geschichte von meinem Vater. In den 50er-Jahren war der Spitz bei den Bauern als Wachhund beliebt, praktisch jeder Hof hier in Sontheim hielt sich einen draußen vorm Haus an der Kette. Damals trieb mein Vater seine Herde nach der Schur durchs Dorf, und aus jeder Hofeinfahrt kläffte es fürchterlich, wenn er vorbeikam. Sein Altdeutscher Hütehund ließ sich das nicht mehr gefallen, nahm sich jeden Spitz einzeln vor und schüttelte ihn kräftig durch. Seither verkrochen sich die Kläffer in ihren Hütten, sobald mein Vater mit seiner Herde im Anmarsch war, und was mir an dieser Geschichte besonders gefällt: Heute würde es daraufhin eine Flut von Anzeigen geben – damals hat sich keiner drüber aufgeregt; sollten die Hunde ihre Differenzen doch untereinander austragen. Was für herrliche Zeiten!

Die große Merino-Expedition

Dass der Mensch in kalten Wintern nicht friert, verdankt er dem Schaf. Wenn er bei Regen nicht nass wird, verdankt er es dem Schaf. Wenn ihm in heißen Sommern die Kleidung nicht am Leib klebt, verdankt er das ebenfalls dem Schaf. Und wenn er an warmen Tagen seine Umgebung nicht durch Gerüche belästigt, verdankt er auch das dem Schaf.

Wolle ist nämlich ein fantastisches Naturprodukt. Sie kühlt im Sommer und hält im Winter warm und verhindert bei Regen, dass man bis auf die Haut nass wird, weil Wolle ihr Eigengewicht an Feuchtigkeit aufnehmen kann, ohne dass sie sich feucht anfühlt. Wenn ich in einem Baumwoll-T-Shirt schwitze, wird es nass, unter Wollkleidung aber bin ich immer trocken, und das Beste daran: Es entsteht kein übler Geruch. Andere Kleidung stinkt über kurz oder lang, und ich muss sie täglich wechseln, Wollkleidung aber kann ich lange tragen, ohne dass man sie waschen muss. Obendrein hält Wolle UV-Strahlen genauso ab wie elektromagnetische Wellen. Kunstfaser und Baumwolle reichen nicht annähernd an die wunderbaren Eigenschaften der Schafswolle heran, man sollte daher meinen, dass mit etwas derart Kostbarem, derart Wertvollem auch gutes Geld zu verdienen sei. Das ist aber nicht der Fall. Jedenfalls nicht in Deutschland. Unsere Merinos waren eben jahrhundertelang ihrer Wolle wegen begehrt gewesen.

Wolle ist nach wie vor wertvoll, doch dieser Wert wird nicht mehr honoriert. In den 50er-Jahren hätte ich für ein einziges Kilo 14 D-Mark bekommen – mehr als den damaligen Tagesverdienst eines Arbeiters –, dann sanken die Wollpreise. In einer

Chronik habe ich folgende Zeilen gefunden: »Der Ernst der Zeit ist riesengroß und drückt den Schäfer schwer. Wo bringt er bei dem Wollepreis das Geld zum Leben her?« Heute zahlt mir der Wollhändler für ein Kilogramm Wolle tatsächlich nur noch einen Euro. Bei guter, weißer Merinowolle, wohlgemerkt. Der Wert der Wolle richtet sich nach Feinheit, Farbe und Verschmutzungsgrad. Früher wurde jedes Wollvlies auf einem Lattenrost ausgebreitet, um Verschmutzungen und kürzere Wollhaare zu entfernen. Die Wolle wurde sortiert nach Mutterwolle, Jährlingswolle, Lammwolle, Bockwolle und brauner Wolle.

Habe ich ein braunes Schaf, darf ich meinem Wollhändler auf Knien danken, dass er dessen Wolle überhaupt mitnimmt, denn dafür gibt es praktisch keinen Abnehmer. Bezahlen tut er nicht dafür. Jeder will weiße Wolle, weil man sie färben kann; mit brauner Wolle geht das nicht.

Vom Wollertrag kann der Schäfer in Deutschland nicht mehr leben. In den 60er- und 70er-Jahren hielten sich seine Einkünfte aus Fleisch und Wolle noch die Waage, aber dann ... Die Älteren wissen es noch: Früher gab es kein Lammfleisch zu kaufen, es wurde Hammelfleisch aufgetischt. Der Schäfer hielt seine Hammel ja für die Wolle, und wenn sie auf die Schlachtbank kamen, waren sie bereits mehrere Jahre alt – ein solches Tier würde man heute als Altschaf bezeichnen –, sie waren auch ziemlich fett und hatten obendrein diesen speziellen Eigengeschmack, der noch nie jedermanns Sache gewesen ist. Damals hätte man sich auch dreimal überlegt, ein gesundes Tier zu schlachten, da wären auf jeden Fall zuerst die kranken und schwachen dran gewesen. Doch die Zeiten änderten sich. Durch die Baumwollimporte und die Entwicklung von Kunstfasern schrumpften die Wolleeinnahmen der hiesigen Schäfer, und das Fleisch ihrer Tiere gewann an Bedeutung. Was früher undenkbar gewesen wäre, nämlich ein junges, gesundes Lamm zu schlachten, ist deshalb längst zur Normalität geworden: Lämmer werden mit einem halben bis Dreivierteljahr geschlachtet und haben dann natürlich auch nicht den Eigengeschmack des Hammels.

Auch für meinen Betrieb lautete folglich das Motto: Fleisch statt Wolle. Nun wollte ich bei der hohen Qualität unserer Wolle bleiben, denn gute Wolle deckt die Unkosten immer noch besser als schlechte, aber was das Fleisch anging, wollte ich mit der Zeit gehen. Nun gibt es aber ausgesprochene Fleischrassen, zu denen auch das Suffolk-Schaf gehört, und irgendwann legte ich mir einen Suffolk-Bock zu. Es war ein Optimierungsversuch, und mit dem Ergebnis waren wir eigentlich zufrieden: Die Lämmer nahmen tatsächlich recht schnell zu, bloß – bei mir wurden sie zu schnell fett. Und auch ihre Marschfähigkeit ließ zu wünschen übrig, wie sich einmal auf der Alb zeigte.

Es war ein heißer Sommersonntagnachmittag. Ich zog mit der Herde an einem der typischen Steilhänge der Alb entlang, die Sonne schien unerbittlich, und schon jetzt war nicht zu übersehen: Die Kreuzungslämmer verspürten wenig Lust weiterzulaufen, sie hätten sich viel lieber in den kühlen Schatten gelegt. Dann kamen wir auf eine viel und schnell befahrene Bundesstraße, die wir überqueren mussten, um zur nächsten Weide zu gelangen.

Als die Straße frei ist, laufe ich los. Die meisten Schafe sind schon auf der Fahrbahn, haben jetzt auch das frische Futter auf der anderen Straßenseite entdeckt und drängen vorwärts – aufhalten lassen sie sich in diesem Zustand gespannter Erwartung nicht mehr –, und meine Kreuzungslämmer trödeln unschlüssig am anderen Straßenrand herum. Ich schicke einen Hund, aber anstatt sich nun doch der Herde anzuschließen, machen die Lämmer kehrt und scharen sich um einen schattenspendenden Baum. Es ist ihnen zu warm, die ganze Rennerei macht man als Kreuzungslamm einfach nicht mit, und jetzt stecke ich in einem Dilemma.

Die Herde umdrehen geht nicht. Meine Schafe haben das frische Futter vor Augen, sie würden niemals den Rückwärtsgang einlegen, also gehe ich mit ihnen weiter, der neuen Weide entgegen, und was mache ich jetzt mit den zurückgebliebenen Lämmern? Die brauchen eine Extraeinladung. Ich rufe Francesco. Gemeinsam versuchen wir, sie der Herde nachzutreiben, doch als sie merken, dass sie den Anschluss verpasst haben, geraten sie in Panik und verstreuen sich in alle Richtungen über die Straße. Die folgenden zwei Stunden verbringen wir damit, alle wieder einzusammeln. An diesem Tag habe ich mir geschworen: In Zukunft nur noch reine Merinos! Ich konnte ja von Glück sagen, dass kein Unfall passiert war.

Ein knappes Drittel der 1,6 Millionen deutschen Schafe entfällt auf Merinos, wobei der Merinoanteil in Süddeutschland am höchsten ist. Für mich vereinigt keine Schafrasse so viele Vorteile, wobei jede Schafrasse ihre eigenen Vorzüge hat.

Schwarzkopf und Texel zum Beispiel sind reine Fleischschafe; ihre Lämmer wachsen schnell, die Muttertiere lammen aber nur einmal im Jahr, und ich kann nicht das ganze Jahr über Lämmer verkaufen.

Im Osten Deutschlands gibt es das Merino-Fleischschaf, das gleichzeitig gute Wolle liefert, aber diese Schafe sind nicht pferchfähig; die Qualität ihrer Wolle ist nur gewährleistet, wenn sie jede Nacht im Stall verbringen. Das ostfriesische Milchschaf ist auf hohe Milchleistung gezüchtet, was für die Milch- und Käseproduktion sehr gut ist, aber für die Herdenhaltung in der Landschaftspflege ist es weniger geeignet. Ein typisches Landschaf ist die Heidschnucke. Sie kommt mit kargem Futter zurecht, sie leistet wertvolle Dienste in der Landschaftspflege, aber sie hat wenig Fleisch.

Das für die Wanderschäferei am besten geeignete Schaf ist tatsächlich das in Württemberg übliche Merinolandschaf – sehr fruchtbar, widerstandsfähig, ausdauernd, von beträchtlicher Körpergröße, ein guter Fleischlieferant daher, und obendrein eben das Schaf mit der feinsten Wolle: 24 bis 28 Mikrometer Durchmesser; nur neuseeländische Wollhaare sind noch feiner, sie kommen auf einen Durchmesser von 18 Mikrometern.

Ursprünglich kommen die schwäbischen Merinos nicht aus dem Schwäbischen, sondern aus Spanien, und dass sie heute auch unser Land bevölkern, verdankt sich einem abenteuerlichen Unternehmen, das die Gesandten des Herzogs Karl Eugen von Württemberg im 18. Jahrhundert bis ins hinterste Spanien führte. Ihre Großtat löste seinerzeit eine Revolution in der deutschen Schafzucht aus, deswegen soll sie hier nicht unerwähnt bleiben.

Am 8. Februar 1786 machen sich zwei Männer in einer Kutsche auf den weiten Weg nach Spanien, der eine ist Kammerrat Jacob Heinrich Wider, der andere der Oberschreiber Carl Friedrich Stängel. Ihr Auftrag lautet, dem Herzog eine größere Anzahl der unendlich wertvollen spanischen Merinoschafe ins Land zu bringen. Mit der Wolle gewöhnlicher deutscher Landschafe ist nämlich kein Geschäft zu machen, sie ist von minderwertiger Qualität, wohingegen Merinoschafe den Spaniern seit Jahrhunderten die beste Wolle der Welt liefern. Kein Wunder, dass sie ihr Monopol auf Feinwolle eifersüchtig hüten und den Export dieser Ausnahmeschafe lange Zeit bei Todesstrafe verbieten. Inzwischen ist dieses Exportverbot gelockert worden, und Herzog Karl Eugen wittert die Chance, die Schafzucht in seinem Land anzukurbeln. Außerdem ist gute Wolle einem Landesherrn immer willkommen, weil sich daraus die besten Uniformen für seine Soldaten machen lassen – noch zur Zeit des Nationalsozialismus wurde deshalb die Schafzucht gefördert, und Schäfer mussten nicht in den Krieg.

Über zwei Monate sind die herzoglichen Abgesandten Wider und Stängel in ihrer Kutsche unterwegs. In Barcelona, Zaragoza und Madrid werden sie nicht fündig, aber als sie am 23. April im kastilischen Segovia eintreffen, spricht alles dafür, dass sie ihr Ziel erreicht haben: Dort erwartet man die Ankunft riesiger Herden. In den kommenden Wochen werden in Segovia Millionen von Merinos geschoren werden, bevor sie mit ihren Hirten auf die Sommerweiden weiterziehen, da sollte sich doch ein Verkäufer finden. Tatsächlich werden die beiden Schwaben mit einem Herdenbesitzer handelseinig, der ihnen dreißig Böcke und zehn Mutterschafe zum Preis von 18 Gulden das Tier überlässt, und am 19. Mai setzt sich der Zug in Bewegung.

Die Schafe müssen die ganze Strecke von Segovia durch Frankreich und die Schweiz bis zur Schwäbischen Alb auf den eigenen Füßen zurücklegen. Nach einem Gewaltmarsch von vier Monaten erreichen sie am 10. September 1786 Münsingen, und von den 40 spanischen Merinos sind nur drei den Anstrengungen der Reise erlegen. In Frankreich hatten die Männer des Herzogs zwischendurch eine weitere Herde von 49 Böcken und 21 Mutterschafen übernommen – sie stammte aus einer Merinozucht in Burgund, hatte aber bei Weitem nicht die Qualität der spanischen Tiere –, und so findet das Unternehmen Merino ein glückliches Ende: Der Oberschreiber und Schafeinkäufer Stängel kann seinem Herzog die Ankunft der ersten 107 Merinoschafe auf württembergischem Boden vermelden.

Wer auf alten Darstellungen ein Merinoschaf mit dem herkömmlichen deutschen Landschaf vergleicht, ahnt, welche Bereicherung das Merino für die Zucht bedeutet haben muss: hier das kraftstrotzende, über und über mit einem dichten Pelz bewollte spanische Prachtexemplar, dort das leicht verhärmt wirkende, mit dünnen Wollzotteln versehene herkömmliche Württemberger Landschaf. Der Unterschied ist gewaltig, und man versteht jetzt, wieso der 10. September 1786 ein einschneidendes Datum ist: Ein neues Zeitalter der Schafzucht bricht an. Aus der Kreuzung von Merino und Landschaf entsteht das Merinolandschaf mit seiner hervorragenden Wollqualität, und damit beginnt die Nutzung der Wolle als industriell verwertbarer Rohstoff für feinstes Tuch und hochwertige Kleidung – zunächst in Württemberg, später in ganz Deutschland, was dem Land zu enormem wirtschaftlichen Aufschwung verhalf.

Rund 10 000 Haare wachsen auf einem Quadratzentimeter Merinohaut. Nach der Schur bringen Böcke bis zu fünf Kilo Wolle, Mutterschafe drei bis vier Kilo auf die Waage. Aus einem einzigen Vlies lassen sich 30 Kilometer Garn und mehr spinnen. Leider sind wir heute gezwungen, unsere Wolle weit unter Wert zu verkaufen, aber scheren müssen wir unsere Schafe trotzdem – die Wolle einfach wachsen zu lassen wäre Tierquälerei. Sie würde verfilzen und ihre isolierende Wirkung verlieren. Die Hautatmung würde irgendwann ausfallen, und dazu käme das Gewicht, das ein Schaf mit sich herumtragen müsste. Nein, ein Schaf leidet, wenn man es nicht schert, und deswegen kommen die Scherer einmal im Jahr auch zu mir.

Der Schafscherer kommt

Ein Jahr werde ich nie vergessen. Hatte ich die Scherer zu früh bestellt? Kam ich zu spät von der Winterweide heim? War kein anderer Termin frei gewesen? Ich weiß es nicht mehr. Tatsache war, dass ich mit meinen Schafen Donnerstagmorgen vor den Toren von Ulm stand und die Schafscherer für Samstagvormittag bestellt waren. Da blieben mir noch ganze zwei Tage für die restlichen 40 Kilometer, ganz abgesehen davon, dass ich mit der Herde noch durch die Stadt musste und auch das Wetter noch mitspielen sollte.

Es war also weit, es war heiß und schwül, es waren auch vereinzelte Gewitter angesagt. Am Freitagnachmittag wurde es sehr heiß und unerträglich schwül, und es fehlten immer noch mehr als zehn Kilometer bis zum Stall. Dicke Wolken brauten sich zusammen. Würden die Schafe jetzt nass, müsste ich die Schur absagen und warten, bis die Kolonne wieder Zeit hätte, in ein paar Wochen vielleicht. Ein Unding, die Schafe so lange in der vollen Wolle zu lassen, zumal die Lammzeit vor der Tür stand, an einen Aufschub war also gar nicht zu denken.

Es wurden immer mehr Wolken. Wind kam auf. Was sollte ich tun? Es blieb nur die Flucht nach vorn. Also laufen, immer weiter laufen. Im letzten Moment erreichten wir eine Autobahnbrücke, da stellten wir uns unter, da war Platz genug, Autobahnen sind breit, schon fielen die ersten dicken Tropfen, und im nächsten Augenblick setzte ein heftiger Regenschauer ein. Unfassbar, aber alle standen wir sicher unter dem schützenden Dach der A 7. Nach einer halben Stunde hörte der Regen auf, wir zogen weiter, und alle waren trocken geblieben – ein Wunder. Anderntags konnte, wie geplant, geschoren werden.

Die letzten Tage vor der Schur waren immer spannend und nervenaufreibend. Die Schur ist nur bei trockener Wolle möglich, und solange die Sonne schien, war alles gut. Bei wechselhaftem Wetter aber kam es vor, dass ich mit der Herde von morgens bis abends zwischen Stall und Weide hin- und herlief. Kaum war ich eine halbe Stunde draußen, fing es wieder zu regnen an – also schnell zurück in den Stall, warten, Wetterbericht hören, beim ersten Sonnenstrahl wieder raus, und wenig später womöglich schon wieder rein.

Seitdem wir nicht mehr auf die Winterweide gehen, hat diese Zeit ihren Schrecken für mich verloren. Die Schafscherer kann ich bestellen, wann ich will, weil die Schafe sowieso im Stall stehen. Über das Wetter brauche ich mir heute also keine Gedanken mehr zu machen.

Als mein Vater in den 50er-Jahren anfing, fand die Schur im Stall vom Ochsenwirt mitten im Dorf statt. Weil geschorene Schafe kälteempfindlich sind, trieb er seine Herde in den folgenden zwei Wochen jeden Abend über die Hauptstraße in den Stall. Das ging so, bis der Schultes die Hauptstraße teeren ließ; von da an war sie für Schafe gesperrt, weil der Bürgermeister keine Köttel auf seiner schönen, neuen Straße haben wollte.

Aus meinen jungen Jahren habe ich noch in Erinnerung, dass es morgens vor dem großen Tag im Stall immer mit Nageln losging. Über dem Schurplatz wurden Latten angenagelt und Gestänge aufgehängt zum Befestigen der Schermaschinen und der Schleifmaschine für die Messer und Kämme. Regelmäßig mangelte es an Verlängerungskabeln und Steckdosen, und genauso regelmäßig fiel dann der Strom aus, weil wieder mal eine Sicherung durchgebrannt war.

Bevor das erste Schaf aufgetragen wurde, wollten sich die

Scherer mit einem Schluck aus der Schnapsflasche stärken, und auf einem Bein konnte man natürlich nicht stehen. Sehr gut erinnere ich mich auch an die Kronkorken zahlloser Bierflaschen, die am nächsten Tag überall in Stall und Hof verteilt auf dem Boden herumlagen. Das ist heute anders, und ich vermisse solche Hinterlassenschaften genauso wenig wie die dicke Luft im Stall. Am Vorabend der Schur wurden die Schafe nämlich in den Stall gesperrt und Türen und Fenster dicht verschlossen – das war eine Luft am nächsten Morgen! Wenn es überhaupt Luft war, die man da atmete. Aber zum einen sollte keine Zugluft entstehen, und zum anderen sollten die Schafe schwitzen, denn die Schermaschinen laufen über verschwitzte Haut besser, und in diesem Punkt ließen die Scherer nicht mit sich reden.

Vor meiner Zeit war das Scheren Frauensache gewesen. Vielleicht waren sie geschickter als die Männer im Umgang mit der Handschere und den Schafen, vielleicht auch zäher und ausdauernder – irgendeinen vernünftigen Grund muss es jedenfalls geben, weshalb Frauen diese Knochenarbeit damals erledigten, denn kaum hatte sich die elektrische Schermaschine Ende der 40er-Jahre durchgesetzt, wurde das Scheren zu einer Domäne der Männer. Bis dahin aber hatten Kolonnen von Frauen den ganzen Tag auf einem Spreusack am Boden gesessen, das Schaf mit zusammengebundenen Füßen vor sich, und eine Arbeit verrichtet, die so schwierig wie ermüdend war – man mag sich gar nicht vorstellen, wie oft die Schere zusammengedrückt werden musste, bevor ein einziges Schaf fertig geschoren war.

Bis Anfang der 50er-Jahre ging der Schur ein dramatisches Vorspiel voraus: Die Wolle wurde am Körper des Tiers vorgewaschen. Durch einen Treibgang wurden die Schafe in den Fluss getrieben und in Eichenfässern stehend nahmen Männer die Tiere im Wasser entgegen, um ihnen die Wolle mit den bloßen Händen zu waschen, am Rücken, am Bauch und zum Schluss auch am Kopf. In Württemberg gab es traditionelle Schafwaschplätze, auf denen im April ganze Herden vor der Rückkehr in den heimatlichen Stall von kräftigen Männern gewaschen wurden. Angenehm war diese Prozedur im kalten Flusswasser für keinen Beteiligten, weder für die Männer in ihren Bottichen noch für die Schafe.

Einem anderen Zweck diente das Waschen der Schafe in großen Badewannen, wie es ebenfalls bis in die 70er-Jahre hinein betrieben wurde. Dem Badewasser wurde ein spezielles Mittel zur Bekämpfung von Außenparasiten wie Räudemilben, Zecken und Schafläuse beigesetzt, und vor allem die Schafläuse habe ich in unliebsamster Erinnerung.

Wenn Bertrand vom Scheren kam, brachte er immer ein paar davon mit. Mitunter begegnete ich ihnen in der Waschküche, wo sie mir aus der schmutzigen Wäsche entgegenkamen. Am liebsten wäre ich davongelaufen, so ekelhaft fand ich diese Tierchen – kleinen, abgeflachten Spinnen ähnlich, bewegten sie sich auf ihren sechs Beinen ungemein flink. Durch die modernen synthetischen Parasitenmittel sind die Schafläuse mittlerweile vollständig ausgerottet, was für die Schafe und mich ein Grund zur Freude ist – für andere jedoch nicht.

Bis heute werde ich hin und wieder von Leberkrebspatienten gefragt, ob ich mit Schafläusen dienen könne – offenbar helfen sie, wenn nichts anderes mehr hilft. Mein Tierarzt erzählte mir jedenfalls, dass man früher bei Leberkrebs Schafläuse für fünf Pfennige das Stück in der Apotheke kaufte und sie mit einem Marmeladenbrot verspeiste (wobei die Marmelade verhinderte, dass sie wegliefen). Keine Ahnung, was die eklige Laus im Magen so absondert, aber es heißt, sie habe zuverlässig Wunder gewirkt.

Zurück zum Tag der Schur. In welche Jahreszeit er fallen sollte, dazu gibt es unterschiedliche Meinungen. Das Praktische am Winter ist, dass die Schafe sowieso im Stall stehen – nur werden ihnen die nächsten 14 Tage dann recht frisch vorkommen. Im

Juni dagegen könnte man sie problemlos draußen lassen – doch dann würde ihnen Regen oder Hitze in ihrem geschorenen Zustand mehr zusetzen als gewöhnlich. Den idealen Zeitpunkt gibt es also nicht. Der Schutz ist in jedem Fall erst mal weg, aber schon nach einer Woche ist die Wolle wieder so weit nachgewachsen, dass der Zeitpunkt der Schur genau genommen gleichgültig ist.

Die Scherer gehen also ans Werk, und für ein Schaf ist die Sache deutlich schneller vorbei als für uns der Besuch beim Friseur, nämlich in wenigen Minuten. Die Schafe geraten ja an ausgemachte Profis. In Neuseeland und Australien sind die Schafschurkolonnen das ganze Jahr über beschäftigt, bei ihnen ist jeder Handgriff genau vorgegeben und ausgeklügelt. Das Schaf sitzt hier am Boden, und der Scherer nimmt sich zunächst Bauch, Beine und Kopf vor. Dann wirft er diese minderwertige Wolle zur Seite, damit sie sich nicht mit dem restlichen Vlies vermischt, und macht mit dem Rücken weiter. So schafft ein Scherer nicht selten zweihundert Tiere am Tag.

Bei uns bringt es ein Scherer in dieser Zeit auf hundert Stück und mehr – auch eine sehr gute Leistung, wenn man bedenkt, dass unsere Schafe oft doppelt so groß und doppelt so schwer sind. Hierzulande sitzt das Schaf auf einer kleinen Bank, und der Scherer beginnt mit dem Rücken, geht dann zu einer Seite über, arbeitet sich als Nächstes zum Bauch vor, wendet das Schaf und schert die zweite Seite – fertig. Die Bankschur entlastet den Rücken des Scherers, sie macht es aber auch für den Aufträger leichter, der das Schaf vom Stall zum Scherer bringt. Diese Arbeit strengt fast so sehr wie das Scheren selbst an, und in den letzten Jahren ist es immer schwerer geworden, Leute dafür zu finden; selbst gegen gutes Geld ist kaum noch jemand für diese schweißtreibende Schlepperei zu gewinnen. Ohnehin muss ich aufpassen, dass ich am Ende nicht draufzahle, denn die Schur kostet mich pro Schaf zwei Euro, die Ausgaben für die Verpflegung aller Beteiligten kommen dazu, und für das Kilo Wolle zahlt mir der Wollhändler den besagten Euro. Zwar ist die Schur immer noch ein bedeutendes Ereignis im Leben des Schäfers, aber zu Geld kommt er an diesem Tag nicht mehr.

Dann holt der Wollhändler die Wolle ab. Er sortiert sie, lagert sie und verkauft sie weiter – zunehmend an chinesische Spinnereien, die mit ihren niedrigen Stundenlöhnen weltweit so gut wie konkurrenzlos sind. Es gibt ja noch einiges zu tun, bevor aus Schurwolle warme Socken, Lodenmäntel, Filzhüte und Norwegerpullover werden. Die Wolle muss gewaschen werden, um sie von Wollschweiß, Schmutz und Staub zu befreien, sie muss auch gekämmt werden, damit alle Fasern in derselben Richtung verlaufen, und erst dann kann man darangehen, sie zu Garn zu spinnen. Ganz früher geschah das auch in Deutschland allerorten, mittlerweile haben selbst die letzten großen Wollkämmereien bei uns den Betrieb eingestellt. Umso erfreulicher, dass einige kleinere Unternehmen durchhalten. Bei uns in Süddeutschland zum Beispiel verkauft die Schäfereigenossenschaft Finkhof aus Arnach nach wie vor einheimische Wollprodukte. Auch die Firma Tutto in Hechingen verarbeitet regionale Wolle zu wunderschön gefärbten Strickgarnen und unterstützt hiesige Wanderschäfer durch ihr Schafpatenprojekt.

Wirklich glücklich aber kann es den Schäfer nicht machen, dass die Wolle zum überflüssigen Beiwerk der Schafhaltung geworden ist. Wie viele Generationen süddeutscher Schäfer vor ihm, war und ist er immer noch stolz auf die exzellente Wollqualität seiner Merinos – und jetzt soll nur noch ihr Fleisch zählen? Tröstlich ist immerhin der Gedanke, dass wir das beste Fleisch zu bieten haben, das es zu kaufen gibt. Und dass Schaf und Schäfer dadurch überleben können.

Kurban Bayrami

Beim ersten Opferfest, an das ich mich erinnere, es war vor meiner Zeit als Schäferin, da versammelten sich eines Morgens Türken vor unserem Schlachtraum, und es wurden immer mehr. Mein Vater war genauso überrascht wie ich. »Ich weiß gar nicht, was heute los ist, warum so viele auf einmal kommen«, sagte er und fuhr zum x-ten Mal los, um weitere Hammel aus dem Pferch zu holen. Jahre später, Anfang der Neunziger, war ich zu Besuch bei einem Kollegen, der mich mit den Worten begrüßte: »Musst du denn heute nicht schlachten? Es ist doch Kurban Bayrami.« Davon hatte ich noch nie etwas gehört.

Im Jahr darauf wusste endlich auch ich Bescheid. Und von nun an war auch bei uns an diesem Tag ganz schön was los.

Kurban Bayrami ist türkisch. Wir würden es mit Opferfest übersetzen; es ist der höchste Feiertag im Jahreskreislauf der Muslime. Jedes Jahr verschiebt sich dieses Fest um zehn bis zwölf Tage nach vorn, weil sich sein Beginn nach dem Mondkalender richtet, und sein Ursprung geht auf eine Erzählung im Alten Testament zurück, die auch im Koran erwähnt wird: Abraham ist im Begriff, seinen Sohn Isaak auf göttliches Geheiß zu opfern, da widerruft Gott seinen Befehl und verlangt von ihm stattdessen, einen Widder zu opfern. Auf dieser Koranstelle fußt die Tradition des Opfertags. Muslime begehen ihn, indem sie ein Lamm schlachten und sein Fleisch auch an Bedürftige verteilen. Wichtig ist, dass die Schlachtung mit einem Gebet eingeleitet wird, das stets mit denselben Worten beginnt: *Bismillahirrahmanirrahim* – Im Namen Gottes …

Am Opfertag öffnete jetzt auch ich die Pforten von Stall und Schlachtraum für unsere türkischen Mitbürger – Jahr für Jahr kamen mehr, und ich wurde immer besser, immer professioneller. Die Vorbestellung wurde eingeführt, exakte Kundenlisten wurden geführt, immer gleich aber blieb das Getümmel der Männer im Hof – alle kamen auf einmal, alle wollten auf der Stelle bedient werden, keiner wollte warten. »Wann bin ich dran?«, »Wie lange dauert es noch?« – pausenlos musste ich die gleichen Fragen beantworten, während die Männer, das Handy am Ohr, nervös an ihren Zigaretten zogen. Manchmal gerieten sich zwei fast in die Haare, andere mischten sich ein, und in solchen Fällen half die Namensliste mit der genauen Reihenfolge nur noch bedingt. In der kalten Jahreszeit kochte ich Unmengen von Kaffee, um die Gemüter zu beruhigen.

Würde sich das Chaos überhaupt in geordnete Bahnen lenken lassen? Mit den Vorbestellungen war es nämlich so eine Sache. Wer hatte überhaupt Anspruch auf ein Lamm? Der eine bestellte Wochen vorher, ließ sich aber sonst nie bei mir blicken. Der andere kaufte regelmäßig bei mir, bestellte aber erst zwei Tage vorher, weil er davon ausging, selbstverständlich ein Lamm zu bekommen. Die Anzahl meiner Lämmer ist aber begrenzt, und eine Woche zuvor waren schon alle vergeben. Es handelte sich stets um etwa 50 Lämmer, die alle am selben Tag geschlachtet wurden – mehr war einfach nicht drin, dazu hätte ich ein größeres Schlachthaus und noch mehr Helfer und eine noch aufwendigere Organisation benötigt.

Was ich unter Planung verstand, war ohnehin kaum durchführbar. In einem Jahr fuhr ich abends noch los, um anderswo Lämmer dazuzukaufen, weil immer noch Nachfrage bestand. Ein anderes Mal reichten meine Lämmer, es lagen auch noch Bestellungen für den nächsten Tag vor, also standen wir am zweiten Morgen bereit, die Lämmer, der Metzger, die Aushilfen, der Tierarzt und ich – aber niemand kam.

Wenn es wenigstens nur dieser eine Tag gewesen wäre! Aber das Durcheinander ging schon viel früher los. Wochenlang vorher klingelte bei mir das Handy.

»Hast du noch eines für meinen Kumpel?«

»Nein, ich habe keins mehr, alle meine Lämmer sind schon vergeben.«

»Ach, bitte, nur noch eines. Mach doch eine Ausnahme für mich! Ich bin Stammkunde.«

»Wieso kenne ich dich dann nicht?«

»Kannst du auch nicht. Als ich das letzte Mal da war, warst du noch ein Kind.« Ach so!

Und die Lämmer müssen ja in der entsprechenden Verfassung sein, das heißt schlachtreif, möglichst schwer, auf keinen Fall fett und natürlich auf jeden Fall männlich, dies alles jedes Jahr auf den Tag genau, aber immer zu einem anderen Datum. Da schleicht sich keine Langeweile ein.

Einen Tag vorher kamen die Lämmer in den Stall. Der Schlachtraum wurde auf- und umgeräumt, der Vorraum auch, um Platz für viele Menschen zu schaffen, und hinterher ging's ans Spurenbeseitigen – also putzen, Felle versorgen, Schlachtabfälle entsorgen, Mülleimer zurückbringen, die Buchten im Stall abbauen und den Hof von gebrauchten Papiertaschentüchern und Zigarettenstummeln befreien. Oft waren die Aufräumarbeiten an einem Tag gar nicht zu schaffen, und meist habe ich eine Woche gebraucht, mich davon zu erholen und in den alten Rhythmus zurückzufinden.

Und weiterhin prallte schwäbischer Ordnungssinn auf orientalische Lust an der Improvisation. Man will das Lamm schon vorher aussuchen? Bitte schön, aber jetzt werde ich zu allen möglichen und unmöglichen Zeiten aus dem Haus geklingelt, die Lämmer im Stall werden begutachtet, eins wird erkoren und gekennzeichnet, am Schlachttag aber soll es dann doch ein anderes sein. Das Lamm ist bereits angezahlt? Davon steht aber nichts in meiner Liste ... Es waren harte Kämpfe, zumal die ältere Kundschaft gewöhnt war, um den Preis zu feilschen, ein paar Kilo vom Gewicht abzuziehen oder den Endbetrag abzurunden. Und jetzt muss man sich noch die Vertreter des Veterinäramts dazu denken.

Grundsätzlich war auch meiner türkischen Kundschaft am Wohlergehen der Lämmer gelegen. Sie achtete darauf, dass die Tiere keinen Stress hatten; manche gaben ihnen vorher etwas Salz, andere redeten mit ihnen oder streichelten sie. Es kam aber vor, dass Lämmer gefesselt neben ihren neuen Besitzern am Boden lagen, und da sah sich der Veterinär zum Einschreiten gezwungen. Im allergrößten Interesse des Veterinäramtes aber lag, dass ein Lamm vor dem Schlachten ordnungsgemäß betäubt wurde. Eigentlich kein Problem, wir machen das ja immer so, aber an diesem Tag lagen die Dinge anders, da konnte man leicht zwischen die Fronten geraten.

Die Muslime bestanden nämlich darauf, die Betäubungszange nur kurz am Kopf anzusetzen, das Veterinäramt hingegen achtete strengstens darauf, dass die vorgeschriebene Zeit eingehalten wurde. Wenn es mir nicht gelungen war, einen Muslim für diese Aufgabe zu finden, musste ich sie selbst übernehmen – und konnte nur hoffen, es beiden Seiten recht zu machen. Was meistens gelang, einmal jedoch danebenging.

Da war ein alter Mann, der den Schnitt unbedingt selbst ausführen wollte. Nun gut, des Menschen Wille ist sein Himmelreich, außerdem schaute er schon seit zwei Stunden zu und war mit den Regeln vertraut, wir hatten sie ihm erklärt. Sein Lamm lag also auf der Bank, ich stand mit der Zange daneben, bereit, jeden Moment zuzudrücken, und der Mann betete und betete. Ich verstand ihn natürlich nicht, aber ich wusste: Jeder fügt der Grundformel noch eigene Wünsche hinzu, und das kann dauern. Sein Gebet – mehr ein Singen als ein Sprechen – schien das Lamm zu beruhigen. Es wirkte wie in Trance, während der Alte mit einer Hand seinen Kopf hielt und die andere mit dem Messer den Hals des Tiers streichelte. Plötzlich stach er zu. Im nächsten Augenblick war ich mit der Betäubungszange zur Stelle. Um ein Haar hätte ich den Mann betäubt, der seine Hände dazwischen hatte, aber es ging gerade noch gut.

Die beiden Vertreter des Veterinäramts hatten zugeschaut. Es dauerte einige Minuten, bis sie reagierten, doch dann inszenierten sie ein Riesenspektakel. Der Alte wurde verhaftet und verhört und mit einer Geldbuße in Höhe von sechshundert Euro belegt. Ich hatte das Glück, ungeschoren, das heißt mit einem Aktenvermerk und einer Nachkontrolle, davonzukommen, aber ich bedauerte den Alten – das Tier hatte höchstens eine Sekunde lang gelitten, wenn überhaupt, wie konnte man da eine Strafe von 600 Euro gerechtfertigt finden?

In einem anderen Jahr veranstaltete das Veterinäramt eine Großrazzia bei mir. Diverse Autos hielten vorm Stall, und von mehreren Seiten stürmten sie meinen Betrieb, als wollten sie einen Drogenring zerschlagen – während Francesco und ich gerade dabei waren, friedlich und ordnungsgemäß Lämmer zu schlachten. Wie soll da kein fader Nachgeschmack bleiben?

Heute würde ich für die Betäubung und den Entblutungsschnitt einen Muslim brauchen, der einen Lehrgang absolviert hat und eine Sachkundebescheinigung vorlegen kann. Die Sachkunde hätte ich zwar auch zu bieten, doch der Entblutungsschnitt, von mir durchgeführt, würde von meiner türkischen Kundschaft nicht akzeptiert – zum einen, weil ich eine Frau bin, zum anderen, weil ich den falschen Glauben habe. Dieser Schnitt steht nämlich ausschließlich Gläubigen zu, und dazu zähle ich für die meisten von ihnen nicht. Jüngere Muslime sind oft großzügiger; sie lassen auch Christen als Gläubige gelten. Doch wie dem auch sei – der zertifizierte Betäubungsexperte hätte mir den Kurban Bayrami weiter verteuert, und irgendwann erschien mir der ganze Aufwand zu hoch, der Trubel zu groß. Mein letzter Kurban hatte alle zufriedengestellt, die Kundschaft wie die Veterinäre, nur ich war hinterher eine Woche lang krank und nicht mehr ansprechbar gewesen, und so beschlossen Francesco und ich nach gründlichem Nachdenken, aus dem nervenaufreibenden Opfertagstrubel auszusteigen.

Es ist ein Leichtes, Kurban-Lämmer zu einem guten Preis an den Handel zu verkaufen. Natürlich war es auch immer ein schönes Gefühl gewesen, abends, nach einem langen Tag, einen richtig dicken Batzen Geldscheine in den Händen zu halten, als handfesten Beweis, dass sich die ganze Arbeit doch gelohnt hatte – auch wenn das Geld schnell auf dem Konto landete, weil mir bei solchen Summen im Haus nie wohl war. Auf dem Konto wirkte sie allerdings gleich viel weniger spektakulär …

Trotzdem, wir blieben eisern bei unserem Entschluss. Jahre später aber kamen noch Anrufe.

»Machst du Kurban?« »Bei dir waren die Lämmer immer so gut, und man musste nie lange warten.« »Ach, bitte, mach doch eine Ausnahme, nur eins für mich und für meinen Kumpel, und eins für meinen Schwager und dessen Schwager …«

»Nein, bei mir gibt es keinen Kurban Bayrami mehr!«

Tiere essen?

Oft werde ich gefragt: Wie kannst du ein Tier essen, das du gekannt hast? Ich stelle dann die Gegenfrage: Wie kann man ein Tier essen, das man nicht gekannt hat? Von dem man nicht weiß, wie es gelebt hat und ob es je eine Weide, je den Himmel, je die Sonne gesehen hat. Von dem man nicht weiß, wie viele Stunden es zum Schlachthof transportiert wurde und wie lange es dort auf seinen Tod warten musste. Verzehrt man ein solches Tier mit größerem Genuss und besserem Gewissen als eines, das man gekannt hat? Ist es überhaupt vertretbar, so etwas zu essen?

Zu verantworten ist der Genuss von Fleisch doch nur dann, wenn man weiß, dass es Tieren zeitlebens gut gegangen ist. Wenn man sich vergewissert hat, dass sie so schonend wie möglich geschlachtet wurden. Und dass sie nicht aus der Massentierhaltung kommen, wo den Tieren weit Schlimmeres angetan wird als die Schlachtung. Mit anderen Worten: Nur der kann guten Gewissens Tiere essen, der sich für ihre Herkunft und ihre Lebensumstände interessiert. Und Vorsicht – das Tierwohl-Label besagt noch gar nichts. Es hat nichts Wesentliches an der Haltung von Nutztieren geändert, es beruhigt hauptsächlich das Gewissen des Verbrauchers.

Bei Hühnern aus Legebatterien verstehe ich das Argument der Vegetarier. Bei Schweinen, die vor ihrem Ende längere Zeit in Todesangst schweben, ebenfalls. Ich verstehe es im Hinblick auf alle Nutztiere, die nicht artgerecht gehalten werden, die niemals die Sonne zu sehen bekommen haben. Schon aus Eigeninteresse sollten wir keine Tiere aus Massentierhaltung, kein Fleisch von Großschlachthöfen essen, denn die Todesangst der

Tiere wirkt sich auf die Fleischqualität aus, und beim Verzehr nehmen wir diese Todesangst in uns auf – das kann nicht gesund sein, weder für den Leib noch für die Seele.

Ist es ein Zufall, dass die Aggressivität der Sträflinge in einem US-amerikanischen Gefängnis merklich nachließ, nachdem man bei ihrer Kost das Schweinefleisch weggelassen hatte? Nein, ich bin überzeugt: Es gibt einen Zusammenhang zwischen Todesangst, Fleischbeschaffenheit und menschlichem Wohlbefinden, auch wenn der wissenschaftliche Nachweis nicht leicht zu erbringen ist. Doch selbst, wenn die Todesangst von Tieren für uns folgenlos sein sollte – die Qualen von Nutztieren, die eine industrielle Haltung zu recht- und freudlosen Fleischproduzenten degradiert, sind nicht zu leugnen. Wie viel Leid steckt in einem Schweineschnitzel aus dem Supermarkt! Trotzdem wird das Fleisch solcher Tiere in Deutschland in unfassbaren Mengen gegessen. Aus zwei Gründen: Weil wir jeden Tag Fleisch auf dem Teller haben wollen, und weil dieses Fleisch lächerlich billig ist. Mit anderen Worten: aus Gedankenlosigkeit und Bequemlichkeit.

Und was ist mit der Tierliebe? Mit der Naturverbundenheit, die doch eigentlich so hoch im Kurs steht?

Ich würde sie jedem abnehmen, der im Supermarkt nicht nach dem billigsten Fleisch greift, der sich kein Gemüse, das um den halben Erdball geflogen ist, in eine Plastiktüte einpacken lässt. Ich würde sie jedem glauben, der sich bei der Auswahl seiner Nahrungsmittel für Erzeugnisse aus seiner Region entscheidet, für Obst und Gemüse, das im näheren Umkreis angebaut wurde, für Fleisch von Tieren, die ein schönes und artgerechtes Leben hatten.

Ich würde Naturverbundenheit auch dann glaubwürdig finden, wenn man das geschlachtete Tier vollständig verwerten würde, so wie es unsere Vorfahren getan haben und die Menschen all jener Völker heute noch tun, die tatsächlich naturverbunden sind. Wenn man sich also nicht den Luxus erlauben würde, nur die edelsten Teile zu essen und den ganzen Rest wegzuwerfen. An einem Tier ist nämlich fast alles genießbar – und auch lecker, wenn man es zuzubereiten weiß; nicht bloß das feinste Muskelfleisch, auch die Innereien. Wie weit aber kann es mit der Achtung vor dem Tier wohl her sein bei jemandem, der für Leber, Nieren, Herz und Hirn nichts übrighat?

Wenn ich mir das gängige Kauf- und Essverhalten anschaue, drängt sich mir jedenfalls der Eindruck auf, dass viele angeblich naturverbundene Menschen sich mit der Kunstwelt der Zivilisation und des Konsums entschieden verbundener fühlen als mit der Natur.

Nun gibt es ja auch Vegetarier, und gar nicht wenige. Sie berufen sich auf ihre Tierliebe und argumentieren: Wenn keiner mehr Fleisch verzehrt, wird auch kein Tier mehr geschlachtet. Was sie dabei vermutlich außer Acht lassen: Wenn niemand mehr Tiere essen würde, gäbe es keine mehr. Auch die artgerecht gehaltenen würden verschwinden, und Schafe könnte man dann höchstens noch im Streichelzoo bestaunen. Dann müssten wir auf den Anblick eines Schäfers mit seiner Herde ganz verzichten, dann würden auch die schönsten Landschaften, die wir haben, verwildern und zuwachsen, und mit der Artenvielfalt der Wacholderheiden wäre es ebenfalls vorbei. Man hält Nutztiere ja nicht zum Spaß – ernähren sie ihren Halter nicht mehr, erscheinen sie bald auf der Liste der vom Aussterben bedrohten Arten. Kann das der Sinn von Tierliebe sein?

Auch ich liebe Tiere. Es ist ja die Tierliebe, die den Schäfer allen Widrigkeiten zum Trotz bei der Stange hält. Allerdings ist es eine unsentimentale Tierliebe. Sie beruht auf dem natürlichen Prinzip des Gebens und Nehmens: Ich arbeite für meine Schafe, dafür liefern sie mir Wolle und Fleisch; so hat jeder seine Aufgabe, jeder kommt auf seine Kosten, jeder erfüllt seinen Zweck. Und wenn man bedenkt, dass meine Schafe ein Leben führen, wie sie es lieben, dass sie bei ihrem Ende im hofeigenen Schlachthaus mit der Betäubungszange in Schlaf versetzt werden, bevor das Messer kommt, und dass sie vorher keine Angst hatten, dann kann man doch wohl von einem schönen, artgerechten und sinnvollen Leben sprechen.

Deshalb sollte man die industrielle Tierhaltung nicht zum Anlass nehmen, Vegetarier zu werden. Diese Lösung würden die Tiere mit ihrem Verschwinden bezahlen. Konsequent wäre es vielmehr, diejenige Tierhaltung zu unterstützen, die Tieren ein gutes Leben erlaubt. Das ist leider etwas unbequemer als der gedankenlose Griff in die Fleischtheke des Supermarkts, es setzt Interesse voraus, es erfordert Engagement, es erzeugt auch kein so fabelhaft reines Gewissen wie der vollständige Verzicht auf Fleisch, aber – Fleisch zu essen ist eine Spielart der Tierliebe. Ein gewöhnungsbedürftiger Gedanke? Vielleicht. Aber auch ein rettender Gedanke.

Davon abgesehen – Lammfleisch ist köstlich. Unbegreiflicherweise ist es in Deutschland nicht sonderlich beliebt. Vermutlich hat das auch mit dem Preis zu tun, der natürlich etwas höher liegt als der von Industriefleisch, dennoch ist er denkbar knapp kalkuliert: Denn nur vierzig Prozent des hiesigen Lammfleischs kommt auch aus Deutschland, der Rest wird aus England und Neuseeland importiert, und vor allem die neuseeländischen Hirten arbeiten unter völlig anderen Bedingungen als wir: Sie haben riesige Flächen und riesige Herden, zahlen niedrige Löhne und kennen weder unsere Tierschutzgesetze noch unsere Umweltauflagen – entsprechend kostengünstig können sie wirtschaften. Um konkurrenzfähig zu sein, müssen wir unser Fleisch trotzdem nahe an neuseeländischen Preisen verkaufen, obwohl bei uns erheblich höhere Kosten anfallen – und neuseeländische Schafe hier keinen Spaziergänger entzücken und keine Landschaft pflegen.

Weihnachtsgeschichten

Was gibt es Romantischeres als Weihnachten? In jeder Kirche haben die Hirten dann ihren Auftritt im Stall zu Bethlehem. Heiligabend ist vielleicht der einzige Tag, an dem die Menschen noch der Hirten gedenken, jener Hirten, die zwar nicht mehr Teil ihres Lebens sind, dafür sind sie zu selten geworden, aber immer noch fester Bestandteil der Weihnachtsgeschichte – wie sie auf nächtlicher Flur bei ihren Tieren wachen, der Sternenhimmel plötzlich aufreißt und sie vom göttlichen Licht umstrahlt werden und so die Sensation als Erste erfahren: Euch ist heute der Heiland geboren …

Aber wenn man Heiligabend als Hirte selber mit der Herde draußen ist, und zwar nicht in Palästina, sondern in Deutschland, dann sieht die Sache schon anders aus. Da hat man an Weihnachten andere Erlebnisse und andere Gefühle.

In einem Jahr, erinnere ich mich, schneite es am Vorabend der Heiligen Nacht, und der Schnee reichte bis an die Waden. Die Nacht über schneite es weiter, und morgens reichte der Schnee bis an die Knie. Tagsüber schien die Sonne, der Schnee taute an der Oberfläche, und in der Heiligen Nacht setzte Frost ein. Am Morgen des ersten Weihnachtstags war der Schnee mit einer Eisschicht überzogen, und jetzt war Schluss mit Hüten. Denn Schafen fällt es zwar nicht schwer, im Schnee Futter zu finden, doch wenn er mit einer Eisschicht überzogen ist, können sie nicht mehr scharren.

Wohin jetzt mit den Schafen? Denn fressen müssen sie auch am ersten Weihnachtsfeiertag, und im Stall war noch nichts hergerichtet. Außerdem würden die ersten bald lammen, also war doppelte Eile geboten, und während andere im trauten Familienkreis beisammensaßen, verbrachten Francesco und ich diesen ersten Weihnachtstag im Stall. Es ging ein Eiswind. Draußen wartete eine hungrige Herde. Und drinnen war noch jede Menge zu tun, bevor wir sie unterstellen und füttern und die Muttertiere und Lämmer versorgen konnten. Selten sind wir so viel hin und her gerannt, selten bei solcher Kälte, und selten in so großer Sorge. Das war ein Weihnachtsfest …

Überhaupt fällt die Geburt Christi bei uns manchmal mit der Geburt der ersten Lämmer zusammen. Die winterliche Lammzeit ist eigentlich so berechnet, dass die Lämmer im Januar zur Welt kommen, aber sie halten sich nicht immer daran, und dann machen wir es wie die Heilige Familie und halten uns an den Weihnachtstagen überwiegend im Stall auf.

Dass es um diese Zeit losgehen kann, weiß ich ja. Aber ich weiß nie, wie viele kommen. In manchen Jahren läuft die Lammzeit allmählich an, es kommen ein paar, dann tagelang keins, und dann wieder kommt eins nach dem anderen oder ein ganzer Schwung gleichzeitig. Einmal wurden wir zu Weihnachten von einer ganzen Flut von Lämmern überrascht. Kaum war ein Lamm geboren, kaum hatte es die ersten Atemzüge getan, zeigten sich schon Hufe und Schnäuzchen des nächsten bei einem anderen Muttertier. Es ging Schlag auf Schlag, jedes Neugeborene wollte versorgt werden, und dann gab es ja auch noch die Lämmer von gestern und vorgestern, kurzum – an diesem Weihnachtstag reichte die Zeit zwischen Morgen und Abend gerade zu einem Wurstbrot. Der Weihnachtsschmaus wurde aufs kommende Jahr verschoben.

In besonders übler Erinnerung ist mir ein ganz bestimmter Weihnachtstag. Nachdem wir die trächtigen Schafe aussortiert und in den Stall gestellt hatten, blieb eine kleine Herde übrig, halb so groß wie sonst, die ich auch auf den Wiesen in der Nähe gut satt bekommen würde, und so zog ich mit ihnen los. Das gibt einen gemütlichen Tag, dachte ich, das schaffst du allein.

Um auf die Weide zu kommen, musste ich allerdings eine Bahnlinie überqueren. Ist die Herde komplett, sollte Francesco dabei sein, aber in diesem Fall wären wir schnell drüben … Ich rufe also wie üblich am Bahnhof an und erfahre: Alles gut, alles frei. Ohne Zwischenfall queren die Schafe die Gleise, ich rufe noch einmal an und melde mich ab, jetzt stehen wir auf der Bundesstraße, die gleich dahinter parallel zur Bahnlinie verläuft, und ich überlege noch: Ein Uhr mittags, da sitzen alle beim Essen, da ist die Straße ausnahmsweise sicher – als sich ein Auto nähert.

Der wird doch wohl bremsen? Die Sicht ist ja gut … Aber der Fahrer bremst nicht. Ich nehme die Hunde, ich springe zur Seite, und dieses Auto fährt am helllichten Weihnachtstag in meine Herde rein. Ich traue meinen Augen nicht. Ein normaler Mensch hätte gebremst, doch der hier fährt weiter, pflügt durch die Herde, schleudert mehrere Schafe zur Seite, hält dann an, lässt das Fenster runter und brüllt los – was die Schafe auf der Straße zu suchen hätten? Und ich weiß nicht, wie mir geschieht. Hinter mir die Gleise, wo jederzeit ein Zug kommen kann, und ich mitten auf der Straße … Ich zittere am ganzen Leib. Was macht man mit so jemandem? Zurückschreien? Mir fällt auf die Schnelle nichts ein. Er hat ein Schweizer Kennzeichen, da kann ich mir sparen, es aufzuschreiben.

Plötzlich gibt er wieder Gas und drängelt sich durch den Rest der Herde. Ich laufe weiter, völlig außer mir. Die umgefallenen Schafe stehen zwar wieder auf, laufen auch wieder mit, aber einige fressen nicht mehr, vielleicht haben sie innere Verletzungen. Schade, dass ich nicht mit meinem Stock auf sein Auto eingeschlagen habe, dann hätte er garantiert keine Fahrerflucht begangen …

Doch dann gibt es auch andere Weihnachten. Heilige Nächte, wie man sie sich als Schäfer wünscht.

Wenn die Hundebesitzer es ganz eilig haben, wenn sie mit Vollgas über unsere Feldwege hier im Donauried brettern, wenn sie den Hund nur für fünf Minuten rauslassen und gleich wieder umkehren und genauso zügig zurückfahren, dann weiß ich: Es ist Heiligabend. Und von nun an wird sich hier draußen niemand mehr blicken lassen. Dann bricht die Dämmerung herein, die Glocken fangen an zu läuten, und ringsum füllen sich die Kirchen mit Menschen in weihnachtlicher Stimmung. Jetzt ist es auch bei den Schafen schön, und für die nächsten Stunden bin ich ganz allein auf der Welt mit meinen Tieren und dem orangeroten Abendhimmel und dem Glockenläuten aus allen Richtungen – eine Kirche nach der anderen beteiligt sich an diesem Konzert, erst die in Niederstotzingen, dann die Sontheimer, dann die Günzburger oder die Gundelfinger, zum Schluss läuten sie alle, und in diesen Augenblicken ist es dort draußen zum Weinen schön.

Jetzt kommt garantiert niemand mehr vorbei. Auch der Bauer nicht, dem der Kleeacker gehört, auf dem ich gerade stehe und der davon gar nicht begeistert wäre, auch dieser Bauer steht jetzt zu Hause mit seiner Familie vor dem geschmückten Tannenbaum. Und nun feiern meine Schafe Weihnachten, und ich feiere mit ihnen.

Teil 4
Es geht ums Überleben

Der Triebwagen

Ein Triebwagen ist ein gelber Arbeitswagen der Bahn. Das wusste ich nicht, bis mir einer in meine Schafe fuhr. Die Geschichte spielte sich so ab:

Solange wir auf der Winterweide waren, kamen die Schafe Ende April nach Hause und wurden dann geschoren. Je nach Wetterlage durften sie die Nächte nach der Schur noch für zwei bis drei Wochen im Stall verbringen. Im Idealfall liegt dieser Stall mitten in einem riesigen Weidegebiet, aber so war es bei uns leider nicht– unser Stall lag am Ortsrand, und um zu den Weiden zu gelangen, musste man nicht nur mehrere Kilometer laufen, sondern auch noch zwei Hindernisse in Form einer Bahnlinie und einer Bundesstraße überwinden – einmal auf dem Hinweg, einmal auf dem Rückweg.

In Zeiten, als es noch kein Handy gab, war man immer zu zweit, wenn es mit der Herde über die Bahngleise ging. Einer blieb dann bei den Schafen, der andere rief am Bahnhof an und erkundigte sich, wie viel Zeit bis zum nächsten Zug blieb. An jedem Bahnübergang gab es einen grauen Telefonkasten, den man mit einem Vierkantschlüssel öffnen konnte; die Verbindung wurde dann hergestellt, indem man den Hörer abnahm und eine Kurbel drehte. Der Vierkantschlüssel gehörte damals zu den obligatorischen Schäferutensilien, denn kein Schäfer hätte eine Bahnlinie überquert, ohne vorher angerufen zu haben.

An jenem Tag telefoniert mein Vater, während ich bei den Schafen warte. Bis zum Gleis der einspurigen Strecke sind es noch etwa 200 Meter. Die Auskunft, die man ihm erteilt, klingt beruhigend. »Der nächste Zug kommt erst in einer Dreiviertelstunde«, sagt er. »Du hast also noch Zeit, du kannst sie hier ruhig noch fressen lassen. Sie fressen gerade so schön …«

Und ich lasse sie fressen. Eine halbe Stunde lang. Dann gehe ich los. Zehn Minuten würde es dauern, bis ich mit allen drüben wäre, also bleiben noch fünf Minuten Spielraum. Sicherheitshalber überzeuge ich mich an der Schranke selbst nochmals davon, dass die Strecke frei ist; das mache ich immer so. Zur einen Seite hin ist die Strecke auf Kilometer einzusehen, von dort kommt nichts, außerdem ist das Signal vor der Einfahrt ins Dorf unten – selbst wenn ein Zug käme, müsste er halten. Auch die Schranke im Dorf ist oben. Damit sind alle nur möglichen Vorsichtsmaßnahmen getroffen, also laufe ich los, über die Gleise. Die Herde folgt.

Die Sonne scheint, es ist warm. Bei diesen Temperaturen haben es die Schafe nicht sonderlich eilig, und gerade, als die Herde zur Hälfte drüber ist, klingelt es an der Schranke, der Arm am Signalmast geht hoch, und nun weiß ich, dass mir noch dreißig Sekunden bleiben. Im nächsten Moment sehe ich die gelbe Lok.

Ich beschleunige meine Schritte. Ich schicke meine zuverlässigen Hunde auf beiden Seiten der Herde nach hinten, um den Schafen Beine zu machen. Ich rufe, ich schreie – »komm, komm!« –, ich gehe in den Laufschritt über und muss jetzt nur darauf achten, den Kontakt zur Herde nicht zu verlieren, denn dann würden sie mir nicht mehr folgen, und das Rennen wäre verloren. Ich schicke meine Hunde erneut, um die Herde in die Länge zu ziehen – je schmaler der Treck, desto weniger würden erfasst werden. Und das gelbe Ungetüm kommt immer näher. Sekunden werden zur Ewigkeit. Die meisten haben es jetzt geschafft. Die Hunde schicke ich nun nicht mehr. Auch für sie wäre es jetzt gefährlich, denn die Lok ist zu nahe, sie würden es nicht mehr schaffen, und es fehlen ja auch nur noch wenige Tiere … Sekunden werden zur Ewigkeit.

Und da geschieht, was nicht geschehen darf: Der Triebwagen fährt durch das Ende meiner Herde. Ich sehe, wie Tierkörper hochgeschleudert und von den Rädern zermalmt und von der Lok vor sich hergeschoben werden. Jetzt wird sie langsamer. Jenseits der Gleise stehen noch ein paar Schafe, es sind die hochträchtigen, die mit den Mehrlingen im Bauch, die für diesen Spurt einfach zu langsam gewesen sind und Glück gehabt haben. Und was dann geschah, weiß ich nicht mehr. Ich weiß nur noch, dass nichts mehr zu machen war und dass ich weiter musste, dass ich hier, zwischen Bahnlinie und Bundesstraße, auf keinen Fall stehen bleiben durfte und mit der Herde lief, bis wir die Straße überquert hatten und in Sicherheit waren. Da stand ich nun. Verzweifelt, hilflos, zitternd.

Autos hielten, Menschen liefen zusammen. Der Triebwagen stand mit blockierten Rädern dort, wo es passiert war. Schafe hatten sich um die Räder gewickelt. Und während ich zum Zuschauen verurteilt bei der Herde wartete, fuhr mein Vater mit seinem VW-Bus hin und her, sammelte tote Schafe ein oder das, was von ihnen übrig war, brachte die blutigen Reste weg und kam zurück, um die nächsten vom Gleis zu schaffen. Später meinte er, ich könne von Glück sagen, dass ich das Elend nicht aus der Nähe gesehen habe – diesen Anblick hätte ich nie vergessen. Ich habe ihn auch so nicht vergessen. Bis heute versuche ich nachts im Traum, Schafe von Gleisen zu treiben.

Als aufgeräumt war, sah ich mir alles noch einmal an. Auf den Schienen klebte Fett – ja, meine Schafe kamen immer fett von der Winterweide zurück. Und überall fiel der Blick auf Woll- und Hautfetzen, Blutlachen, zerrissenes Gedärm, Mageninhalt und Teile von Föten.

Ein paar Monate später kam es zur Gerichtsverhandlung. Es sollte geklärt werden, ob den Bahnangestellten, der die Auskunft erteilt hatte, eine Schuld traf. Wie sich herausstellte, hatte ein Missverständnis zu diesem Unfall geführt. Richtig war, dass er von 45 Minuten gesprochen hatte, aber nach einer halben Stunde war er davon ausgegangen, dass wir längst drüber wären, und hatte dem Triebwagen die Fahrerlaubnis erteilt.

Seither rufe ich immer zweimal an. Einmal, um zu fragen, ob die Strecke frei ist, und ein zweites Mal, um zu melden, dass wir drüber sind. Mit dem Handy ist das heutzutage schnell gemacht, aber egal, wie narrensicher dieses Verfahren ist – Bahngleise, die ich mit der Herde überqueren muss, machen mich nervös. Ich gebe mich auch nie mehr mit der Auskunft zufrieden, dass kein fahrplanmäßiger Zug zu erwarten sei, ich frage auch immer nach, ob mit einem Triebwagen zu rechnen ist.

Hunde, die nicht die eigenen sind

Gefährlicher als Züge und Autos, so bedrohlich wie Wölfe sind für Schafe freilaufende, fremde Hunde. Jene Hunde, die einem gar nichts tun, die eigentlich nur spielen wollen. Jeder Schäfer könnte ein ganzes Buch über solche Hunde schreiben. Gefährlicher sind sie, weil sie jederzeit wie aus heiterem Himmel auftauchen können, und bedrohlicher, weil es so viele davon gibt.

Ich will eine Bemerkung vorwegschicken, die eigentlich überflüssig sein sollte, eine banale Wahrheit, die aber nicht mehr jedem geläufig zu sein scheint: Schafe sind friedliche, wehrlose Vegetarier, und Hunde sind Fleischfresser mit mehr oder weniger ausgeprägtem Jagdtrieb. Aus der Sicht eines Schafs will ein Hund niemals spielen, und das Schaf hat damit sehr recht. Deshalb läuten bei einem Schaf schon die Alarmglocken, wenn ein angeleinter Hund nichts anderes macht, als die Herde von der Straße aus zu verbellen. Flugzeuge und Autos machen zwar auch Lärm, aber zu keiner Zeit haben Schafe Flugzeugen oder Autos als Nahrung gedient – den Vorfahren des Hunds aber schon. Ist es wirklich verwunderlich, dass Schafe in diesem Punkt etwas empfindlich reagieren?

Und jetzt zur ersten Geschichte.

Es war im November. Wir hüteten auf der Alb an einem Hang. Alles war friedlich, deshalb überließ ich Francesco die Herde und machte mich im Auto auf den Weg zu einem alten Schäfer, der einst als Bockzüchter großes Ansehen genossen hatte: Der Frieß Jakob aus Witthau war seit Längerem kränklich und freute sich über jeden Besuch. Ich war noch nicht lange unterwegs, da klingelte mein Handy, Francesco war dran: »Komm schnell, ein Hund hat ein Schaf abgetrieben.« Ich fuhr in Windeseile zurück. Was war geschehen? Ein Border Collie war aus dem Wald geschossen gekommen und in die Herde eingebrochen, hatte sie zerteilt, hatte eine kleine Gruppe abgedrängt und schließlich ein einzelnes Schaf abgetrennt und dieses Schaf vor sich hergetrieben. Inzwischen waren beide aus Francescos Gesichtskreis entschwunden.

Ich nahm die Verfolgung im Auto auf. Kilometer weiter sah ich sie, der Collie hetzte das Schaf in vollem Tempo. Leider kam ich zu spät; noch bevor ich eingreifen konnte, brach das Schaf zusammen und starb vor meinen Augen – ein wunderschönes Jungschaf mit Zwillingen im Bauch, die Weihnachten zur Welt gekommen wären. Ich schnappte mir den Collie und hielt bei dem Schaf Wache, bis die Besitzerin zu uns stieß. Damit begann der zweite Teil der Geschichte, noch unangenehmer als der erste.

Alles, was sie interessierte, war, ob ihr Hund Schaden genommen hatte. Keine Spur von Mitleid mit dem getöteten Schaf, keine Spur von Einsicht – »Nein, mein Hund ist kein Mörder.« Ich war außer mir, ich wurde laut – anschreien lasse sie sich auch nicht, dafür gebe es überhaupt keinen Grund. Wieso sie ihren Hund unbeaufsichtigt gelassen habe? Das müsse ich verstehen, Hunde seien wie Kinder, die würden eben ihre Freiheit brauchen. Aha. Hund, Kind, alles warf sie in einen Topf, es war aussichtslos. War diese Frau tierlieb? Sie hätte diese Frage mit Sicherheit bejaht. War sie eine selbstverliebte, egoistische Person? Das hätte sie höchstwahrscheinlich weit von sich gewiesen.

Und damit zur zweiten Geschichte. Sie spielt bei uns vor der Haustür im Donauried.

Es war ein ruhiger Hütetag, als mir in der Ferne vier große Hunde auffallen. Das Rudel nähert sich, doch weit und breit ist weder Herrchen noch Frauchen zu sehen. Laufen sie vorbei? Nein, sie halten direkt auf meine Schafe zu und fallen in die Herde ein. Die Schafe rennen panisch in alle Richtungen. Ich werfe Mantel und Tasche ab, renne los zur Verteidigung meiner Schafe und schicke gleichzeitig meine Hunde. Einer der fremden Hunde hält sich zurück. Den zweiten kann ich mit Schimpfen und Drohen von der Herde fernhalten. Bleiben zwei Dobermänner, die die Herde auseinandertreiben. Einer hängt sich an meinen besten Bock. Er ist so groß wie mein Bock, und ich habe stattliche Böcke. Jetzt geht der Bock zu Boden; ich bin im nächsten Augenblick zur Stelle und schlage mit meinem Stab auf den Hund ein, bis er von meinem Bock ablässt. Dann fange ich den zweiten Dobermann, der so in seine Hetzjagd vertieft ist, dass er mich gar nicht bemerkt. Als wieder Ruhe eingekehrt ist, kommt Frauchen; inzwischen habe ich die Dobermänner an der Leine, und meine Hunde haben die Herde wieder im Griff. Widerwillig gibt sie mir Namen und Anschrift – es sei doch überhaupt kein Schaden entstanden, man sehe ja nirgendwo Blut, und außerdem seien die Schafe gar nicht zu sehen gewesen. Ja, wie denn auch? Sie war ja fünfhundert Meter hinter ihren Hunden.

Zwei Tage später erkrankt mein junger, teurer Spitzenbock an Lungenentzündung. Trotz bester tierärztlicher Behandlung heilt nur ein Lungenflügel aus; ich muss also damit rechnen, dass er mir bei der nächsten größeren Anstrengung umfällt. Und die überdurchschnittlich vielen Totgeburten der folgenden Wochen – worauf sind die zurückzuführen? Ein Schaf braucht lange, um sich von einem solchen Schrecken zu erholen.

Die Panik mag sich beim Schäfer schneller legen als bei seinen Schafen, dafür versetzt ihn die Gedankenlosigkeit von Hundebesitzern in ständige Sorge. Ein Hund braucht ja nicht einmal in meine Herde einzubrechen – nach einem solchen Erlebnis reicht es schon, dass er sich dem Pferch nähert, um meine Schafe verrückt zu machen. Sie tun dann, was sie seit jeher im Augenblick der Gefahr tun – sie scharen sich in ängstlicher Hast zusammen, drücken womöglich gegen das Netz und brechen aus; dann kann es schon vorkommen, dass man am nächsten Morgen ein totes Lamm findet, das sich im Elektronetz verheddert hat. Hier ein letztes Beispiel dafür, wie begründet die Sorge des Schäfers vor fremden Hunden ist.

An jenem Abend war es spät geworden. Gegen Mitternacht war ich gerade dabei, zu Bett zu gehen, als es an der Haustür klingelte. Ein Unbekannter stand vor mir.

»Da laufen Schafe auf der Bundesstraße.«

»Das kann nicht sein. Ich habe meine eingesperrt.«

»Doch, gleich da vorne, und Polizeiautos fahren auch schon.«

Schnell. Ich tausche meinen Schlafanzug gegen Arbeitskleidung und Gummistiefel und fahre los. Es dauert nicht lange, da kommen mir die ersten Schafe auch schon entgegen. Das erste ist am ganzen Körper blutverschmiert, überall Wunden. Das zweite hat an der Flanke eine klaffende Wunde, sieht aus wie bei lebendigem Leibe geschält. Und beim dritten ist der ganze Bauchraum aufgerissen, Teile des Darms hängen heraus, mehrere Meter Dünndarm schleppt es hinter sich her. Ein grausiges Wunder, dass es noch am Leben ist. Welche unvorstellbaren Schmerzen muss es leiden? Ein Horrorfilm ist Kinderkram gegen das Bild, das sich meinen Augen bietet.

Kurz dahinter zwei Hunde. Ich werde sie aus dem Verkehr ziehen müssen, sonst geht das Gemetzel weiter, und ich werde den Besitzer niemals ausfindig machen. Andererseits riskiere ich, genauso auszusehen wie meine Schafe. Ich nehme all meinen Mut, mein Wissen und meine Erfahrung zusammen und fange die beiden ein. Francesco versucht derweil, die Schafe von der Straße zu holen. Fangen lassen sie sich in diesem Zustand nicht, aber vertreiben wäre schon gut, sonst rennen sie noch in ein Auto.

Weiter vorne kreist das Blaulicht der Polizei.

»Wo sind denn hier überall Schafe von Ihnen?«

»Das weiß ich auch nicht. Ich weiß nur, wo ich sie gestern Abend eingesperrt habe.«

Inzwischen ist Nebel aufgezogen, eine weißliche Suppe hüllt alles ein. Vorsorglich haben die Beamten die Bahnstrecke in unmittelbarer Nachbarschaft der Straße gesperrt. Ein zweiter Streifenwagen nimmt uns mit. Wir suchen auf und neben den Gleisen, dann im Gelände zwischen Bahnlinie und Straße, dann auf und neben der Straße. Kein Schaf zu sehen, also weiter durch die Nacht zum Pferchplatz, wo sich ein Bild der Verwüstung bietet: niedergerissene, ineinander verknotete und kaputte Netze, und dort, wo einmal Schafe waren, überall Blutspuren, Blutlachen, Wollfetzen, Fellstücke, Teile von Gedärmen und Mageninhalt. Kein Schaf weit und breit. Wir lauschen in den Nebel, hören aber nichts, suchen die Gegend systematisch ab und entdecken kleinere Grüppchen, die sofort in Panik flüchten. Mit viel Geduld gelingt es uns schließlich, Netze um die größte Gruppe aufzustellen.

In der Morgendämmerung des nächsten Tags entdecken wir weitere zerstreute Grüppchen und treiben sie äußerst behutsam zusammen. Kein Gedanke daran, einen Hund einzusetzen, sie würden sofort in Panik davonstürmen. Als alle beisammen sind, überblicken wir das Ausmaß der Katastrophe: klaffende Wunden, geöffnete Leiber; einige haben die Nacht nicht überlebt, andere sind so schwer verletzt, dass sie nicht durchkommen werden, und die ganze Herde ist dermaßen verstört, dass es kaum möglich ist, die Verletzten einzufangen und in den Stall zu bringen.

Unser Tierarzt näht und versorgt die Wunden. Aber es dauert Monate, bis sie wieder normal zu hüten sind. In den ersten Tagen fressen sie fast gar nicht. Fliegt ein Vogel auf, rennen sie sofort zusammen, so tief sitzt ihnen die Angst in den Knochen. Und noch Wochen später brechen sie nachts aus, vor Angst, die Hunde könnten ja zurückkommen …

Nein, nicht alle Hundehalter sind so gedankenlos. Die Mehrzahl kennt ihre Verantwortung gegenüber ihren Mitmenschen und Mitgeschöpfen. Immer wieder aber erlebe ich Überraschungen. Kürzlich freute ich mich schon, eine mustergültige Hundehalterin in Aktion zu erleben. Ihr Hund verrichtete sein Geschäft, und sie griff in ihre Hosentasche und zog etwas Weißes hervor. Na bitte, dachte ich – geht doch. Aber anstatt die Hinterlassenschaft ihres Hundes zu entsorgen, säuberte sie damit liebevoll dessen Hinterteil. Noch lange leuchtete das Weiß des Papiertaschentuchs neben dem Hundehäufchen.

Hat der Schäfer immer
das Nachsehen?

Wahrscheinlich würde kein Schäfer abstreiten, dass es sie noch gibt, die Augenblicke völliger Zufriedenheit, die Stunden vollkommenen Friedens, wie sie Maler in der Vergangenheit auf zahllosen Schäferbildern festgehalten haben, mit Vorliebe im Licht der Abenddämmerung. In dieser Hinsicht darf man den Gemälden auch trauen, denn die größte Zufriedenheit stellt sich tatsächlich in den letzten Stunden des Tages ein, auch bei mir, wenn meine Schafe gemächlich fressen, die gesenkten Köpfe im Gras, wenn nichts sonst als das leise Geräusch regelmäßigen Rupfens zu hören ist und die Farben der Landschaft verblassen und ich die Gewissheit habe: Gleich werden sie alle satt sein, gleich wird es Zeit sein, den Pferch anzusteuern, ins Auto zu steigen und heimzufahren, wo Francesco kocht, wo mich deshalb eine gute, eine vorzügliche Mahlzeit erwartet.

Und natürlich gehören zum Schäferglück auch die Lämmer. Nach all den Jahren freue ich mich immer noch über die Geburt eines gesunden, gut entwickelten, bezaubernd hübschen Lamms, das von seiner glücklichen Mutter begrüßt und abgeleckt wird, das sich nach wenigen Minuten aufrappelt und noch etwas unbeholfen geradewegs in Richtung Euter stakst und trinkt. Mir erscheint es jedes Mal aufs Neue wie ein Wunder – kaum ist so ein Lamm dem Mutterbauch entschlüpft, nimmt es schon am Leben teil, fühlt sich auf dieser Welt zu Hause und weiß Bescheid. Die schönsten Augenblicke erlebt man dann einige Wochen später, wenn sie ihre Wettrennen veranstalten, wenn zehn Lämmer, zwanzig Lämmer gleichzeitig loslaufen, dann kurz innehalten, um Luft zu schnappen, und die ganze Strecke wieder zurückrennen, immer hin und her, immer wieder. Und dann ihre Bocksprünge, vor lauter Lebensfreude, nach vorn, zur Seite oder kerzengerade in die Höhe wie die Rehe! Irgendwann lassen sich die Jugendlichen von den Jüngsten anstecken, schließlich machen sogar ihre Mütter mit, und dann ist es ein einziges Fest – man hat ja so viel überschüssige Kraft, und überhaupt … Was macht das Leben für einen Spaß!

Ja, diese Augenblicke gibt es. Sie sind die eine Seite der Medaille. Die andere Seite eignet sich für Maler weniger, sie liefert keinen Stoff für Bilder, in die sich ein Betrachter mit sehnsüchtigem Blick vertiefen könnte, denn wohl noch nie in ihrer langen Geschichte hatten die Schäfer mit solchen Widrigkeiten zu kämpfen wie heute. Zusammenstöße mit fremden Hunden oder modernen Verkehrsmitteln können gewiss fatal enden, und man spürt dann, wie verletzlich eine Existenz ist, die auf einer Herde friedlicher, kleiner Wiederkäuer beruht. Aber es gibt noch ganz andere Kräfte, denen wir nichts entgegenzusetzen haben, anonyme, unsichtbare, die den Schäfer langsam, aber sicher aus der Welt verdrängen. Ich kenne für diese Kräfte kein besseres Wort als Zivilisation.

Unser Problem besteht darin, dass Schäfer auch Naturräume brauchen. Landschaften, die unseren Schafen überlassen bleiben. Jetzt machen wir die Erfahrung, dass die Zivilisation solche Räume mehr und mehr verdrängt. Unaufhaltsam frisst sie sich in den Lebensraum der Schafe und der Schäfer vor; übrigens nicht nur in Deutschland, nicht nur in Europa, sondern auf der ganzen Welt – Schäfern und Hirten in Afrika, Asien und Amerika droht das gleiche Schicksal wie uns auf diesem Fleckchen Erde, das sich Schwäbische Alb nennt. Ich werde deshalb in den nächsten Kapiteln einen Blick über den Tellerrand werfen; vorerst aber ein paar Geschichten aus meinem Schäferleben, die zeigen, weshalb Schäfer oft das Nachsehen haben.

Ich erinnere mich sehr gut, wie wir seinerzeit auf der Alb auf die Suche nach einer Weide gingen, Bertrand und ich, weil wir mit den 100 Schafen, die mein Vater mir als Startkapital geschenkt hatte, ja irgendwo hinmussten. In Hörvelsingen nahmen sich gleich drei wichtige Leute unser an, der Bürgermeister, der Obmann der Bauern und der Besitzer der örtlichen Brauerei, Letzterer besonders wichtig, weil er im Dorf einiges zu sagen hatte. Zusammen besichtigten wir, was an Weiden für uns in Frage kam. Jedes Mal machten wir uns neue Hoffnungen, jedes Mal malten wir uns ein Prachtexemplar von Weide aus, und jedes Mal standen wir dann vor einem mickrigen Stückchen Grasland, mit Sträuchern bewachsen, so dass uns schnell klar war: Der Schäfer hat sich mit dem zu begnügen, was partout nicht unter den Pflug zu bringen ist. Und natürlich verlangte die Gemeinde für diese von allen Bauern verschmähten Reststücke auch noch Pacht.

Später kamen in anderen Gemeinden ähnliche Weiden hinzu, und gelegentlich führte die räumliche Enge zu komischen Zwischenfällen. Zu Pfingsten hatten Pfadfinder in Breitingen nichtsahnend eine unserer Weiden für ihr Zeltlager auserkoren und alles für ihre Geländespiele präpariert, Markierungen aufgestellt und Schätze versteckt. Genauso nichtsahnend ließen wir die Herde dort weiden, und hinterher muss wohl nichts mehr so gewesen sein wie zuvor; der Oberpfadfinder führte beim Bürgermeister jedenfalls anderntags bittere Klage, unsere Schafe hätten sein Zeltlager verwüstet. Später entdeckten wir auf derselben Weide Brennnesseln einer uns unbekannten Art. Wir rätselten, bis uns die Erleuchtung kam: »Das sind keine Brennnesseln. Das ist Hanf!« Der Ort war für ein solches Geheimunternehmen gut gewählt gewesen, die Pflanzung lag versteckt hinter allerlei Sträuchern, aber nachdem unsere Schafe drüber gegangen waren, dürfte der anonyme Besitzer nicht mehr viel Freude an ihr gehabt haben.

Nun bin ich, wie schon erwähnt, zwischen Sontheim und Vogelherd immer durch den Wald gelaufen, es war der einfachste Weg. Eines Tages sah uns der Förster, und was ich mir dann anhören musste, hatte es in sich – für ihn war es ein Wunder, dass der Wald überhaupt noch stand, denn Schafe zerstören seiner Meinung nach alles, sie fressen auch einen Wald auf. Was hatten meine Schafe gemacht? Gar nichts. Wie jeder Mountainbiker, jeder Hundebesitzer, jeder Nordic Walker hatten sie den Waldweg benutzt und dabei kein Blatt abgefressen, nicht einmal Lärm gemacht. Das soll dir nicht noch einmal passieren, habe ich mir gesagt, und bin fortan in aller Frühe durch seinen Wald gelaufen – bis der Förster gefrühstückt hatte, waren wir längst durch. Vor uns lag ohnehin eine lange Wegstrecke, da konnte ich nicht auch noch einen tobenden Förster gebrauchen.

Gegen andere Einschränkungen war ich machtlos. Wie ich erfuhr, wollte eine Gemeinde auf dem schmalen Verbindungsstück zwischen zwei Weiden einen Teich anlegen; man plante ein Biotop. Aus einem Teich wurden zwei Teiche. Dann wurden an dieser Stelle obendrein noch Bäume gepflanzt, und mein Triebweg zwischen den Weiden war verschwunden.

Im Nachbarort Setzingen wollte ein Waldkindergarten unbedingt auf meine Weide, weil ... ja, weil gerade dieser Platz so besonders schön war.

Dann wurden Baumstämme, die man im Wald geschlagen hatte, auf einer anderen Weide auf der Alb gelagert, nach dem Motto: Da stören sie ja keinen. Sinnlos zu erklären, dass unter den Stämmen nach ein paar Monaten das Gras abstirbt und Disteln wachsen, die sich nach kurzer Zeit auf der ganzen Weide breitmachen. Es gebe eben keinen anderen Platz, ließ mich der Bürgermeister wissen – auf seiner eigenen Wiese wollte er die Stämme aber auch nicht haben.

Und schließlich die Sache mit dem Schnittgut. Der Gemeinderat von Bernstadt hatte die Idee gehabt, auf meiner Weide einen Häckselplatz einzurichten. Alles, was in der Gemeinde an Ästen und Laub anfiel, wurde jetzt auf diese Weide gekippt. Der Haufen wuchs, und nun kamen die Privatleute – anfangs mit ihrem Rasenschnitt in einer Papiertüte, später in einer Plastiktüte, dann mit Küchenabfällen, schließlich mit Brettern, am Ende mit ganzen Möbelstücken – das Nachsehen hatte wieder einmal der Schäfer. Und noch heute, viele Jahre nach Schließung dieser wilden Müllkippe, wachsen dort nur noch Brennnesseln.

Einmal jedoch hatte ich tatsächlich eine große Weide mit wenig Wacholder an der Autobahn Würzburg-Ulm. Nur dass täglich Leute aus Ulm kamen, ihre Autos dort abstellten, ihre Hunde dort ausführten und ihre Drachen dort steigen ließen – bei schönem Wetter flogen sie sogar mit ihren Paragleitern direkt über unsere Herde hinweg. Wir waren in einen Freizeitzirkus hineingeraten, und um die Herde vor diesem Trubel zu bewahren, hüteten wir diese Weide nur noch bei schlechtem Wetter.

Irgendwann muss man als Schäfer zur Kenntnis nehmen, dass man allenfalls als schmückendes Beiwerk noch geduldet wird. Aber auch damit könnte man leben, wir sind ja anpassungsfähig und wissen, dass wir alles andere sind als ein Relikt aus vergangenen Zeiten, nämlich agrarökologischer Dienstleister. Zu einer wirklichen Bedrohung wurde mit der Zeit eine andere Entwicklung, nämlich die fortschreitende Industrialisierung der Landwirtschaft.

Die echte Wanderschäferei, das Pendeln zwischen Sommer- und Winterweide, hatten wir bereits aufgegeben, zogen aber immer noch mehrmals im Jahr über unsere Wacholderheiden und Wiesenstücke der Alb – dreimal im Sommer, einmal im Herbst und einmal im Winter. Da es von Sontheim bis zu den entferntesten Weiden in Breitigen dreißig Kilometer waren, konnte man immer noch von Wanderschäferei sprechen, und in der Anfangszeit gab es Futter in Hülle und Fülle. Wenn alle Sommerweiden abgehütet waren, sind wir im Herbst über die Felder gezogen und haben den Aufwuchs gehütet, und im Winter profitierten wir davon, dass die Bauern zum Begrünen ihrer abgeernteten Äcker verpflichtet waren. Viele bauten Senf an, der im Dezember einen Meter hoch stand, und wenn es schneite oder fror, war uns der Senf als Futter hochwillkommen.

Mit anderen Worten: Für den Schäfer war es von großem Vorteil, dass der Bauer mit dem Bewirtschaften der Felder keine Eile hatte, solange die Landwirtschaft im alten Stil betrieben wurde. Ein Landwirt, der schon im Mai seine Wiese gemäht hätte, hätte Kopfschütteln geerntet. Ebenso ein Bauer, der im Oktober noch einmal mit seiner Mähmaschine über die Wiese gefahren wäre. Wie seit alters wurde zwei-, höchstens dreimal im Jahr gemäht, und nach der Ernte im August lagen die Reste auf den Stoppeläckern noch wochenlang, ohne dass ein Hahn danach gekräht hätte. Der Schäfer konnte sich mit seinen Wanderungen auf diesen Rhythmus der bäuerlichen Landwirtschaft verlassen, er fand immer und überall genügend Futter für seine Tiere vor.

Aber im Laufe der Zeit kam alles aus dem Takt. Plötzlich schwärmten alle Bauern im Herbst wie auf Kommando aus, um ihre Wiesen mit Gülle vollzuspritzen. Überhaupt kehrte immer seltener Ruhe ein. Im Herbst war jetzt gar kein Gedanke mehr daran, auch nur eine Nacht auf einem Stoppelacker zu pferchen – kaum war der Mähdrescher abgezogen, rückte schon der Pflug an, und irgendwann wurden die Wiesen noch Ende Oktober, ja, selbst Anfang November gemäht, wenn es nach herkömmlichen Vorstellungen gar nichts mehr zu mähen gab. Was war der Grund?

Die Silage. Ein Verfahren, mit dem man sich das mühselige und wetterabhängige Heumachen sparen kann. Man erinnert sich vielleicht, man kennt es auf jeden Fall von alten Bildern: Früher wurde das Gras gemäht und musste mehrmals gewendet werden, damit es von allen Seiten trocknen konnte, was drei oder vier aufeinanderfolgende Sonnentage voraussetzte. Mittlerweile ist es mit dem Bangen um stabiles Sommerwetter vorbei. Heute wird das frischgemähte Gras entweder luftdicht in weiße Folie zu Siloballen verpackt oder nach spätestens einem Tag ins Fahrsilo gebracht. Ähnlich wie bei der Herstellung von Sauerkraut erfolgt dann eine Gärung, die das gemähte Gras haltbar macht. Allerdings dient das Gras im Silo auch noch einem ganz anderen Zweck. In Zeiten der Energiewende ist daraus Biomasse für die Biogasanlagen geworden, und dort, in den staatlich geförderten Biogasanlagen, ist viel mehr Geld mit ihm zu verdienen als im Magen eines Schafs.

Die Energiewende frisst gewissermaßen dem Schaf das Gras weg. Sie lässt aber auch ein Maisfeld nach dem anderen entstehen, denn Mais eignet sich besonders gut als Futter für die Biogasanlagen. Landwirtschaft im Zeitalter der Energiewende sieht also folgendermaßen aus: Auf allen nur möglichen Flächen greifen Maisfelder um sich, wo mannshoch Halm an Halm steht, auch die letzten Wiesen noch werden fünfmal im Jahr gemäht, und nach jeder Mahd gehen, über den Daumen gepeilt, zigtausend Liter Gülle oder Biogassubstrat in die Wiese.

Der Biogasanlage macht das nichts. Aber dem Schäfer, dem mittlerweile in Herbst und Winter die Futtergrundlage für seine Tiere fehlt. Ganz abgesehen von der restlichen Tierwelt einer Wiese, die eine solche Form der Landwirtschaft mit ihrem Leben bezahlt. Denn eine derartige Misshandlung des Bodens verkraftet keine Maus, kein Schmetterling und kein Insekt; und nun kann man Bäume pflanzen und Nistkästen aufhängen, so viel man will – die Vögel werden nichts Essbares mehr finden, und auch die wenigen verbliebenen Schafweiden werden daran nichts ändern können.

Um es kurz zu machen: Wir haben es hier mit einer Entwicklung zu tun, die politisch gewollt ist und deren Ende deswegen nicht absehbar ist, obschon ihre Auswirkungen sehr wohl abzusehen sind. Als Schäfer könnte man verzweifeln. Ich habe daraus meine Konsequenzen gezogen und habe die Wanderschäferei ganz aufgegeben. Heute betreibe ich nur noch stationäre Hüteschäferei auf meinen gepachteten Wiesen und Weiden in Sontheim und im Donauried, wenige Minuten mit dem Auto von Zuhause entfernt. Auch hier wechseln wir noch die Weiden, auch dabei können noch ein paar Kilometer am Tag zusammenkommen, aber es findet mittlerweile alles in einem sehr kleinen Umkreis statt.

Das Veterinäramt kommt

Selbst, wenn ich das unter keinen Umständen geglaubt hätte …
Noch am Vorabend, auf einer Sitzung, hatte ich mitbekommen,
wie manche Veterinärämter mit manchen Kollegen umsprin-
gen, und gedacht: Mir kann das nicht passieren, zu mir kommen
sie erst gar nicht, mein Veterinäramt weiß, dass ich meine Sachen in Ordnung halte. Außerdem hatten sie erst letztes Jahr
drei Damen geschickt, um Stichproben vom Blut meiner Tiere
zu nehmen.

Heute morgen nun sind wir dabei, hinterm Stall die Lämmer
zu wiegen und zu zeichnen. Alle laufen durch einen Treibgang,
an dessen Ende die Waage steht. Lämmer zwischen 38 und
42 Kilo werden mit einem roten Punkt markiert, solche zwischen 43 und 48 Kilo mit einem blauen, und alles, was schwerer
ist, mit einem grünen. Vor dem Wiegen ist die ganze Herde
durch ein Fußbad mit Zinksulfat gelaufen, weil sich bei einigen
im warmen, feuchten Wetter der letzten Tage der Zwischen-
klauenspalt entzündet hat. Nebenbei zeichne ich noch meine
Altschafe, kontrolliere sämtliche Ohrmarken und impfe die
Ziegen gegen Milben. Soll ich sie auch noch zählen? Aber ich
bin froh, dass alle so breitwillig durch den Treibgang laufen,
und verzichte aufs Zählen; habe ja auch so schon alle Hände
voll zu tun.

Da höre ich Rufe. Bin ich gemeint? Ich tue so, als hätte ich
nichts gehört – wer ausgerechnet jetzt etwas von mir will, soll
sich zu mir hinter den Stall bemühen. Jetzt werden die Rufe
lauter, es scheint dringend zu sein. Missmutig laufe ich nach
vorn und sehe einen Mann und eine Frau vor der Stalltür

stehen. Am liebsten würde ich sie wegschicken, kann mich aber gerade noch zurückhalten. »Veterinäramt«, stellen sie sich vor. »Wir kommen zur Cross-Compliance-Kontrolle.« Ich weiß gar nicht, wie mir geschieht. Wer ist hier im falschen Film, sie oder ich? Aber ein Rückzug ist nicht möglich, also schalte ich auf Angriff. »Das trifft sich gut. Kommen Sie gleich mit, aber bitte langsam durch den Stall, damit sich die Schafe nicht erschrecken.«

Und damit befinden wir uns mitten drin in einem der unerfreulichsten Kapitel der Schäferei unserer Tage. In der Aufzählung der Widrigkeiten aber darf es nicht fehlen, auch wenn nun einiges an, sagen wir, Unverständlichkeiten zusammenkommen wird. Der Leser sei beruhigt – mir geht es nicht viel anders, auch mir fehlt für manches das Verständnis. Nur so viel zum Ausdruck Cross Compliance: Hier geht es um Zahlungen der EU, eine Art Betriebsprämie, die sich nach der Größe der bewirtschafteten Fläche richtet. Die Auszahlung ist an bestimmte Mindestanforderungen geknüpft; wer diese Vorgaben nicht peinlichst genau einhält, riskiert, dass ihm die Prämie gekürzt oder gestrichen wird, mit Existenz bedrohenden Folgen womöglich. Und hier nun die vereinfachte Version einer Cross-Compliance-Kontrolle.

Die beiden Veterinäre nehmen sich als Erstes die Ohrmarken meiner Schafe vor. Nicht alle, sie kontrollieren nur bei einem Teil der Herde, das aber gründlich. Eine ausgerissene Ohrmarke darf bei der Kontrolle ersetzt werden, da habe ich noch mal Glück gehabt. Andere sind ausgeblichen, die Schrift ist kaum noch lesbar, aber dafür kann ich nichts, die schlechte Qualität der Ohrmarken wird man mir kaum anlasten dürfen. Ich möchte nicht wissen, wie zuverlässig der Chip in der elektronischen Ohrmarke ist, wenn schon die aufgelaserte Nummer nach ein paar Jahren verbleicht, und Schafe können mehr als zehn Jahre alt werden … Und vor allem möchte ich mir nicht ausmalen, wie es zugehen würde, wenn sie tatsächlich mal alle Ohrmarken auslesen würden. Jedes einzelne Schaf müsste festgehalten werden, damit man den Kopf hochheben und ihm am Ohr herumfummeln kann, was sie sowieso nicht leiden können. Manches Altschaf würde den Kopf stur am Boden halten und sich lieber umbringen lassen, als ihn freiwillig hochzunehmen. Eine solche Kontrolle würde ewig dauern.

Jetzt wollen sie die genaue Stückzahl wissen. Keine Ahnung. Hätte ich sie also doch zählen sollen … Ich erkläre ihnen, dass die Stückzahl variiert – in der Lammzeit werden es täglich mehr, im Zuge der Vermarktung gehen immer wieder welche weg. Mit dieser Auskunft geben sie sich zufrieden, und nun geht's ins Büro.

Punkt eins: Habe ich der nationalen Datenbank meinen genauen Tierbestand zum 1. Januar gemeldet? Habe ich! Nur liegt die Meldung nicht ausgedruckt vor. Sie werden meine Aussage auf dem Amt überprüfen.

Punkt zwei: Ist das Arzneimittelbuch in Ordnung? Dort ist einzutragen, welche Arzneimittel verwendet wurden, welcher Tierarzt sie ausgegeben hat, wer sie verabreicht hat und in welcher Menge sowie, ob die Wartezeit eingehalten wurde. Ja, alles mustergültig dokumentiert, auf den praktischen Vordrucken unseres Schafdoktors. Außerdem wird Schafen ohnehin viel weniger an Medikamenten verabreicht als anderen Tierarten – Antibiotika zum Beispiel nur bei Bedarf, nicht grundsätzlich.

Punkt drei: Sind die Belege der Tierkörperbeseitigungsanstalt vollzählig? Ja, sind sie.

Punkt vier: Wie sieht es mit den Begleitdokumenten bei Abgang und der Meldung an die Datenbank bei Zugang aus? Ist das Unbedenklichkeitsdokument in jedem Fall vom Tierarzt unterzeichnet worden? Sie haben nichts zu beanstanden.

Punkt fünf: Die aktuelle Stückzahl soll anhand des Bestandsregisters überprüft werden. Sie erwarten endlose Listen mit zahllosen Ohrmarkennummern und werden enttäuscht – bei mir steht da nicht viel. Zugänge habe ich keine und Abgänge sind im Begleitdokument verzeichnet. Jetzt gehen die Meinungen auseinander. Sie schauen nach – in einigen Vorjahren steht da mehr, in anderen gar nichts außer der obligatorischen Angabe zum 1. Januar. Stirnrunzeln bei den Veterinären. Habe ich etwas falsch gemacht?

Ich blättere die Hinweise zum Führen des Bestandsregisters durch. Aha, wenn die Begleitdokumente nummeriert und chronologisch abgeheftet sind, brauchen die Abgänge nicht zusätzlich ins Bestandsregister eingetragen zu werden. Die beiden geben sich damit aber nicht zufrieden. Schließlich kommt mir der Gedanke, dass ich vielleicht doch noch andere Aufzeichnungen besitze, die im Augenblick leider unauffindbar sind. Sie zeigen sich großzügig: Da ich alle anderen Dokumente vorbildlich geführt habe, erhalte ich die Gelegenheit, diese Aufzeichnungen bis zum nächsten Morgen nachzureichen.

Sie verabschieden sich. Und ich brüte die halbe Nacht über den Hinweisen zum Führen des Bestandsregisters. Am Ende bin ich überzeugt, alles richtig gemacht zu haben. Im Bestandsregister Teil A stehen allgemeine Angaben, die habe ich eingetragen. In Teil B sollen die Zu- und Abgänge verzeichnet werden und in Teil C alle im Betrieb gekennzeichneten Schafe, was bedeutet, das bei hundert Zutretern pro Jahr hier 1 200 Nummern stehen müssten. Alles korrekt. Im Übrigen bleibe ich bei meiner altmodischen Auffassung, dass sich ein guter Schäfer dadurch auszeichnet, dass er seine Tiere gut behandelt. Nicht dadurch, dass er gut im Führen von Listen ist.

Am nächsten Morgen faxe ich dem Amt meine Begründung. Mit einem sehr mulmigen Gefühl, denn Verstöße gegen die Cross Compliance können mit deftigen Sanktionen geahndet werden.

Zwei Tage später erhalte ich einen Anruf. »Wir haben nochmal genauer nachgelesen, ihr Bestandsregister ist in Ordnung.« Augenblicklich fällt eine zentnerschwere Last von mir ab.

Ich werde reich!

Hurra! Freudestrahlend und überglücklich komme ich von der Bank zurück. Heute habe ich die letzte Rate des Kredits zurückbezahlt, den ich für den Bau des Hauses aufgenommen hatte. Es ist wie Weihnachten und Ostern und alle Festtage zusammen.

All die Jahre haben wir uns nichts gegönnt, jeden Pfennig zweimal umgedreht. Immer nur verzichtet und allzu oft bis über die äußerste Belastungsgrenze gearbeitet. Und jetzt?

»Jetzt werden wir reich«, sage ich zu Francesco. Unmengen von Geld werden sich ansammeln, ganze Berge, so dass wir gar nicht mehr wissen, wohin damit. Nachdem ich nicht mehr jeden Monat Zinsen abzuzahlen habe, müsste das Geld doch übrig sein, oder?

»Du wirst schon sehen, dass es anders kommt.«

Meine Lämmer vermarkte ich überwiegend direkt. Bei uns im Dorf ist das traditionell im Winterhalbjahr, vorwiegend im Herbst. Der Sommer ist also finanziell eine Durststrecke ohne Einnahme, doch wenn man das weiß, kann man sich darauf einstellen. Den Sommer nach der Rückzahlung der letzten Rate werde ich allerdings nicht so schnell vergessen.

Die reinen Lebenshaltungskosten waren damals relativ gering. Anders sah es mit den monatlichen Beiträgen zur landwirtschaftlichen Krankenkasse und der Alterskasse aus. Dazu kamen Tierarztkosten und Futterkosten, auch Autos und Maschinen wollten betankt werden ... Ausgerechnet jetzt fielen ein paar größere Reparaturen an, am Traktor, am Mähwerk, am Geländewagen. Wohlweislich brachte ich jede Maschine und jedes Auto in eine andere Werkstatt und ließ auch niemanden im Zweifel, dass ich die Rechnungen erst später begleichen konnte. Als langjährige, pünktlich zahlende Kundin ließ man mir das durchgehen, wenigstens eine Zeitlang; dann aber gab es Ärger, weil ich die Werkstattleute länger als geplant warten lassen musste und sich inzwischen ein stattlicher Betrag angesammelt hatte. Aber die Sparbücher waren aufgelöst, die Bankkonten um ein Mehrfaches überzogen, und den dringenden Termin mit dem Bankdirektor hatte ich immer wieder vor mir hergeschoben. Bargeld gab es mittlerweile auch keins mehr.

Irgendwann reichten die Lebensmittelvorräte im Haus nur noch für ein paar Tage. Man hätte ein Lamm schlachten können, aber wer will dreimal am Tag Lamm essen? Von meinem Schreibtischfenster aus schaute ich auf Nachbars Acker. Die ersten Kartoffeln waren schon reif. Wenn ich es geschickt anstellen würde, würde niemand etwas merken … Spätestens am dritten Tag würde es aber wohl doch auffallen.

Wie froh war ich, als mir jemand ein Lamm abkaufte. Mit dem Erlös würde ich die nächste Zeit hinkommen. Ich ging gleich los, um Brot und Milch für die Kinder zu kaufen.

Also, das mit dem Reichwerden hat nicht wirklich geklappt. Francesco sollte recht behalten, es kam anders.

Man sehe sich nur einmal die Fakten an. Die Zahl der gehaltenen Schafe sinkt beständig, ebenso die Zahl schafhaltender Betriebe. Dabei leisten die Schafhalter eine von der Gesellschaft erwünschte, ökologisch wertvolle Arbeit – sie pflegen mit ihren Schafen empfindliche Biotope, erhalten einzigartige Lebensräume, schützen seltene Tier- und Pflanzenarten und halten ihre Tiere artgerecht. Sie sind agroökologische Dienstleister – das ist doch Grund genug, diesen Berufsstand zu erhalten. Mancher bezeichnet ihn als Traumberuf. Warum üben dann nicht mehr Menschen diesen Traumberuf aus?

In jungen Jahren, als meine Kinder noch klein waren und mein Betrieb in der Aufbauphase war, habe ich als Schwäbin meinen Haushalt sehr sparsam geführt. Dennoch war das Geld immer knapp. Wie konnte das sein, wo wir doch »so viel« verdienten? Wo blieb das ganze Geld? Also habe ich angefangen aufzuschreiben und alle Einnahmen und Ausgaben in verschiedenen Positionen zusammengefasst, wie Maschinenkosten, Dieselverbrauch, Winterfuttergewinnung, Pacht, Versicherung und Erhaltung von Stall und Weideeinrichtungen. Das hat mir über die Jahre sehr geholfen zu sehen, wodurch das meiste Geld hereinkam und was die größten Kosten verursachte. So habe ich im Lauf der Zeit meinen Betrieb immer besser organisiert. Gleichbleibende bzw. sinkende Einnahmen und steigende Kosten wurden durch längere Arbeitszeiten und schnelleres, rationelleres Arbeiten kompensiert. Doch irgendwann war auch hier alles ausgereizt.

Also mehr Schafe, mehr Lämmer? Aber damit wären Arbeitsaufwand und Unkosten gleichermaßen gewachsen, und letztlich wären von einem verkauften Lamm – abzüglich der Unkosten – wieder nur zehn Euro übrig geblieben. Auch so hätten wir keine großen Sprünge machen können, und obendrein sanken die Fördergelder kontinuierlich.

1994 gab es in Baden-Württemberg einen Einkommensausgleich für Schäfer nach dem Gesetz zur Förderung der bäuerlichen Landwirtschaft. Heute gibt es ein Gesetz zur Förderung erneuerbarer Energien. Überall sieht man Photovoltaikanlagen, und Biogasanlagen schießen wie Pilze aus dem Boden; Schafherden dagegen verschwinden zunehmend aus der Landschaft.

Damals wurden Mutterschafe mit einer Prämie gezielt gefördert. Zudem gab es eine Förderung der extensiven Weidenutzung, was den Schäfern heute zum Überleben helfen könnte. Inzwischen gibt es eine Betriebsprämie, mit der intensive Mais-monokulturen zum Füttern der Biogasanlagen genauso geför-dert werden wie eine nachhaltige Viehwirtschaft auf extensiven Standorten.

Und 1994 habe ich für ein Kilogramm Lammfleisch 3,60 DM bekommen, das machte bei einem Lamm von 40 Kilo genau 144,00 DM. Heute erhalte ich 2,50 Euro, das sind bei einem gleichschweren Lamm ganze 100,– Euro. Um es kostendeckend aufzuziehen, müssten es aber 4,50 Euro sein. Ist es ein Wunder, dass das Durchschnittsalter von Schäfern und Schafhaltern bei 58 Jahren liegt? Und bedarf es hellseherischer Fähigkeiten, um vorherzusehen, wie es in zehn, zwanzig Jahren um diesen Be-rufsstand bestellt sein wird?

Ein weiterer Punkt ist die Arbeitszeit. Seit dem Erscheinen des Schafreports, erstellt vom Beratungsbüro Wagner in Zusam-menarbeit mit dem Landesschafzuchtverband Baden-Württem-berg und dem Ministerium, gibt es offizielle Zahlen. Ermittelt wurden durchschnittlich 3500 Arbeitsstunden pro Jahr, das sind fast zehn Stunden am Tag bei einer Sieben-Tage-Woche. Wer an eine Vierzig-Stunden-Woche gewöhnt ist, kann sich kaum vor-stellen, dass wir Schäfer am Donnerstagmorgen zur zweiten Vierzig-Stunden-Woche ansetzen.

In dieser Situation wäre dem Schäfer mit einem zusätzlichen Mitarbeiter sicherlich gedient, wäre da nicht der gesetzliche Mindestlohn von neun Euro und mehr. Damit liegt der Min-destlohn um fast ein Drittel höher als unser eigener durch-schnittlicher Stundenlohn, der sich im Moment auf 6,50 Euro beläuft. Ist es einem Betriebsleiter, einem Meister mit langjäh-riger Erfahrung, zuzumuten, seiner Aushilfe deutlich mehr zu zahlen als ihm selbst zusteht? Ganz abgesehen davon, dass die finanzielle Situation vieler Betriebe ohnehin prekär ist, Ersatz-investitionen daher oft nicht getätigt werden können und die

Eigenkapitalbildung für einen Vermögensaufbau zur Altersversorgung genauso wenig möglich ist.

Kann man bei solchen Aussichten einem jungen Menschen verdenken, dass er andere Wege geht?

Reise nach Luxemburg

Donnerstag, 7. März 2013. Es ist 3:45 Uhr, und der Wecker klingelt. Der Blick in den Spiegel sagt mir, dass ich so unmöglich aus dem Haus gehen kann. Doch was bleibt mir übrig? Wenig später fährt das Auto vor, ich werde abgeholt, ein Kollege fährt mich nach Heidenheim, wo der Bus nach Luxemburg wartet. Wir starten um 6:30 Uhr. Unterwegs sammeln wir weitere Kollegen ein, bis unser Bus fast voll ist.

Ziel ist der Europäische Gerichtshof. Zweck unserer Reise ist eine Demonstration unser Einigkeit und Stärke. Wir wollen anwesend sein, wenn das Gericht über unsere Klage gegen die elektronische Einzeltierkennzeichnung verhandelt. Europaweit hat sich in Schäferkreisen viel Unmut angesammelt gegen dieses von der EU ersonnene bürokratische Monster. Ein enormer zusätzlicher Arbeitsaufwand ist damit auf uns zugekommen, ganz abgesehen davon, dass die Sache unsinnig ist. Uns interessiert, welche Argumente beide Seiten in der Verhandlung vorbringen werden. Und vielleicht macht unser persönliches Erscheinen Eindruck auf das Gericht.

Der Fall liegt so: Ganz früher hatten wir Ohrkerben zur Kennzeichnung unserer Tiere. Das war eine sichere Sache, weil jedes Schaf lebenslang eindeutig gekennzeichnet war und jederzeit seinem Besitzer zugeordnet werden konnte. Diese Ohrkerben waren von Schäfer zu Schäfer verschieden, und wenn sich zwei Herden vermischt hatten, konnte man sie anhand der Ohrkerben problemlos wieder auseinandersortieren.

Als Folge des BSE-Skandals mussten die Kerben durch Ohrmarken ersetzt werden. Als Argument wurde die Rückverfolgbarkeit von Lebensmitteln angeführt. Jeder Betrieb hatte seine eigene Nummer, und wenn sich ein Schaf verlaufen hatte, ließ sich sein Besitzer mithilfe der Ohrmarkennummer leicht ausfindig machen. Auch das war ein einfaches, plausibles System – womit nicht gesagt sein soll, dass es seinen Zweck erfüllte. Doch damit war die bürokratische Fantasie noch lange nicht an ihr Ende gekommen.

Als Nächstes wurde die Einzeltierkennzeichnung eingeführt. Die weiße Betriebsohrmarke wurde abgeschafft, und von nun an lief jedes Schaf mit zwei gelben Marken herum, eine in jedem Ohr. Darauf war eine individuelle, zwölfstellige Nummer verzeichnet, ausgewählt nach einem Zufallsprinzip, und nunmehr war es unmöglich, ein verirrtes oder krankes Schaf einem bestimmten Betrieb zuzuordnen. Es kam aber noch besser, denn als Nächstes ließ sich die Europäische Union die elektronische Ohrmarke einfallen. Sie enthält einen Chip, was bedeutet: Man kann die Ohrmarke nicht mehr mit dem bloßen Auge, sozusagen von Hand ablesen, man braucht ein spezielles Lesegerät – und das Wissen, wie es funktioniert. Das Beste aber: Die Betriebssysteme der einzelnen europäischen Länder sind nicht kompatibel.

Sinn dieser Vorschrift war, die Seuchenbekämpfung zu vereinfachen, aber der Austausch der Daten auf Länderebene funktioniert nicht. Ja, selbst die Kontrolle innerhalb eines Betriebs ist so kompliziert, dass kaum jemand damit zurechtkommt. Am Ende einer langen Kette von europäischen Geistesblitzen steht also ein System, das aufwendig und undurchschaubar ist. Und jetzt wollen wir uns einmal ins Innere dieser europäischen Gedankenwelt begeben. Vielleicht leuchtet uns diese Logik ja hinterher ein. Vorerst beflügelt uns allerdings die Hoffnung, dass unsere Logik dem Gericht einleuchtet.

Es ist 11 Uhr, als wir in Luxemburg vor dem Gebäude des Europäischen Gerichtshofes aussteigen. Ein Grüppchen von

Schäfern, alle in ihrer traditionellen Tracht, erwartet uns bereits. Einlass ist erst um 13 Uhr, was kann man so lange machen?

Weit und breit gibt es hier nichts, eine unwirtliche Gegend. Bevor wir in Verlegenheit kommen, holt der Geschäftsführer der Vereinigung Deutscher Landesschafzuchtverbände mehrere Schachteln frischer Krapfen hervor, original aus Berlin. Sie werden verteilt, sie schmecken köstlich, und der weiße Puderzucker verteilt sich gut sichtbar über mein schwarzes Schäferhemd. Was, so komisch es klingt, ursprünglich der Grund dafür war, Schäferhemden aus schwarzem Tuch zu fertigen – der Kontrast nämlich. Denn gegen den schwarzen Stoff gehalten, konnte man die Feinheit einer Wollfaser auch ohne Mikroskop einigermaßen genau beurteilen, da hatte man die Wahrheit gewissermaßen weiß auf schwarz.

Und jetzt werden wir immer mehr. Französische Schäfer treffen ein, die ganz überwältigt sind von dem Bild, das wir in unserer traditionellen Schäferkleidung abgeben. Dann ein zweiter Bus, mit blauweißen Karos verziert. Schäfer in Schäferhemden mit dem blauweißen Emblem entsteigen ihm – die Bayern. Gefolgt von den Hessen, den Brandenburgern in ihren blauen Lodenmänteln und weiteren Franzosen. Mittlerweile ist der Eingangsbereich des Gerichts belagert von Schäfern, man steht in Grüppchen zusammen, man fachsimpelt, und die Zeit vergeht wie im Flug.

Es ist 13 Uhr. Die Pforten des Gerichtsgebäudes öffnen sich. Man wird kontrolliert wie auf dem Flughafen. Sämtliche Taschenmesser müssen abgegeben werden (kein Schäfer geht je ohne sein Taschenmesser aus dem Haus). Die Sicherheitsbeamten nehmen es mit Humor. Man merkt ihnen an, dass das Einsammeln von Taschenmessern nicht zu ihrem Alltagsgeschäft gehört. Unter all den Schäferhemden sehe ich plötzlich zwei Schottenröcke. Tatsächlich, es sind schottische Schafhalter, die sich im Gespräch beeindruckt zeigen von der Organisation, dem Engagement und der Vielzahl der angereisten deutschen Schafhalter.

Um 14 Uhr geht es in den Gerichtssaal. Die 280 Sitzplätze sind schnell bis fast auf den letzten besetzt. Der Anwalt, der stellvertretend für uns alle gegen die elektronische Einzeltierkennzeichnung bei Schafen und Ziegen klagt, spricht als Erster. Jedes Wort, jeder Satz ist durchdacht, ein Genuss, ihm zuzuhören. Die Herren Richter kann ich schlecht einschätzen, sie machen einstweilen einen teilnahmslosen Eindruck.

Eine Vertreterin der französischen Regierung erwidert ihm, und ich traue meinen Ohren nicht. Die Argumente, mit denen sie die elektronische Einzeltierkennzeichnung verteidigt, zeugen von Ahnungslosigkeit, sie sind am Schreibtisch ausgedacht. Kurz zusammengefasst, tut uns die Dame etwa folgendes kund:

Länder mit weniger als 600 000 Schafe und Ziegen sind von der Regelung ausgenommen, da sei es zumutbar, die Ohrmarkennummern von Hand abzulesen … Wieso das? Und wie ist sie auf die Zahl von 600 000 gekommen?

Rinder sind ebenfalls ausgenommen, weil diese Tiere größer seien; folglich könne man bei ihnen die Ohrmarken problemlos von Hand ablesen … Weil man sich nicht zu bücken braucht? Oder weil man sich diesen Tieren auf der Weide gefahrloser nähern kann?

Bei Schafen sei das etwas anderes. Schafe würden – im Gegensatz zu Schweinen etwa – pausenlos und in großer Stückzahl als Individuen von einem Betrieb zum anderen verbracht, aber stets in Gruppen, also komme man um Einzeltierkennzeichnung, verbunden mit Bestandskennzeichnung, nicht herum … Das Gegenteil ist wahr: Es sind die Schweine, die den Betrieb häufig wechseln, während Schafe gewöhnlich bis zur Schlachtung im gleichen Betrieb verbleiben.

Uns Schäfer hält es kaum auf den Sitzen, wir kochen vor Wut, aber wir reißen uns zusammen. Unser Anblick muss für die

Sprecherin einschüchternd genug gewesen sein, denn am Ende zittert sie und bringt es kaum fertig, den Übersetzungskopfhörer an ihrem Ohr zu befestigen. Jetzt sieht sie sich der geballten Kompetenz von Schäfern gegenüber und ahnt, dass ihre Argumente nicht stichhaltig sind.

Aber in diesem Stil geht es weiter. Der Vertreter der Europäischen Kommission legt unserem Anwalt nahe, einen Fortbildungskurs des Bauernverbands zu belegen, wenn ihm die Anwendung der elektronischen Einzelkennzeichnung zu kompliziert erscheine. Und die Vertreterin des Europäischen Rats behauptet, die elektronische Einzeltierkennzeichnung bei Schafen könne Skandale wie Pferdefleisch in der Lasagne verhindern. Nach wie vor tue ich mich mit der Logik der Europäischen Union schwer. Ich frage mich, wie die Herren Richter das Für und Wider bewerten, fasse aber bei ihren kritischen Fragen an die Vertreter der Europäischen Union Mut – immerhin müssen sich Rat und Kommission ausgiebig beraten, bevor sie darauf antworten können.

Nach drei Stunden verlassen wir den Gerichtssaal. Wie von unsichtbarer Hand geführt, bewegt sich ein schier endloser Zug von Schäfern Richtung Handelskammer zur Nachbesprechung. Ein Buffet ist aufgebaut. Die Kellner kommen mit dem Nachschub kaum nach; es sind ja auch fast doppelt so viele Schäfer gekommen, wie sich angemeldet hatten. Die Stimmung ist vorsichtig optimistisch. Rat und Kommission haben Schwächen gezeigt, ihre Antworten sind weder klar noch zügig ausgefallen. Aber gleichgültig, wie der Prozess ausgehen wird, die kleine Berufsgruppe der Schäfer hat Aufsehen erregt, und die Kollegen werden unsere Botschaft von Südfrankreich bis Schottland tragen. Der Anfang zu einem Zusammenschluss der europäischen Schäfer ist gemacht. Und vielleicht werden sich Brüssels Bürokraten in Zukunft dreimal überlegen, unsinnige Gesetze zu machen, die den Schäfern das Leben schwermachen.

Hirten aller Länder, vereinigt euch!

Mit unserer Fahrt nach Luxemburg fing es an. Seither habe ich mich als Vertreterin der deutschen Berufsschäfer mit Schäfern und Hirten auf der ganzen Welt ausgetauscht. Auf Konferenzen, Messen und Zusammenkünften habe ich Hirten aus vielen Teilen der Erde kennengelernt, und meine Reisen haben mich nach Frankreich, Italien und Kenia geführt. Selbst in mein Traumland Indien bin ich auf diese Weise zweimal gereist. Ich habe Vorträge gehalten und Vorträgen zugehört und festgestellt, dass alle meine Kollegen, egal woher sie kommen, ums Überleben kämpfen. Und noch etwas habe ich gelernt. Die Bedrohung unserer Existenz hat überall ähnliche Gründe, nämlich: das geringe Einkommen, das die Weidewirtschaft einbringt. Die Schrumpfung des Lebensraums ihrer Herden. Eine Bürokratie, die Hirten und Schäfern mit unsinnigen Vorschriften die Arbeit erschwert und verleidet. Und schließlich Raubtiere, von denen der Wolf in Europa den größten Schaden anrichtet.

Viele Gespräche, die ich mit Kollegen geführt habe, sind mir im Gedächtnis geblieben. Im Kreis von französischen Weidetierhaltern zum Beispiel war der Wolf das Thema Nummer eins. Solange es genug Wild gebe, hieß es dort, sei die Gefahr gering. Ist das Wild jedoch weitgehend aufgefressen, lassen sich Wölfe allerhand einfallen – es sind ja intelligente Tiere, denen zu jeder neuen Schutzmaßnahme eine neue Strategie einfällt. Wenn das Wetter schlecht und die Sicht eingeschränkt ist, greifen sie sogar tagsüber an, ungeachtet der Herdenschutzhunde. Entweder überspringen sie das Elektronetz, oder sie umkreisen die Herde so lange, bis die Schafe vor Angst durchdrehen und in Panik ausbrechen, und dann verschonen sie weder Schafe noch Hunde … Ein Rinderhalter erklärte: Ihm seien zwei Kälber ganz in der Nähe seines Wohnhauses gerissen worden – er wisse nicht mehr, welche Vorsichtsmaßnahmen er noch ergreifen solle. Der Mann war verzweifelt, wie so viele, die den Wolf nicht nur aus verständnisheischenden und manchmal einseitigen Fernsehdokumentationen kennen.

Diese Sorge haben wir in Württemberg noch nicht. Aber viele andere haben sie längst, in Italien, Bulgarien, Polen und Lappland, wo rund die Hälfte der Rentiere durch Wolfsangriffe verloren geht. Und dazu kommt der Bär. Schäfer aus dem Nordosten Italiens erzählten mir Folgendes: Die Bären Sloweniens wissen genau, wann bei ihnen die Jagdzeit beginnt, und weichen dann auf italienisches Gebiet aus. Treiben sie sich so lange in der Nähe menschlicher Siedlungen herum, bis sich keiner mehr aus dem Haus traut, werden Hubschrauber eingesetzt, in der Hoffnung, den Bär zu vergraulen. Das hilft auch – so lange, bis die Hubschrauber wieder abziehen …

Auch italienischen Schäfern wird die Wanderung mit den Herden zunehmend schwergemacht. Der Durchzug durch Naturschutzgebiete wird ihnen verwehrt. Jäger und Naturschützer stellen sich ihnen in den Weg, in der Gewissheit, politische Rückendeckung zu finden. Auch wo Vögel brüten, haben Schafe aus Sicht der Naturfreunde nichts zu suchen. Fast könnte man meinen, der Politik erscheine jede Tierart schützenswerter als das Schaf. Oder passt das Schaf einfach nicht in das Raster von Behörden, für die Wildtiere in die freie Natur und Nutztiere in den Stall gehören? Und schließlich, als grotesker Höhepunkt ihrer Aufzählung: Diese italienischen Kollegen bezahlen den Schafscherer dafür, dass er ihre Wolle mitnimmt, weil sie sonst niemand mehr haben will …

Und dann die Bürokratie.

Zweifellos, Schäfer und Hirten sind nicht die Einzigen, die

unter undurchschaubaren oder undurchführbaren Vorschriften leiden, aber gerade sie scheinen ein gefundenes Fressen für regulierungsbesessene Politiker zu sein. Als müsste diesen Menschen mit ihren freilebenden, freilaufenden Tieren irgendwie doch beizukommen sein – durch ständige Überwachung, ständige Kontrollen, ständige Androhung von Sanktionen. Ob es der griechische Hirte ist, ob es der niederländische Schäfer ist, alle stöhnen unter einer Flut von Gesetzen und staatlichen Eingriffen, die allein ausreichen würden, einem den schönsten Beruf der Welt zu verleiden. Zermürbend schon, dass wir in der permanenten Angst leben, staatliche Fördergelder zurückzahlen zu müssen – nicht etwa, weil wir Betrüger wären, sondern weil die Regeln von den Behörden willkürlich gegen uns ausgelegt werden können. Wie sagte eine Schäferin aus Polen? »Ein Hirte lebt immer in zwei Welten. Mit dem Kopf im Himmel, denn er fühlt sich als freier Mensch, und mit den Füßen in der Hölle, denn wir werden von sage und schreibe 26 Ämtern kontrolliert.«

Es geht also schlicht ums Überleben. Und so beängstigend dieser Zustand ist – wir können ihm auch eine schöne Seite abgewinnen. Im letzten Jahrzehnt haben Schäfer und Hirten auf der ganzen Welt nämlich die Erfahrung gemacht, dass sie nicht allein sind. Beim Hirtentreffen in Nairobi (Kenia) habe ich mit Kollegen aus 38 Ländern zusammengesessen, mit Rentierhaltern aus Schweden, Schafhirten aus Frankreich, Ziegenzüchtern aus Spanien, Cowboys aus Arizona, Navajos aus Colorado, Hirten aus den peruanischen Anden, Tuareg aus Marokko, Kamelzüchtern aus Indien, Hirten aus der Mongolei und Yakhaltern aus Nepal. Auch wenn wir eine andere Sprache sprechen, fühlen wir uns durch unser Leben mit unseren Tieren verbunden.

So erinnere ich mich an einen Hirten aus Mauretanien, der mit seiner Kamelherde von Weide zu Weide den Regenfällen nachzieht und währenddessen ausschließlich von der Milch seiner Kamele lebt, die so gehaltvoll ist, dass sie ihm zum Leben reicht. Und sein Kollege aus der Mongolei machte es ähnlich wie der Mann aus Afrika. Dort, auf den kargen Hochebenen der mongolischen Steppe, werden Kamele, Pferde, Rinder und Yaks, aber auch Schafe und Ziegen gehalten – im Winter bei Temperaturen bis zu minus vierzig Grad –, und auch diese mongolischen Hirten leben im Sommer von der Milch ihrer Tiere, während sie sich im Winter von deren Fleisch ernähren. Beide Fälle beweisen für mich die phänomenale Anpassungsfähigkeit von Hirten, in der seit jeher ihre größte Stärke liegt. Sie überleben dort, wo es ohne Tiere nicht möglich wäre.

Nur reicht das heute nicht mehr. Uns allen wurde klar, dass wir uns bei der Politik Gehör verschaffen mussten. Bis dahin hatten wir Schäfer ein stummes Dasein zwischen Umweltorganisationen und landwirtschaftlichen Verbänden gefristet – kein Wunder, dass wir vom Gesetzgeber übersehen oder mit den Landwirten in einen Topf geworfen wurden. Natürlich, wir Schäfer sind wenige, umso wichtiger war es, uns zu organisieren. Wir brauchten eine gemeinsame Interessenvertretung, nicht zuletzt in Brüssel.

Immerhin sind wir keine unbedeutende Minderheit. Global gesehen sind Schäfer und Hirten allgegenwärtig. Ein gutes Viertel der Erdoberfläche besteht aus Grasland, das nur durch Beweidung genutzt und durch Weidetiere gepflegt werden kann. Außerdem leisten Hirten einen wichtigen Beitrag zur Welternährung, obendrein wirtschaften sie nachhaltig – es sprach nur keiner drüber, folglich war es keinem bewusst. Was wir brauchten, war eine europäische Organisation. Einen Zusammenschluss in einer anerkannten Rechtsform, der uns zum Beispiel einen Zugang zum Europäischen Parlament eröffnen würde. Und allmählich nahm unser Projekt Fahrt auf – die Gründung eines europäischen Schäfernetzwerks.

Das Welthirtentreffen 2005 in der spanische Stadt Segovia, im Herzen des einstigen Merinolandes, war ein Anfang. Weitere

Treffen folgten. Forderungen wurden aufgestellt. Ganz obenan stand: Bewegungsfreiheit für Hirten und Herden. Dann aber auch: Schutz des Weidelandes. Erhaltung der Hirtenkultur. Eine auf unsere Bedürfnisse abgestimmte Gesetzgebung, und ein Ende der bürokratischen Bevormundung. Unsere Forderungen erarbeiteten wir in Arbeitsgruppen, aber auch die Geselligkeit kam nicht zu kurz. Wenn ich an unsere Treffen in Koblenz, in Kenia, im französischen Clermont-Ferrand denke … Die Franzosen hatten uns abends zu einem Buffet eingeladen, von dem man nur träumen konnte. Alles auf unseren Tellern kam aus der Region, auch das Fleisch stammte von regionalen Rassen, dazu gab es erlesenste Weine, und die einzelnen Gruppen machten sich in dem einzigartigen Ambiente einer alten Kirche an die Arbeit.

Nie ging es wie in klimatisierten Konferenzräumen zu. Bei unserem europäischen Treffen auf der Feste Ehrenbreitstein bei Koblenz gab es Hütevorführungen, Spinnvorführungen und singende Schäfer, ab und zu wurde ein Schaf geschoren, und eines Abends machte aus jedem Land ein Hirte den typischen Lockruf für seine Tiere vor. Immer war man schnell miteinander vertraut, und manchmal standen mir beim Abschied Tränen in den Augen. Aber dass ich als Vertreterin der deutschen Berufsschäfer nicht nur Europa bereisen, sondern auch in mein Traumland Indien kommen würde – das hätte ich mir nicht träumen lassen.

Kamele in Rajasthan

Beim Welthirtentreffen 2003 in Nairobi hatte ich den Inder Hanwant Singh Rathore kennengelernt. Er setzte sich für die Kamelhirten in Rajasthan ein, zusammen mit der Deutschen Dr. Ilse Köhler-Rollefson, und zwei Jahre später luden mich die beiden zu einem Camel Culture Festival in Rajasthan ein, das sie organisiert hatten. Und nun habe ich wieder einmal ein Flugticket nach Indien in der Tasche.

Im Münchener Flughafen beginnt sich der Warteraum für den Flug nach Delhi zu füllen. Um mich herum lassen sich Männer mit dunkler Haut und Turbanen und Frauen in bunten Kleidern und langen Haaren in den Sitzreihen nieder. Bisher hatte ich geglaubt, selbst lange Haare zu haben, aber wenn ich diese Frauen sehe … Dagegen sind meine kurz.

Was wird mich erwarten? Wie werde ich das Essen vertragen? Ich mache mir unterwegs viele Gedanken. In Delhi angekommen, verlasse ich den Flughafen, und die erste Empfindung ist liebliche Wärme. Es fühlt sich wie Heimkommen an. Gestern stand ich noch im nasskalten Donaudauernebel, hier sind es angenehme 25 Grad. Aber es ist nicht allein die Temperatur. Vielleicht die sanfte Musik? Oder die Menschen mit ihren entspannten, offenen Gesichtern? Der Unterschied zu den gehetzten, mit sich selber beschäftigten Menschen gestern in München ist womöglich noch größer als der zwischen Donaunebel und indischer Sonne.

Im Taxi erwartet mich eine andere Realität. Sie fahren hier links, sie fahren dicht auf und dicht aneinander vorbei, sie hupen ohne Unterlass. Als wir aus dem größten Stadtverkehr heraus sind, beruhige ich mich etwas. Vieles erinnert mich an Afrika, die vielen Menschen am Straßenrand, die Verkaufsstände entlang der Straße. Ungewohnt sind die Kühe, mitten auf der Straße, auch auf der Autobahn, und die Frauen in bunten Gewändern mit riesigen Wasserkrügen oder enormen Holzmengen auf dem Kopf.

Als der Verkehr weniger wird, verengt sich die Straße auf eine Spur. Kommt einer entgegen, wird gehupt. Anstalten auszuweichen macht keiner von beiden; mit Händen und Füßen stemme ich mich ab, jedes Mal bin ich mir sicher, dass es krachen wird, jedes Mal geht es gut … Bis zum Schluss bleiben die Taxifahrten ein besonderes Erlebnis. Auch der Eindrücke wegen: Schafherden, die auf der Straße dahinziehen oder neben der Straße weiden. Rinder und Wasserbüffel, die mit oder ohne Hirten seelenruhig ihres Weges gehen, als wüssten sie um ihre Sonderstellung. Viele Straßenhunde, einzeln oder in Gruppen unterwegs. Kleine Dörfer mit ihrem lauten und bunten Treiben, die Gassen von kleinen Verkaufsständen gesäumt.

Auffällig die vielen Motorräder. Er fährt, Frau und Kinder sitzen hinten. Nie sehe ich mehr als vier Personen auf einem Motorrad, Helme sind unbekannt, und kein Autofahrer käme auf die Idee, sich anzuschnallen oder einen Anruf auf seinem Handy nicht zu beantworten. Ob man sich je an diesen Fahrstil gewöhnt? Nach meiner Rückkehr stelle ich meinen Fahrstil jedenfalls auch um – gefahren wird, wo immer gerade für mich und mein Auto Platz ist, aber ohne zu hupen. Im Augenblick bin ich froh, das Hotel erreicht zu haben. Ein Hotel mit Bett und fließendem Wasser.

Später am Tag geht's zum Camp. Die Vorbereitungen für das Festival laufen auf Hochtouren. Ein riesiges, buntes Versammlungszelt wird aufgebaut. Daneben ein Küchenzelt, im dem auch gegessen wird, und ein Verkaufszelt für Kamelartikel. Zwei junge

Italienerinnen eröffnen gerade ein Kamelmilchcafé; hier gibt es italienischen Kaffee mit cremiger Kamelmilch und verschiedene Käsesorten, aus Kamelmilch hergestellt. Die Krönung ist ein Kamelmilchkäsekuchen und Eis aus Kamelmilch.

Das Kamelmilchprojekt ist als Unterstützung der Kamelhirten gedacht, die sich hier Raikas nennen. Auch sie haben zu kämpfen, wie alle. Es ist noch nicht allzu lange her, da ernährten die Kamele noch eine Familie. Die männlichen Tiere wurden nach einem Jahr auf dem Pushkar Fair, einem großen Markt, als Arbeitskamele verkauft, und von diesem Einkommen konnten die Raikas gut leben. Die weiblichen Kamele hingegen wurden zur Nachzucht behalten. Irgendwann aber trat ein Virus auf, das zu Totgeburten führte, und den Raikas blieben nicht mehr viele Kamele, die sie verkaufen konnten. Und ihre Lage verschärfte sich noch weiter, als die Regierung die Regenwälder in den umliegenden Bergen zum Nationalpark erklärte und den Kamelhirten das Weiden dort verbot.

Während der drei Monate Regenzeit nämlich, in der die Felder bestellt werden, weideten die Kamele früher in den Bergwäldern, wo sie genügend Futter fanden. In den restlichen neun Monaten der Trockenzeit lagen die Felder brach, und die Kamele durften die Ernterückstände abweiden. Heute pferchen die Raikas ihre Kamele des Nachts immer noch auf den Feldern der Bauern, die den Kameldung genauso schätzen wie unsere Bauern früher den Dung unserer Schafe und den Raikas diese Leistung in barer Münze oder mit Essen entgelten. Nur in der Regenzeit wird es jetzt schwierig. Außerhalb des Regenwalds reicht das Futter nicht, und die Kamele magern ab, werden für Krankheiten anfällig und sind auch nicht mehr so fruchtbar wie früher.

Aus dieser Not heraus wurde das Kamelmilchprojekt geboren. Studien beweisen, dass weidende Kamele die gesundheitsfördernden Wirkstoffe vieler verschiedener Pflanzen aufnehmen, die sich dann in der Milch wiederfinden – doch wer weiß das schon? Und deshalb treffen wir uns hier in Rajasthan, Hirten aus aller Welt, zum Camel Culture Festival.

In meinem Hotel sind auch Experten und Tierärzte aus anderen Teilen Indiens untergebracht. Wie froh bin ich, dass ein paar von ihnen schon morgens fit sind und wir unseren Morgenspaziergang gemeinsam antreten können. Ich freue mich über die Affen am Wegesrand. Wir laufen genau entlang der Grenze des Nationalparks, in dem auch Tiger leben, und gerade, als mir Professor Gahlot das korrekte Verhalten bei einer Begegnung mit einem Tiger erklärt, höre ich ein schauerliches, sonores Röhren, genau wie in Fernsehdokumentationen über Raubkatzen. Ich zucke zusammen, die anderen nicht. Wieder dieses Röhren – und jetzt sehe ich den Verursacher: So klingt also eine indische Kuh.

Am Ufer eines Sees wimmelt es von Pfauen und Papageien, und in einem kleinen Tempel sitzt ein Mönch, der sich am Feuer wärmt. Wir geben ihm etwas Geld. Andere bringen ihm Nahrungsmittel. Er hat aber allem Weltlichem entsagt und sein Leben ganz dem Gebet und der Instandhaltung des Tempels geweiht.

Im Camp sitzen an diesem Vormittag die Raikas in Gruppen zusammen, um sich zu besprechen. Ich schlendere zwischen den Verkaufsständen her. Was ein Kamel so alles liefert! Es gibt weiche Schals aus Kamelwolle, Kamelmilchseife, Teppiche aus Kamelwolle, dazu Schmuck für Kamele und traditionelle Kleidung. Ob ich mal etwas anprobieren möchte? Natürlich! Erst den Rock, dann das Oberteil, dann das Tuch, dann den Schmuck. Das Ergebnis muss fotografiert werden. Ich freue mich riesig, und auch die anderen Frauen hier haben Spaß daran, eine Europäerin in ihrer eigenen Tracht zu sehen. Dann wollen sie mir Ohrringe einsetzen. Gut, meine Ohrläppchen haben ja schon Löcher – aber meine Nase ist tabu!

Am folgenden Morgen fahren wir zu einem Hirten aufs Feld hinaus. Der Raika melkt ein Kamel, und wir dürfen probieren. Er nimmt ein paar große Blätter, faltet sie und schüttet die Milch hinein – sie schmeckt köstlich. An Kamelmilch zum Frühstück könnte ich mich gewöhnen. Dann demonstriert er traditionelle Heilmethoden. Im Feuer liegt ein glühendes Eisen, das nimmt er und drückt es einem Kamel für wenige Sekunden auf den Hinterkopf. Der Sinn dieser Prozedur ist, die Durchblutung an der schmerzenden Stelle durch lokale Wärmezufuhr anzuregen und so die Selbstheilungskräfte zu aktivieren. Ein anderes Tier hat eine äußere Verletzung, sie wird mit heißem Öl und Kräutern behandelt.

Zurück im Camp sind alle mit Verschönerungsmaßnahmen beschäftigt. Überall wird gekehrt und gefegt und auf Hochglanz gebracht. Die Frauen werden nicht müde, an mir herumzuzupfen, sie sind mit dem Sitz meines indischen Rocks und meiner Tücher noch nicht zufrieden.

Der Maharadscha hat sein Kommen angekündigt – ein Ereignis, das mit dem Besuch der Queen bei uns vergleichbar ist. Ein roter Teppich gehört hier genauso dazu, und prächtig geschmückte Kamele. Anders als in den letzten Tagen sehe ich heute auch viele Frauen in bunten Saris, Blumenkörbe in den Händen. Wann wird er kommen? Männer mit Trommeln und anderen traditionellen Instrumenten haben sich vor dem Tor aufgebaut und machen Musik, einige bunt geschmückte Kamele leisten ihnen Gesellschaft. Bisher wandten sich die Frauen ab oder verbargen ihr Gesicht, wenn ich sie fotografieren wollte, doch jetzt nutze ich die Gunst der Stunde – manche kennen mich ja schon, andere finden vermutlich mein indisches Gewand vertrauenswürdig, alle wollen jetzt jedenfalls fotografiert werden und hinterher auch das Ergebnis sehen.

Endlich trifft er ein, der Maharadscha von Jodpur, eine

würdevolle Erscheinung. Ehrerbietig werden Höflichkeiten ausgetauscht, Gastgeschenke überreicht und Ansprachen gehalten, wie bei offiziellen Terminen in aller Welt üblich; nur farbenfroher als bei uns geht es hier dabei zu. Ilse Köhler-Rollefson bittet den Maharadscha in ihrer Rede um Unterstützung für die Kamelhirten von Rajasthan, und dann endet das Camel Culture Festival mit einem Festessen für alle. Schade. Mir fällt der Abschied schwer. Ich habe mich unter diesen Menschen sehr wohl gefühlt und bleibe noch einen Tag länger.

Was nehme ich mit?

Für mich selber habe ich indische Kleidung gekauft. Für Francesco ein paar Lederschuhe und für meinen Sohn Felix indische Gewürze. Das sind die materiellen Dinge. Doch was nehme ich sonst noch mit?

Ein paar Erkenntnisse. Die Idee der Gewaltlosigkeit zum Beispiel. Mahatma Gandhi, auf jedem Rupienschein zu sehen, hat für mich an Bedeutung gewonnen. Ich denke dabei gar nicht so sehr an körperliche Gewalt, eher an das Gewaltsame im täglichen Umgang miteinander, das Ungeduldige, Ruppige und Achtlose. Wie wichtig nehme ich mich selbst? Viele Menschen bei uns im Westen tragen ein großes, aufgeblähtes Ego mit sich herum. Mir als Schäferin fällt das immer besonders auf, denn ein Mensch, der von morgens bis abends für seine Tiere sorgen muss, könnte mit solch einem Ego gar nichts anfangen, er wüsste gar nicht, wohin damit. In meiner Ausbildung habe ich gelernt: Zuerst kommen die Schafe, dann kommen noch einmal die Schafe, dann kommen wieder die Schafe, als Nächstes kommen die Hunde, dann kommt für eine ganze Weile gar nichts, und ganz zum Schluss komme ich. Etwas von dieser Zurückhaltung habe ich auch in der selbstverständlichen Freundlichkeit dieses indischen Hirtenvolks verspürt. Vielleicht haben wir bei uns im Westen einfach zu viel Umgang mit Menschen und zu wenig Umgang mit Tieren?

Was nehme ich noch mit? Neben den unendlich vielen Eindrücken?

Ich habe viele arme Menschen gesehen, »arm« in unserem materiellen Sinne: Sie besitzen kein Geld, leben in einfachsten Verhältnissen, aber sie haben alles Notwendige, was sie zum Leben brauchen. Fröhlich habe ich sie gesehen, guter Dinge gingen sie ihrem Tagwerk nach, hüteten ihre Tiere, oft Frauen. Es braucht so wenig, um ein zufriedenes Leben zu führen. Regionale Strukturen funktionieren, sie brauchen keine industrielle Landwirtschaft. Nicht das Geld, um Saatgut, Düngemittel und Spritzmittel einzukaufen – reich werden dabei sowieso nur die Konzerne. Manchmal haben sie nur eine Ziege und ihr Gemüse, das sie anbauen. Sie haben ein einfaches Leben und werden jeden Tag satt. Das Allerwichtigste ist jedoch das Wasser. Wasser, um zu trinken und das Gemüse zu bewässern. Nie war mir so klar, wie wichtig und elementar Wasser für unser Leben ist.

Sauberes Wasser ist die Grundvoraussetzung unseres Lebens. Mit meiner Exkursion nach Rajasthan erfüllte sich nicht nur mein großer Traum, nach Indien zu reisen, mir wurde auch einmal mehr ganz deutlich, dass wir Hirten in allen Teilen der Welt gemeinsam die Aufgabe haben, für den Erhalt unserer Lebensgrundlagen und Lebensräume einzustehen.

Kein schöneres Leben
gibt's nicht auf der Welt

Es wird immer wieder behauptet, Schafe seien musikalisch. Ich könnte mir vorstellen, dass alle höheren Lebewesen musikalisch sind, und vielleicht sind sogar Pflanzen für Musik empfänglich, aber es scheint so, als hätten Schafe besonders viel Freude an Musik. Ich habe gelesen, dass im frühen Mittelalter ein gewisser Petrus de Crescentiis um das Jahr 1300 Schäfern den Rat erteilt hat, beim Hüten die musikalischen Darbietungen nicht zu vergessen: » … er soll auch seine Herde zu Zeiten entweder mit einem lieblichen Gesang oder Sackpfeifen erlustigen und erfreuen«, schrieb er in seinem Lehrbuch der Landwirtschaft, »denn die Schafe weiden sich bei solchem Gesang viel lustiger und laufen nicht hin und her voneinander und gehorchen ihrem Schäfer desto williger …«

Dieser Rat wird nicht aus der Luft gegriffen gewesen sein, denn de Crescentiis hatte sich nach einem erfolgreichen Leben als Jurist 1299 auf sein Landgut zurückgezogen und eifrig Land- und Weidewirtschaft studiert, bevor er sich an sein Buch machte. Seine Empfehlung kann so übel auch nicht gewesen sein, denn sie geriet nicht mehr in Vergessenheit, und auch dafür gibt es einen Beweis. Über vierhundert Jahre später nämlich griff der Uracher Vogt in seiner Rede an die Schäfer diese Idee auf und sagte: »Sie sollen ihre eigene Musik haben, dass wenn einer ein vollkommener Schäfer sein will, der notwendig auf der Schalmeien oder Sackpfeifen soll spielen können, denn die Altväter haben davon gehalten, dass diejenigen Schaf, welchen ihr Hirte öfters auf der Schalmeien oder der Pfeifen aufgespielet, viel fetter und schöner werden als die anderen, die dergleichen geschickte Schäfer nicht haben.«

Mag sein, dass Ziegen, Kühe und Schweine gleichfalls über musizierende Hirten erfreut gewesen wären – oder es immer noch wären –, aber davon hört man nichts.

Es fragt sich allerdings, ob dieser Rat überhaupt nötig war. Jedenfalls wird es in der Vergangenheit kaum einen Schäfer gegeben haben, dem man das zweimal zu sagen brauchte, denn in der Liebe zur Musik waren sich die Schäfer früher mit ihren Tieren einig – kaum ein Holzschnitt, kaum ein farbiges Bild aus alten Zeiten zeigt den Schäfer draußen auf der Weide ohne Dudelsack oder Schalmei. Die Musik gehörte offenbar zum Schäfer wie der Hund und der Hirtenstab, und alles andere wäre auch verwunderlich – jeder weiß ja, wie gut es sich singt, wenn man in der freien Natur mit sich allein ist. Es wird dem Schäfer dabei nicht darum gegangen sein, die Einsamkeit zu verscheuchen, sondern sie mit Liedern zu erfüllen, weil die Einsamkeit dann doppelt schön ist. Und so war es wohl schon immer, von Anfang an, denn auch der griechische Hirtengott Pan hatte jederzeit seine Flöte dabei, und ich gebe zu: Die Verbindung von Schäferei, Musik und Natur muss auf Stadtmenschen unwiderstehlich gewirkt haben, und so gesehen ist das romantische Schäferbild nur zu verständlich.

Ganz besonders vom Schäferdasein fasziniert war die adlige Gesellschaft des 18. Jahrhunderts. Das Hofleben im Barock war so künstlich und unecht, dass es vermutlich selbst den Menschen zu viel wurde – sie empfanden die ganze Kultiviertheit als Last und begannen, vom einfachen Leben des Schäfers zu träumen. Man las einander Schäfergedichte vor, man amüsierte sich im Theater bei den Liebesabenteuern von Schäfern und Schäferinnen, man lauschte im Konzert den einfachen, munteren Weisen einer Pastorale, die der Schäfermusik nachempfunden war. So wurde der Schäfer bis in die allerhöchsten Kreise hinein zum

Inbegriff eines unverdorbenen Daseins fernab der lästigen Zivilisation, frei von strikten Regeln, strengen Vorschriften und Konventionen.

Unterdessen feierten die Schäfer ihre eigenen Feste mit ihren eigenen Spielen, Liedern und Tänzen. Viel ist davon heute nicht mehr übrig geblieben, immerhin doch etwas mehr als vom Adel und seinen Schäferspielen. Man muss heute nach Markgröningen fahren, um eine Ahnung davon zu bekommen, wie echte Schäfer früher feierten; dort wird nämlich am Bartholomäustag, dem 24. August, das einzige schwäbische Volksfest gefeiert, das sich aus dem Mittelalter erhalten hat – der Markgröninger Schäferlauf.

Es ist ein ereignisreiches Fest. Alles, was sich an Schäfertraditionen im Lauf der Zeit entwickelt und erhalten hat, erwacht an diesem Tag noch einmal zum Leben. Der eigentliche Höhepunkt des Tages aber ist für mich immer der Schäferlauf, den dieses Fest schon im Namen führt. Er ist Schäfern, Schäferinnen und den Töchtern von Schäfern vorbehalten, und da gleich zwei dieser Merkmale auf mich zutreffen, habe ich mir selten die Gelegenheit entgehen lassen, daran teilzunehmen – beim ersten Mal war ich 15, beim letzten Mal über vierzig, das heißt, doppelt so alt wie die meisten anderen Teilnehmerinnen. Gewonnen habe ich ihn nie, dafür sind meine Beine zu kurz, aber Letzte bin ich auch nie gewesen, immerhin. Und Spaß gemacht hat es immer.

Ursprünglich sollte auf diese Weise derjenige Schäfer ermittelt werden, der schneller war als ein flüchtiges Schaf. Mit den Siegern standen dann der Schäferkönig und die Schäferkönigin für die kommenden zwölf Monate fest. Die Umstände dieses Laufs sind tatsächlich recht praxisnah: Die Männer rennen dreihundert Meter weit, die Strecke der Frauen ist etwas kürzer, aber beide Gruppen laufen barfuß, und zwar über einen Stoppelacker; das Ganze in traditioneller Kleidung und vor großem

Publikum. Meinen Ehrgeiz hat diese Veranstaltung seit jeher befeuert, auch wenn mit fortgeschrittenem Alter das Mitmachen im Vordergrund stand. Und so spielte sich mein letzter Schäferlauf ab:

Meine Schuhe habe ich schon vorher ausgezogen, um mich ans Barfußlaufen zu gewöhnen, damit es nachher auf dem Stoppelfeld nicht allzu sehr pikst. In jungen Jahren hatte ich diesen Wettlauf sehr ernst genommen und gewissenhaft trainiert und auch das Barfußlaufen geübt, aber diesmal muss es ohne Vorbereitung gehen. Wenn man einmal losgelaufen ist, spürt man die Stoppeln sowieso nicht mehr, da ist es viel riskanter, in die Rillen zu treten, die die Festwagen im feuchten Boden hinterlassen haben, und zu stolpern.

Um mich aufzuwärmen, laufe ich am Rand des Festplatzes auf und ab. Erfahrungsgemäß bin ich erst im Ziel richtig warmgelaufen, und da ist es natürlich zu spät. Erste bin ich sowieso nie geworden, wohl aber meine Schwester – sie hat die längeren Beine und war etliche Male Schäferkönigin.

Als wir Schäferinnen uns am Start aufstellen, bin ich nervös, obwohl ich mir für diesen Lauf nur vorgenommen habe, nicht als Letzte ins Ziel zu kommen. Ich lockere mein Oberteil und ziehe meinen Rock bis über die Knie hoch, damit er beim Laufen nicht stört. Es ist für die Ordner gar nicht so leicht, uns auf der Startlinie in eine Reihe zu bekommen, auch wenn heute nicht an die 50 Läuferinnen teilnehmen wie früher, sondern nur 14.

Der Pferchmeister hoch zu Ross umrundet uns, bevor er im schnellen Galopp zur Tribüne reitet und die Zahl der Läuferinnen bekannt gibt. Er ist auch derjenige, der anschließend das Startzeichen gibt, indem er das weiße Tuch in seiner Rechten zu Boden fallen lässt.

Die Läuferinnen neben mir schieben unauffällig die Füße vor. Ich mache es ihnen nach, ebenso unauffällig, um keinen Verweis von den Festordnern zu kassieren. Und der Pferchmeister umkreist uns immer noch mit dem Tüchlein in der Hand. Beschleunigt sein Pferd … hebt die rechte Hand … ist jetzt hinter uns … senkt die Hand ruckartig … einige laufen los … aber das Tuch ist gar nicht gefallen, also alles zurück auf die Ausgangsposition … die Spannung steigt, die Konzentration sinkt … wieder umkreist er uns … wieder hebt er die Hand … wieder führt er sie mit einer schnellen Bewegung nach unten … die meisten laufen los … und erneuter Fehlstart … die besonders Ehrgeizigen sind schon über das halbe Stoppelfeld gerannt und müssen umkehren … leichte Demotivation … wieder umkreist er uns im Galopp … diesmal lässt er das Tüchlein fallen … die Musik wird lauter … die Zuschauer feuern uns an … der Trommelwirbel wird schneller und immer schneller … und auf den letzten Metern kann ich noch zwei Läuferinnen überholen, bevor wir im Ziel von Helfern des Roten Kreuzes aufgefangen werden. Noch völlig außer Atem spricht die neue Schäferkönigin ihren Namen ins Mikrofon. Und ich habe erreicht, was ich mir vorgenommen hatte: als Älteste nicht Letzte zu werden.

Man kann dieses ganze Fest einfach als buntes, fröhliches Treiben in historischer Aufmachung erleben, und ich vermute, dass es den meisten Besuchern so gehen wird. Für den Schäfer aber wird an diesem Tag noch einmal die reiche Kultur eines stolzen, selbstbewussten Berufsstandes lebendig. Sicher, auch andere Zünfte hatten ihre Heiligen, ihre Traditionen und ihre Berufsehre, aber der öffentliche Tanz war ein ausgesprochenes Vorrecht der angesehenen Zünfte. Die Schäfer hatten für ihr Selbstbewusstsein noch einen anderen Grund, nämlich ihre Charakterfestigkeit. Sie waren stolz darauf, absolut zuverlässig, fürsorglich und ehrlich zu sein. Von wegen leichtes Leben und lockere Sitten – bei dem Schäferspiel, das alljährlich in Markgröningen aufgeführt wird, geht es um die Ehre von Menschen, die zu stolz sind, Unrecht zu tun. Es geht, kurz gesagt, um die Selbstlosigkeit des Schäfers, welche die Sagenfigur des treuen Barthels verkörpert. Die alte Legende vom treuen Barthel wird deshalb am Tag des Schäferlaufs als Volkstheaterstück nachgespielt. Sie geht so:

Der Schäfer Barthel hütet die riesige Schafherde des Grafen von Gröningen. Offensichtlich macht er seine Sache ganz außerordentlich gut, denn er erregt Neid. Leute, die ihm am Zeug flicken wollen, schwärzen ihn beim Grafen an mit der Behauptung, der Barthel würde heimlich Schafe verkaufen und das Geld in die eigene Tasche stecken. Bei einer so großen Herde könnte man ja tatsächlich in Versuchung geraten, und so verkleidet sich der Graf als Metzger, um seinen Schäfer auf die Probe zu stellen. Er sucht ihn draußen auf der Weide auf, tut so, als wolle er ihm zwei Hammel abkaufen, und bietet ihm dafür ein schönes Sümmchen an. Was mit dem Barthel aber nicht zu machen ist. Der Graf erlebt die Demütigung, von seinem eigenen Schäfer verprügelt zu werden, so wie es in den sehr anschaulichen Worten der letzten Strophe der Ballade heißt:

> *Da hob der Knecht den Schäferstock*
> *gewichtig anzusehen,*
> *und lässt ihn auf des Metzgers Rock*
> *gar arg spazieren gehen.*

Und wie reagiert der Graf? Er erklärt den Namenstag seines Schäfers, den Bartholomäustag, zum Festtag.

Es ist eine einfache Geschichte. Und wie alle einfachen Geschichten konzentriert sich auch diese auf das Wesentliche. In Zeiten vor der elektronischen Einzeltierkennzeichnung hieß es Vertrauen gegen Vertrauen, denn der Schäfer war kaum zu kontrollieren, der zog umher und führte insofern wirklich ein freies Leben, und der Besitzer der Herde musste sich blind darauf verlassen können, dass der Schäfer unterwegs mit Leib und Leben für das Wohl der ihm anvertrauten Schafe einstand. Wenn also jemand in seinem Beruf nicht an sich denken durfte, dann war es der Schäfer – der zwar keinen Menschen über sich hatte, dafür aber seinen Tieren jederzeit zu Dienst und Willen sein musste.

Nicht alle dürften sich immer so mustergültig verhalten haben wie der treue Barthel, aber zu allen Zeiten wurden strenge Maßstäbe an den Schäfer angelegt. Das Schäfergericht in Markgröningen regelte daher nicht nur die Streitfälle von Schäfern, es nahm auch die Gesellen- und Meisterprüfungen ab; der Geselle wurde dabei auf den Schäfereid verpflichtet, und das Meisterrecht umfasste die Verpflichtung, sich als Schäfer zu kleiden. Außerdem wurde schärfstens darauf geachtet, dass sich keine charakterlosen Elemente einschlichen. Das Ansehen eines Schäfers beruhte, von seinem Können abgesehen, tatsächlich auf seiner Selbstlosigkeit.

Die Schäfer hatten auch ihre eigenen Tänze. Neben dem Schäfertanz, der in den verbrieften Rechten und Freiheiten der Schäferzunft festgelegt war und nur von Schäfern getanzt werden durfte, gibt es den Hammeltanz, der das Tanzvergnügen mit der Idee des Gewinnspiels verbindet: Die Paare tanzen an einer Laterne vorbei, in der eine Kerze brennt. Erlischt die Kerze, wird das Paar, das ihr am nächsten war, zum Sieger erklärt und mit einem Hammel beschenkt. Beim Hahnentanz wird ein Hahn auf der Spitze einer Stange in einen blumengeschmückten Korb gesetzt. An der Stange hängt ein Brettchen mit einem Becher Wasser, und sobald die Musik das Zeichen gibt, muss der Bursche versuchen, sein Mädchen so hoch zu stemmen, dass ihr Kopf das Brett berührt und der Becher umfällt. Bei jeder Tanzrunde wird der Becher höher gehängt, und wer ihn als Letzter erreicht, ist nicht nur nass, sondern auch Sieger und – ja, natürlich, bekommt den Hahn.

Das sind ausgelassene Tänze, man wollte ja seinen Spaß. Und beim Schäfertanz kam auch noch der Gesang dazu, in dessen Genuss bis dahin hauptsächlich die Schafe gekommen waren. Man stellte sich also auf, das Schäferorchester aus Klarinette, Geige, Waldhorn und Dudelsack legte los, und zu den landläufigen Figuren des Kontratanzes sangen die tanzenden Schäfer:

Schäferlein sag, wo willst du weiden?
Draußen im Feld bei grüner Heiden,
Wollen die lustigen Schäfer weiden.

Schäferlein sag, wo willst du tanzen?
Draußen im Feld bei den Musikanten
Wollen die lustigen Schäfer tanzen.

Schäferlein sag, wo willst du schlafen?
Draußen im Feld bei meinen Schafen
Wollen die lustigen Schäfer schlafen.

Diese Lieder haben den unschätzbaren Vorteil, ein Licht auf die Lebenswirklichkeit vergangener Zeiten zu werfen, und da macht man eine verblüffende Entdeckung: Schäfer hatten offenbar ein riesiges Repertoire eigener Lieder, und die allermeisten davon zeugen von einem unbändigen Vergnügen – der Freude darüber, das Leben eines Schäfers führen zu dürfen. Offenbar waren sich alle Sänger zu allen Zeiten in einem Punkt einig: Dieses Leben ist eine Lust, es lässt wahrhaftig nichts zu wünschen übrig. Eigentlich erstaunlich bei Menschen, die nicht nur ihren Beruf so ernst und genau nahmen wie die Schäfer, sondern auch eine enorme Verantwortung trugen, wie kein anderer jedem Wetter ausgesetzt waren und obendrein den Pferch des Nachts zweimal umschlagen mussten. Und dennoch. »Kein schöneres Leben gibt's nicht auf der Welt, als wie hüten und treiben schöne Schäflein im Feld«, so haben Schäfer einst gesungen, und warum soll man es ihnen nicht glauben?

Vielleicht machte es ja gerade diese Mischung aus größter Selbstdisziplin und höchsten Ansprüchen an die eigene Arbeit, verbunden mit Freiheit und der Tatsache, dass man sein eigener Herr war – wenigstens so lange, wie man es mit der Natur und seinen Tieren zu tun hatte. Kurzum, die Schäfer scheinen sich wohl in ihrer Haut gefühlt zu haben, und die Verbundenheit mit ihren Tieren muss sie für ihren Verzicht auf menschliche Gesellschaft vollauf entschädigt haben.

Vieles hat sich seither geändert. Aber diese grundsätzliche Zufriedenheit meine ich heute noch zu spüren, wenn ich unter Schäfern bin. Bei Hirten in außereuropäischen Ländern steht sie sogar noch in voller Blüte; so kam es mir jedenfalls vor, als ich damals in Indien einen Vortrag einer nepalesischen Hirtin hörte. Sie weidete ihre Schafe und Ziegen in den unwirtlichsten Höhen des Himalajas, und die Worte, die sie zu den traumhaft schönen Bildern ihrer Heimat ins Mikrofon sprach, gingen mir nahe:

»Kommt, Schäflein, kommt, noch ein kleines Stückchen höher, dort oben sind die Gräser und die Kräuter besonders fein, kommt, Schäflein, kommt …

Ich rede immer mit meinen Tieren. Meine Tiere sind wie meine Familie, sie sind wie Brüder und Schwestern, ich fühle wie sie.

Sind nicht Menschen auch wie Tiere? Ich denke nie als ich, ich denke nur als wir. Wenn es ihnen schlecht geht, geht es mir auch nicht gut. Wenn es ihnen gut geht, wenn sie sich an frischem, jungem Gras erfreuen und die Lämmer Freudensprünge machen, dann freue auch ich mich und bin glücklich.

Wenn ich einsam bin, singe ich mein Lied in die Berge. Mein

Radio ist die Verbindung zur Welt. Kommt der Leopard, drehe ich es ganz laut auf – so denkt er, wir seien viele, und geht wieder.

Einmal war der Leopard in meinem Zelt. Ich wartete, bis er herauskam, weil im Zelt kein Platz für uns beide ist. Einmal kam er in mein Zelt, als ich drinnen war, da habe ich mich verteidigt. Ich musste mich verteidigen; meine Tiere brauchen mich.

Ich darf nicht krank werden – wer würde dann für meine Tiere sorgen? Denke ich, dass ich krank bin, so werde ich krank. Denke ich, dass ich gesund bin, so bleibe ich gesund.

Gott gibt mir alles, doch ich bekomme es nicht umsonst. Ich muss hart dafür arbeiten.

Ich kann Gott überall sehen. Ich sehe ihn im Himmel über mir, ich sehe ihn auf der Erde unter mir, ich sehe ihn in meinen Tieren, ich fühle ihn in meinem Herzen.«

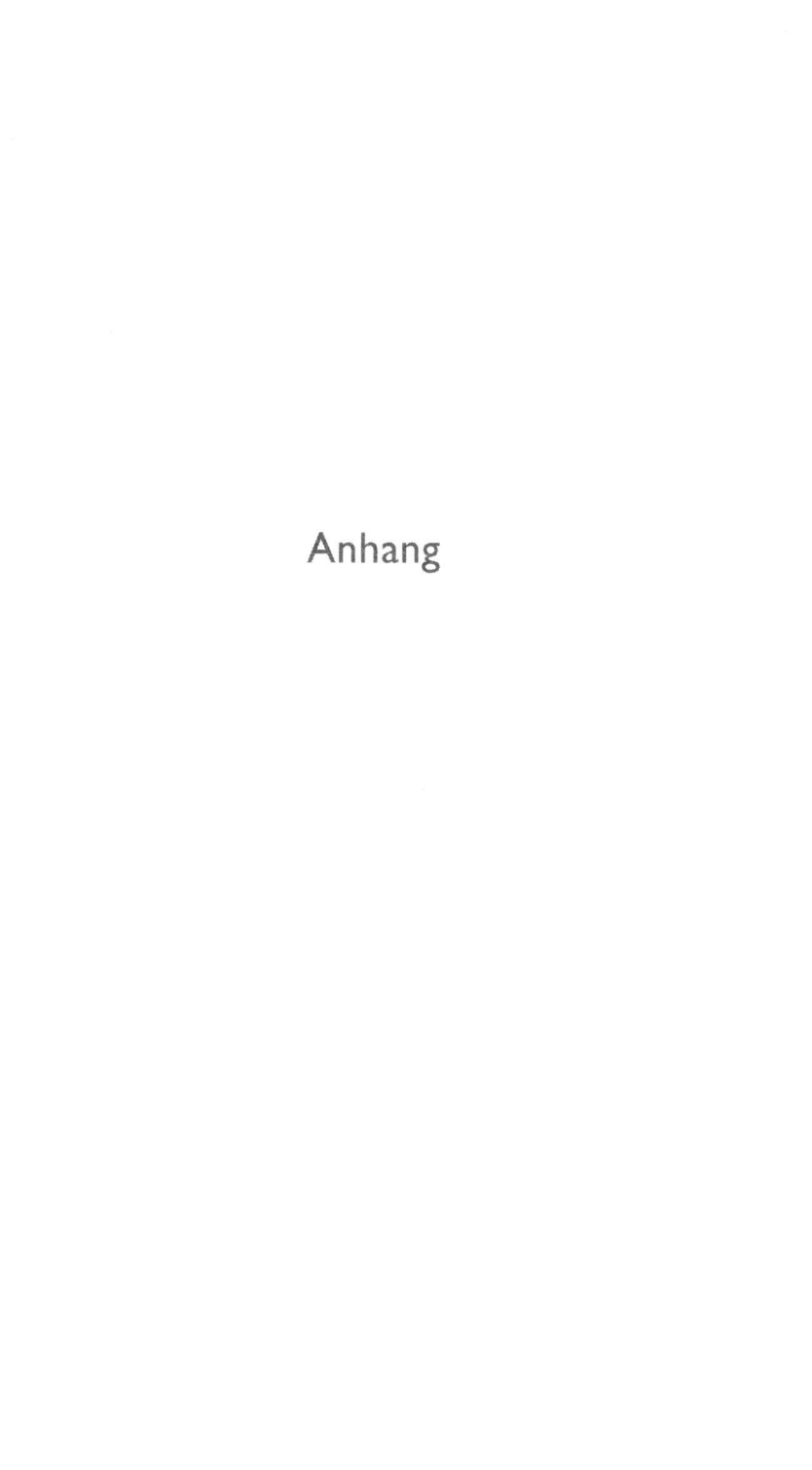

Anhang

Warum ich Bio(land)-Schäferin bin

Disteln, mannshoch, auf dem ganzen Acker, so weit das Auge reicht. Dazwischen ein paar Getreidehalme. Das war die Vorstellung meines Vaters, als ich auf biologische Wirtschaftsweise umgestellt habe. Sein ganzes Lebenswerk zerstört? Denn mit Spritze und Kunstdüngerstreuer auf den Acker zu fahren, das war sein großes Hobby, gleich nach dem Schafehüten.

Lange Zeit habe ich mir gar keine Gedanken darüber gemacht, doch irgendwann fing ich an zu überlegen, wie ich die Schäferei und den Ackerbau wohl betreiben werde, wenn mein Vater nicht mehr kann. Und es war mir sofort klar: Unter gar keinen Umständen werde ich meine Felder mit Kunstdünger bearbeiten.

Genau zehn Jahre, nachdem er in Rente war, im Jahr 2009, habe ich den Vertrag bei Bioland unterschrieben.

»Zu welchem Zeitpunkt stellen andere denn um?«, wollte ich damals von meinem Biolandberater wissen.

»Sehr oft wollen die Frauen das. Und die Umstellung erfolgt, wenn der Altenteiler ins Pflegeheim oder auf den Friedhof gekommen ist«, lautete die Antwort.

Als ich einem alten Bekannten freudestrahlend von der Vertragsunterzeichnung berichtete, sagte der nur: »Ruth, das ist jetzt aber auch mal an der Zeit gewesen.« Ich stutzte und fragte mich, wie er zu diesem Kommentar kam. Und fing wieder an zu überlegen.

Damals beim Hausbau war der Mann mein Bauberater gewesen, und ich hatte allergrößten Wert auf natürliche Materialien gelegt: dicke Ziegelwände, Holzdecken, Isolation mit Schafwolle. Als der große Eisenträger zur Stütze des Balkons auf die Baustelle kam, habe ich den Architekten beschimpft, dass er es sein Lebtag nicht vergessen wird. Auf keinen Fall wollte ich so große Eisenteile in meinem Haus!

Naja, und »grün« war ich ja auch schon immer irgendwie, sonst hätte ich als Jugendliche nicht im Pferchkarren geschlafen und mir Henna ins Haar geschmiert. Das Getreide habe ich selber gemahlen, um Brot daraus zu backen. Und immer hatte ich ein wenig ein schlechtes Gewissen, dass ich meine Jungs in Pampers gewickelt habe und nicht in Stoffwindeln und Wollhöschen. Es fehlte mir schlichtweg die Zeit zum Waschen, ich war ja beim Hüten.

Bei der medizinischen Versorgung hielt ich mich immer streng an die klassische Homöopathie. Jede Erkältung, jedes Fieber, sämtliche Kinderkrankheiten haben wir damit kuriert. Meine Jungs erschienen mir immer gesünder als andere Kinder. Erst im Erwachsenenalter haben sie bei Auslandsaufenthalten Antibiotika bekommen. Auch bei meinen Hunden und Pferden arbeite ich erfolgreich mit Homöopathie.

Nur bei meinen Schafen in Hütehaltung fand ich es bisher zu aufwändig, einzelnen Tieren mehrmals täglich Globuli zu geben. Bei ab und zu vorkommenden Lungenentzündungen und entzündeten Eutern greife ich gerne zu Antibiotika. Auch auf eine Außenparasitenbehandlung und regelmäßige Wurmkuren möchte ich nicht verzichten. Das Einhalten der doppelten Wartezeit bereitet mir keine Probleme. Andere Medikamente brauche ich kaum. Die Lämmer, die zum Schlachten vorgesehen sind, werden regelmäßig gewogen und gekennzeichnet. Es macht daher nicht viel Sinn, ihnen vorher noch eine Wurmkur zu geben.

Hätte mich jemand gefragt: »Und was machst du jetzt bei Bioland anders als vorher?«, so hätte ich antworten müssen: »Nicht viel«. Zumindest, was meine Schafe betrifft.

Im Ackerbau ist das nicht so einfach, da ist es tatsächlich eine Umstellung, da braucht es ein Umdenken. Man kann nicht mehr einfach mit der Spritze kommen, wenn Unkraut da ist. Da muss ich vorher überlegen. Was baue ich an? Welche Fruchtfolge?

Immer wieder bin ich erstaunt, wie viele Gedanken sich meine Kollegen vom Ackerbau machen. Wie viel Neues sie ausprobieren, welche Maschinen zur mechanischen Beikrautregulierung sie austüfteln. Auch mein Vater wußte noch Tricks von früher, wie man den Unkrautdruck möglichst gering hält, zum Beispiel spätes Aussäen im Herbst und Striegeln im Frühjahr. Auch nach mehrjährigem Kleegras ist ein Acker weitgehend unkrautfrei. Und meine Schafe lieben Kleegras!

Als Francesco unser erstes Kleegras umgepflügt hat, kam er völlig begeistert nach Hause. »So viele Regenwürmer! Überall Regenwürmer! So was habe ich noch nie gesehen! Das kannst du dir gar nicht vorstellen! Komm raus und schau sie dir an!«

Regenwürmer leisten einen wichtigen Beitrag zur Gesunderhaltung des Bodens. Sie verwandeln – durch Verdauung – organisches Material in Humus; indem sie sich kreuz und quer durch den Boden graben, lockern sie den Boden bis in die Tiefe und schaffen dabei ein riesiges Geflecht von Röhren, die von den Pflanzenwurzeln als unterirdische Highways genutzt werden. Zudem kann in diesen Röhren sehr viel Wasser gespeichert werden, bis zur doppelte Menge von dem, was ein regenwurmarmer Boden speichert. Regenwürmer können auch Verkrustungen und Verschlämmungen aufbrechen, da, wo keine Maschine mehr hinkommt. Nur wo der Boden durch zigtonnenschwere landwirtschaftliche Maschinen verdichtet wurde, hat auch der Regenwurm keine Chance. Daneben gibt es noch viele andere Bodenlebewesen, die in einem gesunden Boden vorkommen und für das Wachstum der Pflanzen wichtig sind.

Auf gesundem Boden wächst gesundes Getreide, zur gesunden Ernährung von Mensch und Tier. Wird gegen Unkräuter gespritzt, sterben auch viele Kleinstlebewesen ab. Bei künstlicher Düngung wächst die Pflanze erst mal schneller. Aber zum einen wird sie abhängig von der künstlichen Nähstoffzufuhr; bleibt diese aus, so stellt sie auch ihr Wachstum ein. Zum anderen wird sie anfälliger für Krankheiten. Gibt man einem Kind nur Zucker, wächst es auch erst mal schneller. Gesund ist das aber bestimmt nicht.

Intensive Landwirtschaft mit gentechnisch veränderten Pflanzen ist weder nachhaltig, noch trägt sie zur Welternährung bei. Dabei hat alles so einfach angefangen. Saatgut, Dünger und Spritzmittel, alles vom gleichen Hersteller. Abgesehen von den langfristigen Folgen einer solchen Landwirtschaft für die Natur bringt sie auch eine ungeheure Abhängigkeit des Landwirtes von der Industrie mit sich.

Für mich bedeutete es eine große Befreiung, nicht mehr all diese Rechnungen von Spritz- und Düngemittel bezahlen zu müssen. Vor der Umstellung blieb beim Getreideverkauf, nach Abzug aller Unkosten, oft kaum etwas übrig. Jetzt baue ich mein Getreide aus eigenem Saatgut an, habe kaum Unkosten, und das, was übrig bleibt, bleibt wenigstens wirklich, auch wenn weniger wachsen würde. Tut es aber nicht!

Meinen misstrauischen Dinkel-Abnehmer, der nicht glauben wollte, dass ich als Bio-Bäuerin einen genau so hohen Ertrag habe wie konventionelle Landwirte, konnte ich am Ende nur mit einem Argument davon überzeugen, dass ich ihm tatsächlich Bio-Qualität geliefert hatte: Meine Felder bekommen jede Menge guten Schafsmist, der das Wachstum des Getreides ausgezeichnet fördert.

Tatsächlich ist es nicht unbedingt so, dass man mit Bio weniger Erträge hat. Aber ganz bestimmt befreit es einen aus der bedrückenden Abhängigkeit von der Industrie. Selbst hierzulande hat man bei der industriellen Landwirtschaft manchmal den Eindruck von moderner Sklavenhaltung.

Um wie viel extremer ist das in anderen Teilen der Erde. In Indien haben sich in den letzten Jahren zehntausende Bauern das Leben genommen, weil sie ihre Familien nicht mehr ernähren konnten. Durch Saatgutmonopole und den Zwang, bei gentechnisch veränderten Pflanzen das Saatgut immer wieder neu kaufen zu müssen, ebenso wie Spritzmittel und Dünger, blieb nichts mehr zum Leben übrig.

Was haben wir damit zu tun?, könnte man fragen. Aber wir sind naiv, wenn wir glauben, dass betrifft uns nicht! Rund zehn große Konzerne entscheiden über die Ernährung von über sieben Milliarden Menschen. Das sollte zu denken geben.

Tierzucht und Saatgut wurden über Jahrhunderte und Generationen von Bauern entwickelt, sie sind unsere indigenen – unsere einheimischen – Schätze, die es zu bewahren gilt. Nimmt die Entwicklung einer industrialisierten Landwirtschaft immer größeren Raum ein, während kleine Betriebe immer öfter schließen, geht damit auch das Wissen von Generationen verloren.

Den biologisch wirtschaftenden Betrieben wird immer vorgehalten, sie hätten weniger Erträge vom Acker und damit könne man die Welt nicht ernähren.

Allein 2013 stieg der Export von Hähnchen nach Afrika um 120 Prozent. Die Hähnchen werden unter dem dortigen Preisniveau verkauft und zwingen die Einheimischen zur Aufgabe ihrer kleinen Selbstversorgerunternehmungen, sie wandern in die Slums ab und leiden Hunger. Genauso ist es in Südamerika, wo den Kleinbauern das Land weggenommen wird, um Soja für die hiesige Tierhaltung zu produzieren.

Wenn man sich diese Zusammenhänge klarmacht, wird deutlich: Es ist nicht der vermeintliche Minderertrag vom Bio-Acker, der die Menschen in Afrika Hunger leiden lässt, sondern das Billigfleisch aus Europa. Der Hunger in Afrika kann nur in Afrika gestillt werden durch kleinbäuerliche Erzeugung und ein Wirtschaften in Kreisläufen.

Auch bei Bioland spielt das Wirtschaften in Kreisläufen eine wichtig Rolle. Der organische Dünger wird dem Boden wieder zurückgegeben, ohne große Zufuhr von begrenzt vorhandenen Rohstoffen.

Ein weiteres Prinzip ist die Förderung der Bodenfruchtbarkeit, die Erhaltung und Förderung von Milliarden von Bodenorganismen und der Humusaufbau. Durch Leguminosenanbau (zum Beispiel das oben erwähnte Kleegras) wird Luftstickstoff gebunden und für die Pflanze nutzbar gemacht.

In der Bio-Landwirtschaft werden Tiere artgerecht gehalten. Sie legt Wert auf standortangepasste Rassen, Weidegang und viel Platz im Stall. Durch vorbeugende Maßnahmen in Fütterung und Haltung werden die Tiere seltener krank und brauchen weniger Medikamente.

Bei einer biologischen Wirtschaftsweise werden wertvolle Lebensmittel mit deutlich weniger Rückständen und Zusatzstoffen erzeugt. Ja, und brauchen wir denn in unserer Nahrung wirklich 316 Zusatzstoffe, wenn man mit 22 auch auskommen kann?

Der Biolandbau fördert die biologische Vielfalt, den Erhalt von möglichst vielen Pflanzen- und Tierarten. Die Vielfalt der Kulturlandschaft soll erhalten bleiben. Denn niemand will die ausgeräumte Agrarlandschaft der industriellen Landwirtschaft. Ziel ist es, die natürlichen Lebensgrundlagen zu bewahren. Der Boden wird geschützt, durch Erhalt eines artenreichen Bodenlebens. Das Wasser wird geschützt, durch Verzicht auf Stickstoffdünger, Spritzmittel und Hormone. Die Luft wird geschützt durch CO_2-Bindung.

Auf diese Weise soll den Menschen eine lebenswerte Zukunft gesichert werden.

Meine Lamm-Rezepte

Mit den folgenden vier Rezepten möchte ich Sie auf den Geschmack bringen. Jedes dieser Gerichte ist einfach zuzubereiten, sie stammen ja alle von mir, und als Schäferin, die sich den ganzen Tag um das Wohl ihrer Tiere kümmert, ist auch nichts anderes zu erwarten; bei mir muss es eben vor allem schnell gehen. Ich spare dabei keinen Teil eines Lamms aus, denn für mich gehört es zur Achtung vor dem Tier, das sein Leben gelassen hat, um uns zu ernähren, dass wir möglichst alles essen, nicht nur Filet, Kotelett und Keule.

Im Kochtopf

Hierfür eignen sich alle Teilstücke, vorzugsweise die, mit denen ich sonst nichts anzufangen weiß wie Dünung (Bauch), Rippen und Knochen.

Ein großer Topf wird zur Hälfte mit Wasser gefüllt und das Fleisch zwei bis drei Stunden darin gekocht. Als Grundregel gilt: Wenn sich das Fleisch leicht vom Knochen lösen lässt, ist es fertig. Abschmecken kann ich mit etwas Pfeffer und Salz. Wer mag, gibt eine halbe Stunde vorher etwas Gemüse dazu. Wenn ich jetzt noch fünf Minuten vor dem Servieren Suppennudeln mitkochen lasse, bekomme ich eine vorzügliche Suppe, die jeder gerne isst. Und sollte noch was übrig bleiben – am nächsten Tag wird sie noch lieber gegessen.

Im Römertopf

Nicht jeder hat einen Römertopf, aber ich will meinen nicht mehr missen. Das ist eine Anschaffung, die sich wirklich lohnt. Morgens nach dem Frühstück bereite ich mein Essen im Römertopf vor, schiebe es bei 160 Grad in den Ofen, und wenn ich mittags nach Hause komme, habe ich ein perfektes Essen auf dem Tisch stehen.

Bei diesem Gericht kann ich ebenfalls alle Teilstücke hineingeben. Wichtig ist, den Römertopf bis oben hin mit Wasser zu füllen, wobei ich statt Wasser auch Rotwein nehmen kann oder einen gewissen Anteil Olivenöl. Als Gewürze kommen Salz, Pfeffer, Rosmarin und Knoblauch in Frage. Gibt man noch Gemüse dazu, Karotten und Kartoffeln zum Beispiel, so hat man ein gutes, vollwertiges und ungemein schmackhaftes Essen. Und auch hier gilt – vorausgesetzt der Römertopf war groß genug: Am nächsten Tag schmeckt es noch besser.

In der Pfanne

Bei diesem Gericht kommt der Geschmack von Filet, Kotelett oder der in Scheiben geschnittenen Keule beziehungsweise Schulter voll zur Geltung. Ich selbst benutze eine gusseiserne Pfanne, da schmeckt's dann wie vom Grill; es tut aber auch jede andere Pfanne. Man gibt Fett hinein, lässt es heiß werden, gibt das Fleisch hinzu und brät es eine Zeit lang an – nicht zu heiß, damit es nicht verbrennt, und bei Bedarf kann man etwas Wasser zugeben. Wir essen unser Fleisch pur; wenn aber jemand würzen mag, dann mit Salz, Pfeffer, Rosmarin und Knoblauch.

Leber in der Pfanne

Die Leber soll als Beispiel dafür dienen, dass nahezu alle Teile vom Lamm gut und schmackhaft zubereitet werden können. Für die Generation meiner Eltern war das noch selbstverständlich. Auch heute nehmen ältere Menschen gerne den Kopf eines Lamms mit, weil sie das Backenfleisch lieben. Als Kind bekam ich sonntags oft Hirnsuppe, mit der ich mich nie wirklich anfreunden konnte, aber auch das Hirn hat unter den Kennern seine Verehrer. Leber ist weniger ausgefallen, darum habe ich mich für sie entschieden. Das Rezept stammt übrigens von Francescos Bruder, der Koch in Italien ist.

Man nehme ebenso viel Zwiebel wie Leber, schneide die Zwiebeln klein und dünste sie in der Pfanne, bis sie weich sind. Zum Schluss gebe man für ein paar Minuten die in feine Scheiben geschnittene Leber hinzu. Abgeschmeckt wird das Ganze mit etwas Zitrone. Das Zwiebelschneiden und Andünsten ist etwas zeitaufwendig, dafür wird man mit einem ganz köstlichen Essen belohnt.

Zum Schluss ein Tipp: Wer keinen Schäfer um die Ecke wohnen hat und keine Metzgerei kennt, die ihm frisches Lammfleisch besorgt, der kann mittlerweile ganz bequem im Internet bestellen, unter: www.genuss-vom-schaefer.de.

Glossar

Wanderschäferei: Als Wanderschäferei bezeichnet man das Wandern der Schafherden, das sich nach der regionalen Verfügbarkeit von Futterquellen in Abhängigkeit vom jeweiligen Jahresangebot richtet. In Süddeutschland zogen die Wanderschäfer im Winter traditionell von ihren Sommerweiden auf der Schwäbischen Alb in mildere Gebiete am Bodensee oder ins Rheintal.

Sommerweide: Als Sommerweide bezeichnet man die Flächen, die von den Schafen beweidet werden und meist anderweitig nicht genutzt werden können, also nicht maschinell bearbeitet werden können. Sie sind von den Schäfern gepachtet. Oft sind es Naturschutzflächen oder ökologisch besonders wertvolle Flächen, die sich durch einen hohen Artenreichtum auszeichnen.

Herbstweide: Wenn die Felder abgeerntet sind, dürfen die Schafe die verbliebenen Erntereste auf den Feldern der Bauern fressen. Früher dauerte die Herbstweide vom 24. August, dem Bartholomäustag, bis zum 11. November. Heutzutage gibt es keine Herbstweiden mehr, da durch die intensive Landwirtschaft die Felder sofort bearbeitet werden.

Winterweide: Ab dem 11. November, dem Martinstag, darf der Schäfer da, wo er die Winterweide von der Gemeinde gepachtet hat, die Wiesen der Bauern beweiden. Möchte ein Landwirt das nicht, so kennzeichnet er seine Wiese durch einen an einen Pfahl festgebunden Strohwisch, den Hegewisch. Heutzutage werden die allermeisten Wiesen jedoch schon vor diesem Zeitpunkt mit Gülle zugedeckt und sind damit als Futterquelle für Schafe völlig wertlos.

Hütehaltung: Die Schafe werden tagsüber vom Schäfer mit Hilfe seiner Hunde gehütet und kommen nachts in den Pferch. In der Koppelhaltung dagegen verbleiben sie am Tag und bei Nacht auf der gleichen eingezäunten Fläche.

Pferch: Als Pferch bezeichnet man zum einen den Platz, an dem die Schafe die Nacht verbringen, zum anderen die Pferchgerätschaften, was früher die Holzhurden waren und heute die Elektronetze sind.

Pferchkarren: Das war früher der Wohnwagen des Schäfers, mit Platz für ein Bett und einen kleinen Holzofen für kalte Nächte. Ganz früher gab es den Schlupfkarren, da konnte sich der Schäfer nur zum Schlafen hinein verkriechen.

Hütehund: Ein Hütehund hütet die Schafe, er passt auf, dass sie nicht von angrenzenden Kulturen naschen und bringt sie sicher von einer Weide zur anderen. Hütehunde wurden immer schon auf ihre Hüteeigenschaften gezüchtet, und da im Süden Deutschlands andere Bedingungen vorherrschen als in den Mittelgebirgen oder in der Norddeutschen Tiefebene, gibt es verschiedene Schläge von Altdeutschen Hütehunden, die sich im Aussehen unterscheiden, aber, was ihre Hüteeigenschaften angeht, allesamt einzigartige Spezialisten sind.

Hirtenhunde dagegen sind Schutzhunde, sie haben ein ganz anderes Wesen, sie eignen sich nicht zum Hüten, sondern sie bewachen die Herde, schützen sie vor Dieben, fremden Hunden und Wölfen.

Schäferschippe: Die Schäferschippe ist ein etwa zwei Meter langer Stab aus Schwarzdorn mit einer gusseisernen handgroßen Schaufel mit einem kleinen Fanghaken. Mit ihr kann ein krankes Schaf gefangen werden, sie dient als verlängerter Arm, mit der man dem Hund auf weite Entfernung ein Zeichen geben kann; auch kann sich der Schäfer auf ihr abstützen, um seinen Rücken bei langen Tagen im Stehen zu entlasten. Die Schippe gehört zum Schäfer wie sein Filzhut, der ihn vor Sonne, Wind und Regen schützt, und auch wie sein Schäfermesser, das verschiedene große und kleine Klingen hat, unter anderem um die Klauen seiner Schafe auszuschneiden.

Quellen

Eckhard Fuhr. *Schafe*. Naturkunden, Nr. 31. Matthes & Seitz, Berlin, 2017.

Theodor Hornberger. *Der Schäfer. Landes- und volkskundliche Bedeutung eines Berufsstandes in Süddeutschland*. W. Kohlhammer Verlag, Stuttgart, 1955.

Heinz Strobel. *Schäferlieder*. Selbstverlag, 1998.

Bildnachweis

Privatarchiv Ruth Häckh: *Fließtext:* Seite 12, 20, 50, 60, 72, 80, 90, 108, 110, 114, 120, 125, 126, 134, 164, 168, 182, 200, 206, 218, 234, 262, 284, 307, 308, 314, 320, 326, 334, 346, 354, 358, 362, 364, 366; *Farbtafeln:* Seite 1, 12/13, 16/17, 20/21 (alle), 22 (o.)., 25, 30/31

Gerhard Freitag, Nerenstetten: *Fließtext:* Seite 30, 192, 353; *Farbtafeln:* Seite 3, 18/19, 23 (u.), 29 (u.)

Leo Linder, Düsseldorf: *Farbtafeln:* Seite 4 (o./u.), 5 (o.), 6/7 (alle), 11, 28 (o.), Vor- und Nachsatz

Verena Müller, Rottenburg: *Farbtafeln:* Seite 2, 5 (u.), 8 (o./u.), 22 (u.), 27 (o./u.), 28 (u.), 29 (o.)

Werner Renner, Gundelfingen: *Fließtext:* Seite 254; *Farbtafeln:* Seite 10, 14/15

Oliver Vogel, Heidenheim: *Farbtafeln:* Seite 9 (o./u.), 23 (o.), 24, 26 (o./u.), 32

Dank

Danke an Lord Mahaguriji Mei Ling für seinen Schutz und Führung.

Ich danke meinem Lehrer Master Choa Kok Sui für seine unbezahlbaren Weisheiten, die meinen Blick auf das Leben nachhaltig geprägt haben und es einfacher, freier und leichter gemacht haben.

Danke an Dietmar Rainer (Pranaji®), der mir in allen möglichen und unmöglichen Lebenssituationen und – fragen mit seinem Rat weitergeholfen hat.

Ein großer Dank geht an meine Eltern: An meine Mutter, die es mit Stolz erfüllt hätte, dieses Buch in ihren Händen zu halten. An meinen Vater, der mit seinen Geschichten und Erlebnissen maßgeblich an der Entstehung des Buches beteiligt war und seine Fertigstellung leider nicht mehr erleben konnte.

Danke an Leo Linder, der das schier Unmögliche möglich gemacht hat: Leo, es ist Dir gelungen, all meine einzelnen Geschichten zu einem wunderbaren Buch zusammenzufügen, das so fesselnd und informativ ist, wie ich es mir nicht besser hätte wünschen können.

Ein Diplom an meine Lektorin Angelica Schwab für ihr großes Engagement und ihre unendliche Geduld, auf alle meine Wünsche einzugehen.

Mein ganz besonderer Dank geht an meinen lieben Francesco, der mich seit vielen Jahren begleitet, der immer für mich da ist – und der die Schafe versorgt, wenn ich unterwegs bin oder gerade ein Buch schreibe ….